U0903372

高等院校通信与信息专业规划教材

现代通信网

王 练　李 强　汪血焰　明 艳　等编著

机 械 工 业 出 版 社

本书从现代通信网络的基本概念、原理入手，以网络处理信息的具体对象为主线，对各类通信网络的系统组成、结构原理、关键技术、工程应用及发展等进行了较全面的阐述。全书共8章，主要内容包括：现代通信网综述、电话通信网、移动通信网、数据通信网、宽带综合业务数字网、接入网、支撑网、下一代网络等。

本书结构合理、内容充实，既注重基础知识的阐述，又注重新技术和新概念等的介绍。对抽象复杂知识的介绍深入浅出、通俗易懂，每章配有小结、思考题，便于教学实施，又适合读者自学。

本书可作为普通高等院校通信、计算机、信息、电子等专业学生教材和参考书，可供从事通信、计算机网络工作的工程技术人员学习参考，也可作为电信工程技术人员、电信管理人员的培训教材。

图书在版编目（CIP）数据

现代通信网/王练等编著.—北京：机械工业出版社，2008.6（2016.8重印）
（高等院校通信与信息专业规划教材）
ISBN 978-7-111-23987-1

Ⅰ.现… Ⅱ.王… Ⅲ.通信网-高等学校-教材 Ⅳ.TN915

中国版本图书馆CIP数据核字（2008）第056162号

机械工业出版社（北京市百万庄大街22号 邮政编码100037）
责任编辑：李馨馨
责任印制：杨 曦
北京市四季青双青印刷厂印刷
2016年8月第1版·第3次印刷
184mm×260mm·12.5印张·306千字
5 501—6 700册
标准书号：ISBN 978-7-111-23987-1
定价：29.00元

凡购本书，如有缺页、倒页、脱页，由本社发行部调换

电话服务	网络服务
服务咨询热线：010-88379833	机工官网：www.cmpbook.com
读者购书热线：010-88379649	机工官博：weibo.com/cmp1952
	教育服务网：www.cmpedu.com
封面无防伪标均为盗版	金书网：www.golden-book.com

高等院校通信与信息专业规划教材
编委会名单

出版说明

为了培养21世纪国家和社会急需的通信与信息领域的高级科技人才，配合高等院校通信与信息专业的教学改革和教材建设，机械工业出版社会同全国在通信与信息领域具有雄厚师资和技术力量的高等院校，组成阵容强大的编委会，组织长期从事教学的骨干教师编写了这套面向普通高等院校的通信与信息专业系列教材，并将陆续出版。

这套教材力求做到：专业基础课教材概念清晰、理论准确、深度合理，并注意与专业课教学的衔接；专业课教材覆盖面广、深度适中，不仅体现相关领域的最新进展，而且注重理论联系实际。

这套教材的选题是开放式的。随着现代通信与信息技术日新月异地发展，我们将不断更新和补充选题，使这套教材及时反映通信与信息领域的新发展和新技术。我们也欢迎在教学第一线有丰富教学经验的教师及通信与信息领域的科技人员积极参与这项工作。

由于通信与信息技术发展迅速，而且涉及领域非常宽，所以在这套教材的选题和编审中如有缺点和不足之处，诚请各位老师和同学提出宝贵意见，以利于今后不断改进。

机械工业出版社

高等院校通信与信息专业规划教材编委会

前　言

现代社会正处于信息技术迅猛发展时期，通信技术、计算机技术等现代通信技术的发展与融合，拓宽了信息的传递和应用范围，为人们随时随地获取和交换信息提供了平台，同时对世界各国的经济、社会和文化生活产生了深远的影响。尤其随着网络的普及，人们对信息的需求与日俱增，全球范围内IP业务迅猛发展，在给传统电信业务带来巨大压力的同时也给现代通信网络的发展提供了机遇。

本书针对现代通信网涉及的知识面广、体系复杂、发展迅速等特点，撰写过程中注重编排系统、内容充实、深入浅出。不但阐述了基础网络知识、系统组成和各类网络共性与差异等内容，还介绍了相关的主流新技术和新概念。

全书共8章，第1章现代通信网概述，介绍了现代通信网的构成要素、基本技术和发展趋势；第2章电话通信网，概括介绍了电话网的组成、结构和相关技术；第3章移动通信网，详细介绍了移动通信网的基本理论、组网方式、数字蜂窝网、CDMA数字蜂窝网、第三代移动通信系统等；第4章数据通信网，阐述了数据通信网体系结构、分组交换数据网、数字数据网、帧中继等；第5章宽带综合业务数字网，介绍了ISDN的基本概念、B-ISDN概述、B-ISDN/ATM参考模型及协议、宽带ATM交换技术、流量控制等；第6章接入网，阐述了接入网的基本概念、V5接口、数字用户线接入、光纤接入网、混合光纤同轴接入网等；第7章支撑网，介绍了信令网、同步网、电信管理网等相关内容；第8章基于软交换的下一代网络，介绍了智能网、软交换技术等内容。

本书由王练、李强、汪血焰、明艳等共同编写。其中，第1、3章由王练、汪血焰编写，第6、7章由李强编写，第2、5章由明艳编写，第4章由黄颖编写，第8章由赵伟编写。全书由王练统稿。

由于现代通信网络涉及知识面广，发展变化快，很难做到一书盖全，加之编者水平有限，书中的错误和疏漏之处在所难免，恳请广大读者指正。

编　者

目　录

第1章　现代通信网概述

现代社会正经历着信息技术的迅猛发展,通信技术、计算机技术等现代通信技术的发展与融合,拓宽了信息的传递和应用范围,使人们随时随地获取和交换信息成为可能。尤其随着网络的普及,人们对信息的需求与日俱增,全球范围内IP业务迅猛发展,在给传统电信业务带来巨大压力的同时也给现代通信技术的发展提供了机遇。本章主要介绍现代通信网的构成要素、现代通信网基础技术和现代通信网的发展趋势等。

1.1　现代通信网基础

通信的基本形式是在信源和信宿之间建立一个传输信息的通道,实现信息的传输。语言、数据、图像等多媒体信息,从信息源开始,经过搜索、筛选、分类、编辑、整理等一系列信息处理过程,加工成信息产品,最终传输给信息消费者,而信息是围绕高速信息通信网络进行的,高速信息通信网是以光纤通信、微波通信、卫星通信等骨干通信网为传输基础,由公众电话网、移动通信网、公众数据网、有线电视网等业务网组成,并通过各类信息应用系统延伸到社会各个领域,从而实现信息资源的共享。

1.1.1　通信系统基本组成

通信网是由一定数量的节点(包括终端节点、交换节点)和连接这些节点的传输系统有机地组织在一起,按约定的信令或协议完成任意用户间信息交换的通信体系。用户可以用它克服空间、时间等障碍进行有效的信息交换。通信网是个复杂、庞大的系统,站在不同的角度,有不同的观点。从用户的角度,通信网是一个信息服务设施,用户可以用它获取信息、发送信息等;从工程师的角度,通信网是由各种软硬件设施按照一定的规则互连在一起,完成信息传递任务的系统。为了更好地理解通信网,我们先从点到点的通信系统开始介绍。实际应用中存在各种类型的通信系统,它们具体的功能和结构各不相同,然而都可以抽象成一个简单模型,其基本组成包括信源、发送器、信道、接收器和信宿五部分,如图1-1所示。

1）信源:指产生各种信息的信息源,可以是人或机器(如计算机等)。

2）发送器:负责将信源发出的信息转换成适合在传输系统中传输的信号。对应不同的信源和传输系统,发送器会有不同的组成和信号变换功能,一般包含编码、调制、放大和加密等。

3）信道:信号的传输媒介,负责在发送器和接收器之间传输信号。通常按传输媒介的种类可分为有线信道和无线信道;按传输信号的形式则可分为模拟信道和数字信道。

4）接收器:负责将从传输系统中收到的信号转换成信宿可以接收的信息形式。它的作用与发送器正好相反,主要功能包括信号的解码、解调、放大、均衡和解密等。

5）信宿:负责接收信息。

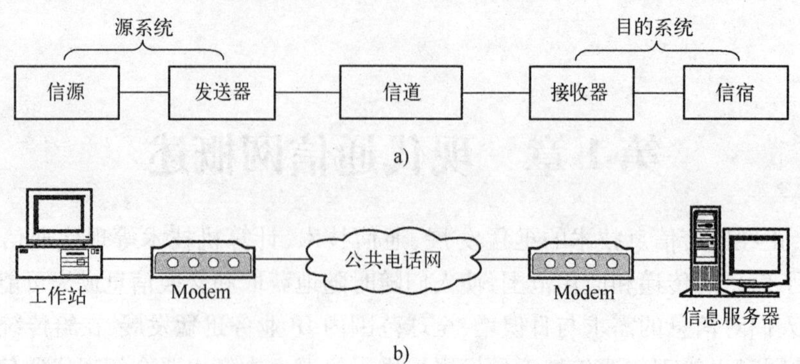

图 1-1　简单通信系统模型

a）通信系统模型　b）点到点的通信系统实例

上述通信系统只是一个点到点的通信模型，要实现多用户间的通信，则需要一个合理的拓扑结构将多个用户有机地连接在一起，并定义标准的通信协议，使它们能协同工作，这样就形成了一个通信网。应该强调的是，网络不是目的，只是手段。网络只是实现大规模、远距离通信系统的一种手段。与简单的点到点的通信系统相比，它的基本任务并未改变，通信的有效性和可靠性仍然是网络设计时要解决的两个基本问题，只是由于用户规模、业务量、服务区域的扩大，使解决这两个基本问题的手段变得复杂了。例如，网络的体系结构、管理、监控、信令、路由、计费和服务质量保证等都是由此而派生出来的。

1.1.2　通信网络构成要素

实际的通信网是由软件和硬件按特定方式构成的一个通信系统，每一次通信都需要软硬件设施的协调配合来完成。从硬件构成来看，通信网由终端节点、交换节点、业务节点和传输系统构成，它们完成通信网的接入、交换和传输等基本功能。软件部分包括信令、协议、控制、管理、资费制度和编码方案等。它们主要完成通信网的控制、管理、运营和维护，实现通信网的智能化。以下重点介绍通信网的硬件构成。

（1）终端节点

最常见的终端节点有电话机、传真机、计算机、视频终端等，它们是通信网上信息的产生者，同时也是通信网上信息的使用者。其主要功能有：① 用户信息的处理。主要包括用户信息的发送和接收，将用户信息转换成适合传输系统传输的信号以及做相应的反变换。② 信令信息的处理。主要包括产生和识别连接建立、业务管理等所需的控制信息。

（2）交换节点

交换节点是通信网的核心设备，最常见的有电话交换机、分组交换机、路由器、转发器等。交换节点负责集中、转发终端节点产生的用户信息，但它自己并不产生和使用这些信息。其主要功能有：① 用户业务的集中和接入功能。通常由各类用户接口和中继接口组成。② 交换功能。通常由交换矩阵完成任意入线到出线的数据交换。③ 信令功能。负责呼叫控制和连接的建立、监视、释放等。④ 其他控制功能。路由信息的更新和维护、计费、话务统计、维护管理等。

（3）业务节点

最常见的业务节点有智能网中的业务控制节点（SCP）、智能外设、语音信箱系统，以及Internet上的各种信息服务器等。它们通常由连接到通信网络边缘的计算机系统、数据库系统

组成。其主要功能是:

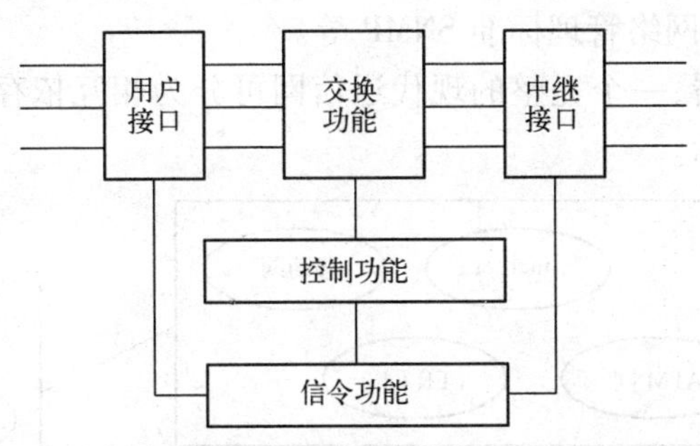

图 1-2 交换节点的基本功能结构

1)实现独立于交换节点的业务的执行和控制。

2)实现对交换节点呼叫建立的控制。

3)为用户提供智能化、个性化、有差异的服务。

目前,基本电信业务的呼叫建立、执行控制等由于历史的原因仍然在交换节点中实现,但很多新的电信业务则将其转移到业务节点中了。

(4)传输系统

传输系统为信息的传输提供传输信道,并将网络节点连接在一起。通常传输系统的硬件组成包括线路接口设备、传输媒介、交叉连接设备等。传输系统一个主要的设计目标就是提高物理线路的使用效率,因此通常传输系统都采用了多路复用技术,如频分复用、时分复用、波分复用等。另外,为了保证交换节点能正确接收和识别传输系统的数据流,交换节点必须与传输系统协调一致,这包括保持帧同步和位同步、遵守相同的传输体制(如 PDH、SDH 等)等。

1.1.3 通信网组网结构

在我们日常工作和生活中,经常接触和使用各种类型的通信网。例如电话网、计算机网络等。电话网是目前我们最熟悉和最普及的通信网,它主要用来传送用户的话音信息;计算机网络则是办公场所最为常见的一种网络,它主要用于信息发布、程序和数据的共享、设备(如打印机、绘图仪、扫描仪等)共享等。Internet 是计算机的互联网络,它将全球绝大多数的计算机网络互连在一起,以实现更为广泛的信息资源共享,目前 Internet 已成为电子商务和娱乐的一个基础支撑平台。

上述网络虽然在传送信息的类型、传送的方式、所提供服务的种类等方面各不相同,但是它们在网络结构、基本功能、实现原理上都是相似的,它们都实现了以下四个主要的网络功能:

1)信息传送。它是通信网的基本任务,传送的信息主要分为三大类:用户信息、信令信息、管理信息。信息传送主要由交换节点和传输系统完成。

2)信息处理。网络对信息的处理方式对最终用户是不可见的,主要目的是增强通信的有效性、可靠性和安全性,信息最终的语义解释一般由终端应用来完成。

3)信令机制。它是通信网上任意两个通信实体之间为实现某一通信任务,进行控制信息交换的机制,如电话网上的 No. 7 信令、Internet 上的各种路由信息协议、TCP 连接建立协议等均属此范畴。

4)网络管理。它负责网络的运营管理、维护管理、资源管理,以保证网络在正常和故障情况下的服务质量。它是整个通信网中最具智能的部分。已形成的网络管理标准有:电信管理网标准 TMN 系列、计算机网络管理标准 SNMP 等。

因此,从功能的角度看,一个完整的现代通信网可分为相互依存的三部分:业务网、传送网、支撑网,如图 1-3 所示。

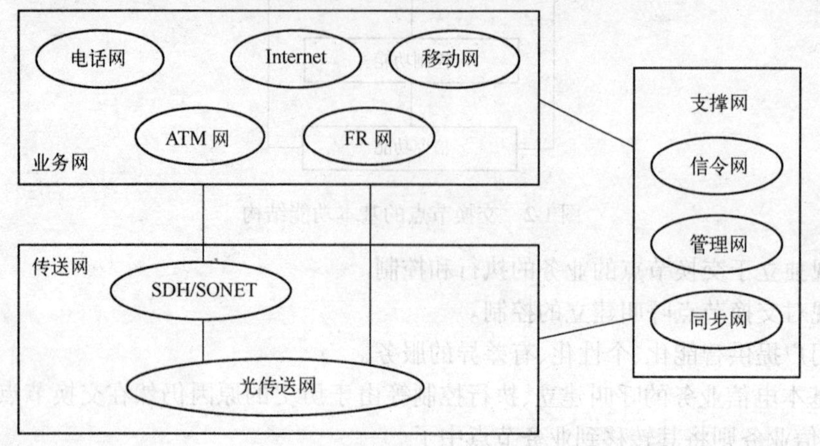

图 1-3 现代通信网的功能结构

(1) 业务网

业务网指疏通电话、电报、传真、数据、图像等各类电信业务的网络,是现代通信网的主体。目前提供的业务网有:公共电话网、数字数据网、综合业务数字网(ISDN)、商业网、智能网、移动通信网、因特网等。业务网负责向用户提供各种通信业务,如基本语音、数据、多媒体、租用线、VPN 等,采用不同交换技术的交换节点设备通过传送网互连在一起就形成了不同类型的业务网。

构成一个业务网的主要技术要素有以下几个:网络拓扑结构、交换节点技术、编号计划、信令技术、路由选择、业务类型、计费方式、服务性能保证机制等,其中交换节点设备是构成业务网的核心要素。

表 1-1 主要业务网的类型

业 务 网	基 本 业 务	交换节点设备	交 换 技 术
公共电话网	普通电话业务	数字程控交换机	电路交换
移动通信网	移动语音、数据	移动交换机	电路/分组交换
智能网(IN)	以普通电话业务为基础的增值业务和智能业务	业务交换节点、业务控制节点	电路交换
分组交换网(X.25)	低速数据业务(≤64 kbit/s)	分组交换机	分组交换
帧中继网	局域网互连(≥2 Mbit/s)	帧中继交换机	帧交换
数字数据网(DDN)	数据专线业务	DXC 和复用设备	电路交换
计算机局域网	本地高速数据(≥10 Mbit/s)	集线器(Hub)、网桥、交换机	共享介质、随机竞争式
Internet	Web、数据业务	路由器、服务器	分组交换
ATM 网络	综合业务	ATM 交换机	信元交换

(2) 传送网

传送网是随着光传输技术的发展,在传统传输系统的基础上引入管理和交换智能后形成的。传送网独立于具体业务网,负责按需为交换节点/业务节点之间的互连分配电路,在这些节点之间提供信息的透明传输通道,它还包含相应的管理功能,如电路调度、网络性能监视、故障切换等。构成传送网的主要技术要素有:传输介质、复用体制、传送网节点技术等,其中传送网节点主要有分插复用设备(ADM)和交叉连接设备(DXC)两种类型,它们是构成传送网的核心要素。

传送网节点与业务网的交换节点相似之处在于:传送网节点也具有交换功能。一个不同之处在于:业务网交换节点的基本交换单位本质上是面向终端业务的,粒度很小,例如一个时隙、一个虚连接;而传送网节点的基本交换单位本质上是面向一个中继方向的,因此粒度很大,例如SDH中基本的交换单位是一个虚容器(最小是2 Mbit/s),而在光传送网中基本的交换单位则是一个波长(目前骨干网上至少是2.5 Gbit/s)。另一个不同之处在于:业务网交换节点的连接是在信令系统的控制下建立和释放的;而光传送网节点之间的连接则主要是通过管理层面来指配建立或释放的,每一个连接需要长期维持和相对固定。目前主要的传送网有SDH/SONET和光传送网(OTN)两种类型。

(3) 支撑网

支撑网负责提供业务网正常运行所必需的信令、同步、网络管理、业务管理、运营管理等功能,以提供用户满意的服务质量。支撑网包含三部分:

1) 同步网。它处于数字通信网的最底层,负责实现网络节点设备之间和节点设备与传输设备之间信号的时钟同步、帧同步以及全网的网同步,保证地理位置分散的物理设备之间数字信号的正确接收和发送。

2) 信令网。对于采用公共信道信令体制的通信网,存在一个逻辑上独立于业务网的信令网,它负责在网络节点之间传送业务相关或无关的控制信息流。

3) 管理网。管理网主要是通过实时和近实时来监视业务网的运行情况,并相应地采取各种控制和管理手段,从而达到在各种情况下充分利用网络资源,保证通信的服务质量的目的。

另外,从网络的物理位置分布来划分,通信网还可以分成用户驻地CPN、接入网和核心网三部分,其中用户驻地网是业务网在用户端的自然延伸,接入网也可以看成是传送网在核心网之外的延伸,而核心网则包含业务、传送、支撑等网络功能要素。

1.1.4 通信网的分类

在不同应用范围和不同应用目标下,信息网络具有不同的含义,按通信的业务类型可分为电话通信网、电报通信网、电视网、数据通信网、计算机通信网(局域网、城域网和广域网)、多媒体通信网、综合业务数字网等;按通信的传输手段可分为长波通信网、载波通信网、光纤通信网、无线电通信网、卫星通信网、微波接力网、散射通信网等;按通信服务的区域可分为农话通信网、市话通信网、长话通信网、国际通信网、局域网、城域网和广域网等;按通信服务的对象可分为公用通信网、专用通信网;按通信传输处理信号的形式可分为模拟通信网、数字通信网;按通信的活动方式可分为固定通信网、移动通信网。

在一般意义上可以将信息网络分成电话通信网、计算机通信网和有线电视网等三种类型。以话音为主的电话通信网包括公用电话交换网(Public Switched Telephone Network,PSTN)、专用通信网、移动通信网。以数据为主的通信网包括分组交换公用数据网(Packet Switched Public Data Network,PSPDN)、X.25 网、数字数据网(Digital Data Network,DDN)、帧中继网(Frame Relay Network,FRN)。计算机通信网包括局域网(Local Area Network,LAN)、城域网(Metropolitan Area Network,MAN)、广域网(Wide Area Network,WAN)等形式。其中高速局域网有光纤分布式数据接口(FDDI)和吉(千兆)比特以太网,高速城域网有分布式队列双总线(DQDB)和交换式多兆位数据服务(SMDS),广域网有 Internet 等典型网络。有线电视网(CATV)以视频业务为主要业务。

需要注意的是,从管理和工程的角度看,网络之间本质的区别在于所采用的实现技术的不同,其主要包括三方面:交换技术、控制技术以及业务实现方式。而决定采用何种技术实现网络的主要因素则有:用户的业务流量特征、用户要求的服务性能、网络服务的物理范围、网络的规模、当前可用的软硬件技术的信息处理能力等。

1.1.5 通信网的业务

借鉴传统 ITU-T 建议的方式,根据信息类型的不同可以将业务分为四类:语音业务、数据业务、图像业务、视频和多媒体业务。

1. 语音业务

目前通信网提供固定电话业务、移动电话业务、VoIP、会议电话业务和电话语音信息服务业务等。该类业务不需要复杂的终端设备,所需带宽小于 64 kbit/s,采用电路或分组方式承载。

2. 数据业务

低速数据业务主要包括电报、电子邮件、数据检索、Web 浏览等。该类业务主要通过分组网络承载,所需带宽小于 64 kbit/s。高速数据业务包括局域网互连、文件传输、面向事务的数据处理业务,所需带宽均大于 64 kbit/s,采用电路或分组方式承载。

3. 图像业务

图像业务主要包括传真、CAD/CAM 图像传送等。该类业务所需带宽差别较大,G4 类传真需要 2.4 ~ 64 kbit/s 的带宽,而 CAD/CAM 则需要 64 kbit/s ~ 34 Mbit/s 的带宽。

4. 视频和多媒体业务

视频和多媒体业务包括可视电话、视频会议、视频点播、普通电视、高清晰度电视等。该类业务所需的带宽差别很大,例如,会议电视需要 64 kbit/s ~ 2 Mbit/s,而高清晰度电视需要140 Mbit/s 左右。

目前通信网业务存在的主要问题是,大多数业务都是基于旧的技术和现存的网络结构来实现的,因此除了基本的语音和低速数据业务外,大多数业务的服务性能都与用户实际的要求存在不小的差距。

5. 承载业务与终端业务

目前,还有另外一种广泛使用的业务分类方式,即按照网络提供业务的方式,将业务分为三类:承载业务、用户终端业务和补充业务,如图 1-4 所示。

1) 承载业务。网络提供的单纯的信息传送业务,具体地说,是在用户网络接口处提供的。网络用电路或分组交换方式将信息从一个用户网络接口透明地传送到另一个用户网络接口,而不对信息做任何处理和解释,它与终端类型无关。一个承载业务通常用承载方式(分组或是电路交换)、承载速率、承载能力(语音、数据、多媒体)来定义。

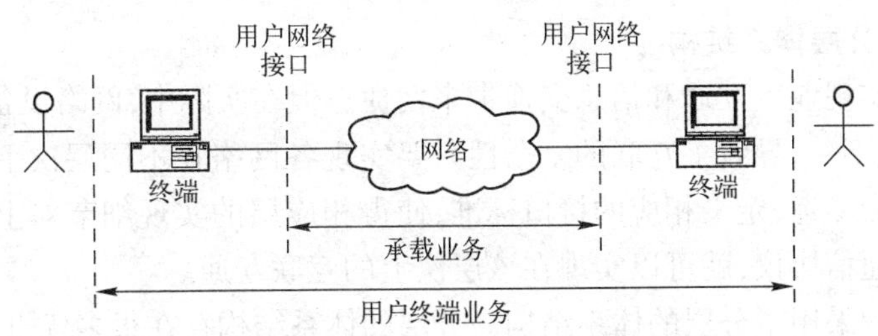

图 1-4 承载业务和用户终端业务

2）用户终端业务。所有各种面向用户的业务,它在人与终端的接口上提供。它既反映了网络的信息传递能力,又包含了终端设备的能力,终端业务包括电话、电报、传真、数据、多媒体等。一般来讲,用户终端业务都是在承载业务的基础上增加了高层功能而形成的。

3）补充业务。又叫附加业务,是由网络提供的,在承载业务和用户终端业务的基础上附加的业务性能。补充业务不能单独存在,它必须与基本业务一起提供。常见的补充业务有主叫号码显示、呼叫转移、三方通话、闭合用户群等。

未来通信网提供的业务应呈现移动性、带宽按需分配、多媒体性、交互性等特点。

1.1.6 通信网的服务质量要求

通信网的服务质量一般通过可访问性、透明性和可靠性这三个方面来衡量。

可访问性是对通信网的基本要求之一,即网络保证合法用户随时能够快速、有保证地接入到网络以获得信息服务,并在规定的时延内传递信息的能力。它反映了网络保证有效通信的能力。影响可访问性的主要因素有:网络的物理拓扑结构、网络的可用资源数目以及网络设备的可靠性等。实际中常用接通率、接续时延等指标来评定。

透明性也是对通信网的基本要求之一,即网络保证用户业务信息准确、无差错传送的能力。它反映了网络保证用户信息具有可靠传输质量的能力,不能保证信息透明传输的通信网是没有实际意义的。实际中常用用户满意度和信号的传输质量来评定。

可靠性是指整个通信网连续、不间断地稳定运行的能力,它通常由组成通信网的各系统、设备、部件等的可靠性来确定。一个可靠性差的网络会经常出现故障,导致正常通信中断,但实现一个绝对可靠的网络实际上也不可能,网络可靠性设计不是追求绝对可靠,而是指在经济、合理的前提下,满足业务服务质量要求。可靠性指标主要有以下几种:

1）失效率。系统在单位时间内发生故障的概率,一般用 λ 表示。

2）平均故障间隔时间(MTBF)。相邻两个故障发生的间隔时间的平均值,$MTBF = 1/\lambda$。

3）平均修复时间(MTTR)。修复一个故障的平均处理时间,μ 表示修复率,$MTTR = 1/\mu$。

4）系统不可利用度(U)。在规定的时间和条件内,系统丧失规定功能的概率,通常我们假设系统在稳定运行时,μ 和 λ 都接近于常数,则

$$U = \lambda/(\lambda + \mu) = \frac{MTTR}{MTBF + MTTR}$$

1.1.7 通信网的体系结构及标准化组织

1. 通信网的分层体系结构

网络互联为实现业务互通和信息交换带来便捷。但在实际中,网络设备种类繁多、网络技术各异、实现方式不一,导致了互联的复杂性。要实现各网络在不同层次上灵活互联,必须有一种体系架构作为参考,定义相应的接口标准,使得相应层的实现细节对上层是透明的,只要共同遵守相应的通信协议,就可以实现在该层次上的互联互通。

现代通信网均采用了分层的体系结构。分层的体系结构存在很多优点:首先,分层的体系结构可以降低网络设计的复杂度。由于网络功能越来越复杂,在单一模块中实现全部功能过于复杂,也不可能。如果每一层在其下一层提供的服务基础上构建,则简化了系统设计。第二,分层的体系结构方便异构网络设备间的互联互通。用户可以根据自己的需要决定采用哪个层次的设备实现相应层次的互联。第三,分层的体系结构增强了网络的可升级性。层次之间的独立性和良好的接口设计,使得下层设施的更新升级不会对上层业务产生影响,提高了整个网络的稳定性和灵活性。第四,分层的体系结构促进了竞争和设备制造商的分工,屏蔽内部实现细节。

在分层体系结构中,协议是指位于一个系统上的第 N 层与另一个系统上的第 N 层通信时所使用的规则和约定的集合。一个通信协议主要包含语法、语义和时序。语法规定协议的数据格式;语义包括协调和错误处理的控制信息;时序包括同步和顺序控制。通常将位于不同系统上的对应层实体称为对等层(Peer),物理上分离的两个系统之间的通信只能在对等层之间进行。对等层之间的通信使用相应层协议,但实际上,一个系统上的第 N 层并没有将数据直接传到另一个系统上的第 N 层,而是将数据和控制信息直接传到它的下一层,此过程一直进行到信息被送到第一层物理层,实际的通信发生在连接两个对等的第一层之间的物理媒介上。图 1-5 中对等层之间的逻辑通信用虚线描述,实际的物理通信用实线描述。接口位于每一对相邻层之间,它定义了层间原语操作和下层为上层提供的服务。

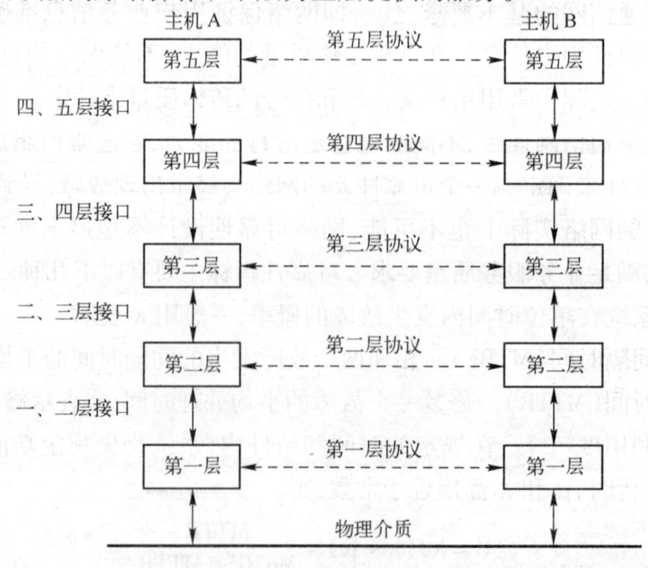

图 1-5 层、协议、接口

对等层间的通信实际上是信息的打包和解包过程，如图 1-6 所示。在源端，消息自上而下传递，并逐层打包。消息 M 由运行在第五层的一个应用进程产生，该应用进程将 M 交给第四层传输，第四层将 H4 字段加到 M 的前面以标识该消息，然后将结果传到第三层，H4 字段包含相应的控制信息（例如消息序号），假如底层不能保证消息传递的有序性，目的地主机的第四层利用该字段的内容，仍可按顺序将消息传到上层。第三层将输入的消息分割成更小的单元，每个单元称为一个分组，并将第三层的控制信息 H3 加到每一个分组上，图中消息 M 被分割成 M1 和 M2 两部分。然后第三层根据分组转发表决定通过哪一个输出端口将分组传到第二层。第二层除了为每一个分组加上控制信息 H2 外，还为每个分组加上一个定界标志 T2，它表示一个分组的结束，也表示下一个分组的开始，然后将分组交到第一层进行物理传输。在目的端，消息则逐层向上传递，每一层根据相应的协议处理并将消息逐层解包，即 HN 字段只在目的端的第 N 层被处理，然后被删去，HN 字段不会出现在目的端的第 N+1 层。

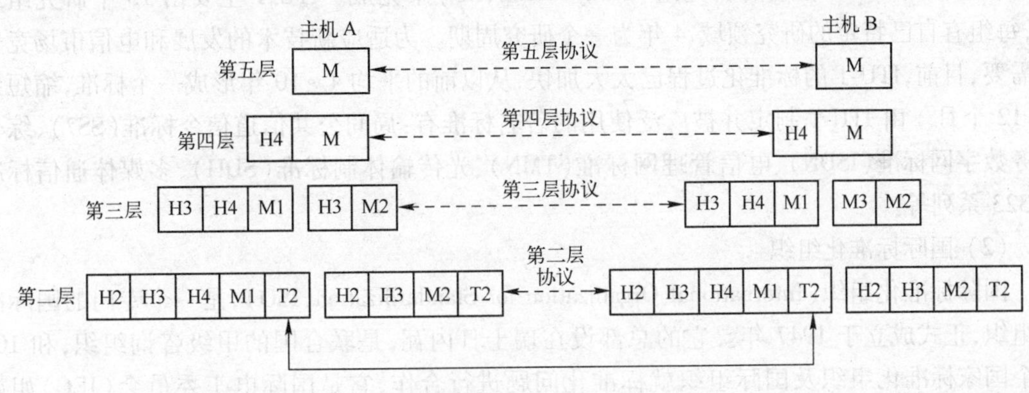

图 1-6　对等层间逻辑通信的信息流

2. OSI 和 TCP/IP

目前，在通信领域影响最大的分层体系结构有两个，即 TCP/IP 协议族和 OSI 参考模型。它们已成为设计可互操作的通信标准的基础。TCP/IP 体系结构以网络互联为基础，提供了一个建立不同计算机网络间通信的标准框架。目前几乎所有的计算机设备和操作系统都支持该体系结构，它已经成为通信网的工业标准。OSI 则是一个标准化了的体系结构，常被用来描述通信功能，但实际中很少实施。它首先提出的分层结构、接口和服务分离的思想，已成为网络系统设计的基本指导原则，通信领域通常采用 OSI 的标准术语来描述系统的通信功能。

3. 主要标准化组织

通信涉及到双方或多方，其中包括点与点、点与端、端与端的信息交互，没有相应的标准显然是不行的。统一的标准也有利于系统的异构组成，也给用户提供了选择使用的灵活性。标准化的程度是衡量数据通信系统的重要质量指标之一。随着通信网的规模越来越大，以及移动通信、国际互联网业务的发展，使得国际间的通信越来越普及，这需要相应的标准化机构对全球网络的设计和运营进行统一的协调和规划，以保证不同运营商、不同国家间网络业务可以互联互通。目前与通信领域相关的主要的标准化机构有 ITU、ISO、IAB 等。

（1）国际电信联盟

国际电信联盟（International Telecommunication Union，ITU）成立于 1932 年，1947 年成为联

合国的一个专门机构，是由各国政府的电信管理机构组成的，目前会员国约有 170 多个，总部设在日内瓦。原则上，ITU 只负责为国际间的通信制定标准、提出建议。但实际上相关的国际标准通常都适用于国内网。为适应现代电信网的发展，1993 年 ITU 机构进行了重组，目前常设机构有：

1）电信标准化部门（ITU-T）。其前身是国际电报电话咨询委员会（CCITT），负责研究通信技术准则、业务、资费、网络体系结构等，并发表相应的建议书。

2）无线电通信部门（ITU-R）。研究无线通信的技术标准、业务等，同时也负责登记、公布、调整会员国使用的无线频率，并发表相应的建议书。

3）电信发展部门（ITU-D）。负责组织和协调技术合作及援助活动，以促进电信技术在全球的发展。

在上述三个部门中，ITU-T 主要负责电信标准的研究和制定，是最活跃的部门。其具体的标准化工作由 ITU-T 相应的研究组（Study Group，SG）来完成。ITU-T 主要由 13 个研究组组成，每组有自己特定的研究领域，4 年为一个研究周期。为适应新技术的发展和电信市场竞争的需要，目前，ITU-T 的标准化过程已大大加快，从以前的平均 4～10 年形成一个标准，缩短到 9～12 个月。由 ITU-T 制定并被广泛使用的著名标准有：局间公共信道信令标准（SS7）、综合业务数字网标准（ISDN）、电信管理网标准（TMN）、光传输体制标准（SDH）、多媒体通信标准 H. 323 系列等。

（2）国际标准化组织

国际标准化组织（International Organization for Standardization，ISO），是一个专门的国际准化组织，正式成立于 1947 年。它的总部设在瑞士日内瓦，是联合国的甲级咨询组织，和 100 多个国家标准化组织及国际组织就标准化问题进行合作，它是国际电工委员会（IEC）姐妹组织。

ISO 的宗旨是“促进国际间的相互合作和工业标准的统一”，其目的是为了促进国际间的商品交换和公共事业，在知识、科学、技术和经济活动中发展相互合作，促进世界范围内的标准化及有关活动的发展。ISO 的标准化工作包括了除电气和电子工程以外的所有领域。ISO 制定的信息通信领域最著名的标准/建议有开放系统互联参考模型（OSI/RM）、高级数据链路层控制协议（HDLC）等。

（3）Internet 结构委员会

Internet 结构委员会（Internet Architecture Board，IAB），主要负责设计、规划和管理 Internet，其工作重点是 TCP/IP 协议族及其扩充。它的前身是 1979 年由美国 DARAP 成立的 ICCB（Internet Control and Configuration Board）。

IAB 主要目标是推动 Internet 在全球的发展，为 Internet 标准工作提供财政支持，举办研讨会以推广 Internet 的新应用和促进各种 Internet 团体、企业和用户之间合作。ISOC 成立后，IAB 的工作转入到 ISOC 的管理下进行。IAB 由 IETF 和 IESG 两个机构组成。IAB 保留对 IETF 和 IRTF 等两个机构建议的所有事务的最终裁决权，并负责向 ISOC 委员会汇报工作。

（4）美国电子工业协会（EIA）

顾名思义，它是美国电子工业界的协会，主要从事与 OSI 模型中物理层有关的标准制定。它颁布的最出名的标准是 RS-232C，这是一个应用串行二进制数据交换的 DTE 和 DCE 之间的接口标准。

(5) 美国国家标准学会(ANSI)

该组织是美国全国性的技术情报交换中心,协调在美国实现标准化的工作。它也是国际标准化组织 ISO 中美国指定的代表成员。ANSI 的成员之一,是著名的电气与电子工程师学会(Institute of electrical and Electronics Engineering, IEEE),主要从事 OSI 模型中物理层和数据链路层的协议的制定工作。

(6) 亚洲/ 泛太平洋电信标准化机构(ASTAP)

鉴于欧美均有自己的电信标准化机构,为了维护自身的经济利益和社会影响,日本首先拉住南韩积极筹办相应的制定标准机构。在他们的推动下于 1997 年 2 月召开了有关标准化的亚洲地区协作会议。1998 年 2 月,日本电信界作为东道主,召开了第一次会议,提出了由于亚洲及太平洋地区各国通信工业的发展,产生了信息通信基础设施与相互连接问题,有必要在地区标准化的工作中,加强相应协作。这样, ASTAP 成立了。

Internet 及 TCP/IP 相关标准建议均以 RFC(Request for Comments)形式在网上公开发布,协议的标准化过程遵循 1996 年定义的 RFC 2026,形成一个标准的周期为 10 个月左右。IETF 制定的标准有用于 Internet 的网际通信协议 TCP/IP 协议族,以及目前正在制定的下一代 IP 骨干网通信协议 MPLS。

目前,由于 IP 已成为未来网络事实上的标准,世界上的其他标准化机构如 ITU-T 也在向 IP 靠拢,参与制定一些 IP 标准,促使 IP 成为下一代通信网的统一标准。但主要的工作仍由 IETF 主导。

1.2 现代通信网基础技术

现代电信网采用了分层的结构形式,每层都有相应的支撑技术,各层的支撑技术构成了现代通信网的技术基础。以下扼要介绍相关基础技术。

1.2.1 应用层技术

现代通信系统的最终目的是为用户提供他们所需的各类通信业务,满足他们对不同业务服务质量的需求。因此,应用层业务是直接面向用户的。应用层的业务包括:模拟与数字业务,如电话业务、IP 电话业务、广播电视业务、智能网络业务等;数字通信业务,如网络商务、电子邮件等;多媒体通信业务,如交互型业务等。

终端设备是用户与通信网之间的接口设备。终端技术包括:音频通信终端技术、图形图像通信终端技术、视频通信终端技术、数据通信终端技术等。音频通信终端被广泛应用,它可用于普通电话交换网 PSTN 的普通模拟电话、磁卡电话机、IC 卡电话机、录音电话,也可用于 ISDN 的数字电话,以及用于移动通信的无线手机;图形图像通信终端,如传真机把纸介质记录的信息,通过光电扫描方法变为电信号,经公共电话交换网络传输后,在接收端以硬拷贝的方式得到与发端相似的纸介质信息。视频通信终端,如各种多媒体计算机使用的摄像头、视频监视器以及计算机终端等。数据通信终端,如调制解调器、ISDN 终端设备、机顶盒、可视电话等。

1.2.2 业务网技术

业务网是向用户提供诸如电话、电报、传真、数据、图像等各种电信业务的网络。在传送节点上安装不同类型的节点设备,就形成了不同类型的业务网。业务节点设备主要包括各种交换机(电路交换、X.25、以太网、帧中继、ATM 等交换机)、路由器和数字交叉连接设备(DXC)等。其中交换设备是构成业务网的核心要素,其基本功能是完成接入交换节点链路的汇集、转接接续和分配,实现一个用户和它所要求的一个或多个终端用户之间的路由选择的连接。交换设备的交换方式有电路交换和分组交换两种方式。DXC 即可作为通信网的节点设备,也可作为 DDN 和各种非拨号专网的业务节点设备。业务网包括电话网、数据网、智能网、移动网、IP 网等,可分别提供不同的业务。

1.2.3 传送网技术

传送网由许多单元组成,完成信息从一个点传递到另一个点或另一些点的功能,如传输电路的调度、故障切换、业务分离等。传送网是一个庞大的网络。传输链路是信息的传输通道,是连接网络节点的媒介。信道有狭义和广义之分,狭义信道是单纯的传输媒介。广义信道不仅包括传输媒介还包括相应的变换设备。

从物理实现角度看,传送网技术包括传输媒质、传输系统和传输节点设备技术。

传输媒质:有线传输媒质——电缆、光纤,无线传输媒质——自由空间。

传输系统:包括传输设备和传输复用设备。传输设备主要有微波收发信机、卫星地面站收发信机和光端机等。为在一定传输媒介中传输多路信息,需要有传输复用设备将多路信息进行复用与解复用。传输复用设备目前分为 3 大类,即频分复用、时分复用、码分复用。

传输节点设备:包括配线架、电分插复用器(ADM)、电交叉连接器(DXC)、光分插复用器(OADM)、光交叉连接器(OXC)等。

另外,不同类型的业务节点可以使用同一个公共的用户接入网,实现由业务点到用户驻地网的信息传送,因此可将接入网视为传送网的一个组成部分。接入设备包括 ADSL、PON、无线接入设备等。

1.2.4 支撑网技术

支撑网是保障业务网正常运行,增强网络功能,提供全面服务质量,以满足用户要求的网络。支撑网主要传送相应的控制、检测信号。支撑网包括信令网、同步网和电信管理网。信令网业务的功能是实现网络节点间(包括交换局、网络管理中心等)信令的传输和转接。同步网的功能是实现在数字交换局之间、数字交换局和传输设备之间的信号时钟同步。电信管理网是为提高全网质量和充分利用网络设备而设置的。网络管理是实时或近实时地监控电信网络的运行,及时地采取控制措施,以达到在任何情况下,最大限度地使用网络中一切可利用的设备,使尽可能多的通信业务得以实现。

1.3 现代通信网络的发展趋势

从全球电信业的发展战略来看,通信技术的发展已经脱离纯技术驱动的模式,正在走向技术与业务相结合、互动的新模式。在世界范围内，预计在未来 10 年，从市场应用和业务需求的角度看，最大和最深刻的变化将是从语音业务向数据业务的战略性转变，这种转变将深刻影响通信技术的走向。通信技术的发展将呈现如下趋势：网络应用将加速向 IP 汇聚，电信网和互联网将趋于融合，X. 25、FDDI、帧中继、ATM 和 SDH/SONET 等基本概念将是我们开发新型网络的技术基础；交换技术将由电路交换技术向分组交换转变，软交换技术将成为这个转变的关键；传送技术将从点对点通信到光联网转变，光交换与 WDM 等技术将共同使网络向全光网方向迈进；接入技术的宽带化、IP 化和无线化将是接入网领域未来的发展大趋势；在无线通信领域，在宽带业务需求不断增长的情况下，由于无线传输成为个人通信的重要手段，移动通信系统向 3G 乃至 4G 迈进将成为必然。

从信息网络的发展来看，将呈现下列趋势：三网融合、基于软交换的下一代网络、异语通信。

1. 三网融合

（1）三网融合概念

三网融合主要是指高层业务应用的融合，表现为技术上趋向一致，网络层上可以实现互联互通，业务层上互相渗透和交叉，应用层上趋向统一的 TCP/IP 通信协议。三网融合的概念还可以从多种不同的角度和层次去观察和分析，其中涉及技术融合、业务融合、市场融合、产业融合、终端融合、网络融合乃至行业监管和政策方面的融合等。随着通信技术、计算机技术、通信信号处理和智能技术的发展，这三大网络都在快速演变。如今，电话网形成了宽带基础传输网，有线电视网建成了 SDH 传送系统，计算机网也正在建设独立的宽带基础网。“三网”的基础网以不同的形式支持 IP 宽带网络。电话网多数选用 IP over ATM，有线电视网最方便的选择是 IP over SDH，而计算机网往往选用 IP over Optical。三网融合对用户有很大好处，增加了接入网络的手段，增加了服务来源。但对运营商则是各有利弊，都想渗透到其他领域，而不想丧失对原有业务的垄断。这就使得三网在政策和行业管制层面上难以统一。不过在技术上则基本达成共识，网络层上使用宽带 IP 技术可以实现互联互通，业务层上互相渗透和交叉。因此，近期“三网”融合将限于在各自基于 IP 的数据应用平台上提供多媒体信息服务，短期内不可能由任何单一的网络所代替。

（2）三网融合的技术支持

技术的发展是三网融合的基本推动力量，相应技术领域的进展从技术上为三网融合铺平了道路，尽管各种网络仍有自己的特点，但技术特征正逐渐趋向一致，特别是逐渐向 IP 的汇聚已成为发展的主导趋势。以下是几个重大技术的发展简介：

1）TCP/IP。IP 技术的发展，提供了三网都能接受的统一的通信协议——TCP/IP，它为三网在业务层面的融合奠定了基础，也为没有统一严格设计的传送网之间实现互通提供了有利条件。TCP/IP 的普遍采用使得各种以 IP 为基础的业务都能在不同的网上互通。

2）数字化技术和光通信技术。数字化技术，尤其是数字信息处理技术的迅速发展和全面采用，使语音、数据和图像信号都可以经编码成为数字信号后进行传输和交换。而光通信技术的发展，为综合传送各种业务信息提供了必要的带宽，保证了传输质量，也为实现传送网互联互通提供了可能性。光通信技术的应用使传输成本大幅度下降，使通信成本最终与传输距离几乎无关。

3）软件技术。软件技术的发展，使得三大网络及其终端都能通过软件变更最终支持各种用户所需的特性、功能和业务，现代信息网设备已成为高度智能化和软件化的产品。

4）接入技术。不同的信息网络经营部门以不同的思路建立网络，电话网、计算机网和有线电视网形成了不同的网络形态，其中的差异集中体现在接入技术方面。采用不同技术的接入网虽然在统一接口标准和规范方面还需要进一步协调，但发展和完善后接入技术已可以实现支持多种业务的接入网。随着网络技术的进一步发展，接入网将越来越趋向于宽带化。

（3）三网融合的业务基础

网络是用来传送业务的，不同的网络结构往往适于传送不同的业务信号，而不同的业务信号也往往要求不同的网络结构来支持。到目前为止，电话网的主要业务一直是语音业务（电话业务）。传统电话网的设计都是以恒定的对称话务量为中心的，无论从业务量设计、容量、组网方式，还是从交换方式上来讲，都已无法适应突发性数据业务的需要。近 10 年来，全世界电话用户的年增长率为 5% ~10%。然而近年来，由于计算机的广泛普及和应用，数据业务平均年增长率达 25% ~40%，远高于电话业务。特别是 IP 业务正呈现爆炸式增长趋势，其骨干网上的业务量已达到约 6 ~9 个月就翻一番的程度，比著名的摩尔定律（约 18 个月左右翻一番）还要快 2 ~3 倍。按此趋势发展，不久以后，Internet 上的数据业务就会超过电话业务。从全世界范围看，估计在未来 10 年内，包括我国电话网在内的世界主要网络的数据业务量都将先后超过电话业务量，网络的业务构成将发生根本性的变化，网络的业务将向以数据业务为中心的方向融合。

2. 基于软交换的下一代网络

下一代网络（NGN）泛指一个以 IP 为中心，可以支持语音、数据和多媒体业务的融合或部分融合的全业务网络。一方面，NGN 不是现有电信网和 IP 网的简单延伸和叠加，也不是单项节点技术和网络技术，而是整个网络框架的变革，是一种整体解决方案。另一方面，NGN 的出现与发展不是革命，而是演进，即在继承现有网络优势的基础上实现的平滑过渡。

ITU-T 将 NGN 的主要特征归纳为：基于分组传送；控制功能与承载能力、呼叫/会晤、应用/服务分离；业务提供与网络分离，并提供开放接口；支持广泛的业务，包括实时/流/非实时和多媒体业务；具有端到端透明传递的宽带能力；与现有传统网络互通；具有通用移动性，即允许用户作为单个人始终如一地使用和管理其业务而不管采用何种接入技术；提供用户自由选择业务提供商的功能等。

传统电路交换机将传送交换硬件、呼叫控制以及业务和应用功能结合进单个昂贵的交换机设备，是一种垂直集成的、封闭的和单厂家专用的系统结构，新业务的开发也是以专用设备和专用软件为载体，导致开发成本高、时间长，无法适应今天快速变化的市场环境和多样化的用户需求。软交换打破了传统的封闭交换结构，采用完全不同的横向组合的模式，将上述三大功能间接口打开，采用开放的接口和通用的协议，构成一个开放的、分布的和多厂家应用的系统结构，可以使业务提供者灵活选择最佳和最经济的组合来构建网络，加速新业务和新应用的开发、生成和部署，快速实现低成本广域业务覆盖，推进语音和数据的融合。软交换是一个完整的体系结构，是现有通信网络向下一代网络过渡的有效解决方案。采用下一代网络解决方案可以把现有的多个单一业务的分离网络转变为一个更为经济高效的融合网络，而且将为消费者提供种类更丰富、更高质量的语音、数据和多媒体业务。

3. 实现异语通信

现在正在实现的“三网融合”和“下一代网络(NGN)”通信网,都能够高速、高质量、有效可靠地提供一个重要的功能,即有效地消除通信用户之间在地理上的距离,使千里之外的通信用户犹如近在咫尺。这对于实现人类大范围的交流与合作是一个巨大的贡献。但是,由于各个不同国家和地区的通信用户通常使用不同的语言,虽然通信网络能够把他们连接在一起,但他们之间还是难以进行有效的交流和合作。消除这种困难的办法通常是训练用户使用多种不同语言的能力。可以想象,对于几十亿人口的今日世界,这个任务是何等艰巨。另一个办法是创造世界通用语言。然而,这种努力至今收效甚微。既然通信技术的天职是要不断满足社会信息化的需求,因此,比较合理的解决办法是让通信网具有翻译的功能,使现代通信不仅可以有效地消除通信用户之间在地理上的距离,而且可以有效地消除通信用户之间在语言上的距离,为人类大范围的交流与合作提供更完美的服务。从消除“地理距离”到消除“语言距离”,这无疑是通信网技术上的一大飞跃,成为通信技术发展史上一项意义重大的革命。令人鼓舞的是,今天,实现网络异语通信所需要的翻译技术正在取得重要进展。特别是“际语(Inter-lingual)”概念和“本体论(Ontology)语言表示”概念的出现将大大推动翻译技术取得重大突破。可以相信,异语通信的实现和应用也将是不久的将来可望成功的事情。

1.4 本书的组织结构

全书共8章,第1章现代通信网概述,介绍了现代通信网的构成要素、基本技术和发展趋势;第2章电话通信网,概括介绍了电话网的组成、结构和相关技术;第3章移动通信网,详细介绍了移动通信网的基本理论、组网方式、数字蜂窝网、CDMA数字蜂窝网、第三代移动通信系统等;第4章数据通信网,阐述了数据通信网体系结构、分组交换数据网、数字数据网、帧中继等;第5章宽带综合业务数字网,介绍了ISDN的基本概念、B-ISDN概述、B-ISDN/ATM参考模型及协议、宽带ATM交换技术、流量控制等;第6章接入网,阐述了接入网的基本概念、V5接口、数字用户线接入、光纤接入网、混合光纤同轴接入网等;第7章支撑网,介绍了信令网、同步网、电信管理网等相关内容;第8章基于软交换的下一代网络,介绍了智能网、软交换技术等内容。

1.5 小结

通信的基本形式是在信源和信宿之间建立一个传输信息的通道,实现信息的传输。通信网是由一定数量的节点(包括终端节点、交换节点)和连接这些节点的传输系统有机地组织在一起,按约定的信令或协议完成任意用户间信息交换的通信体系。实际的通信网是由软件和硬件按特定方式构成的一个通信系统,每一次通信都需要软硬件设施的协调配合来完成。通信网的服务质量一般通过可访问性、透明性和可靠性这三个方面来衡量。从功能上可将通信网分为应用层、业务网、传输网和支撑网,其中应用层面表示各种信息应用,业务网层面表示传送各种信息的业务网,传送网层面表示支持业务网的传送手段和基础设施,支撑网可以支持以上三个层面的工作,提供保障网络正常运行的各种控制和管理信号。从现代通信网的发展趋势看，将呈现三网融合、基于软交换的下一代网络、异语通信的趋势。

1.6 思考题

1. 简述现代通信系统的组成。
2. 现代通信网的服务质量要求有哪些？
3. 分析通信网络各种拓扑结构的优缺点。
4. 什么是三网融合，其技术基础是什么？
5. 就现代通信网的发展趋势谈谈自己的看法。

第2章 电话通信网

目前的电话通信网主要包括固定电话网和移动电话网、IP电话网,本章主要介绍固定电话网即公用电话交换网(Public Switched Telephone Network,PSTN)的基本概念和技术,包括PSTN的组成、结构、路由选择和编号计划。

2.1 电话通信网概述

公众电话交换网是至今为止规模最大的通信网络,电话交换网中的关键设备之一是电话交换机,自从1876年A. G. Bell发明电话以来,为了完成多个用户之间的电话交换,在1878年出现了第一个人工磁石电话交换机。由于采用人工接线,接续速度慢,易出错,用户使用不方便。1890年美国人A. B. 史瑞乔发明了步进制电话交换机,从此,电话交换进入了自动化阶段。步进制交换机是通过选择器的上升和旋转来完成两个用户之间的通话接续,选择器工作时,机械动作幅度大、噪声大、机件易磨损、接续速度慢、维护工作量大、故障率高。其后出现了纵横接线交换机是电话交换技术的重要转折点,纵横制交换机采用了纵横接线器,接点采用推压接触方式,使接触可靠、噪声小、机键不易磨损,使用寿命长,通话质量好,障碍率和维护工作量减小。纵横制交换机和步进制交换机等统称为机电式交换机。

随着电子计算机和大规模集成电路的迅速发展,计算机技术被应用到电话交换机中,产生了程控电话交换机。所谓程控就是存储程序控制的简称,采用软件来控制交换机的动作。由于采用了计算机技术,许多功能电路可以用软件代替,因而在性能上有了很大的提高,增加了许多功能,而且增容或增加新的服务业务也都十分灵活方便。交换机的程控化可以说是交换技术的又一次重大转折。20世纪60年代初,在传输系统中成功地应用了脉冲编码技术,使得数字通信有了迅速的发展,推动了交换技术的变革,人们开始研究如何将数字信息引入到交换系统中。1970年在法国开通了第一台程控数字交换机(E10型)系统,开创了数字交换的新时期,使交换技术的发展跨上了一个新的台阶。数字交换机交换的信号为数字信号,这使数字传输与数字交换实现一体化成为可能,不仅提高了通信质量,而且也为开通非电话业务(如用户电报、数据传输、图像通信等)提供了有利条件。目前数字程控交换机的机型很多,典型的机型有:德国西门子公司的EWSD、日本富士通公司的F-150、瑞典爱立信公司的AXE-10、美国AT&T公司的5ESS-2000、上海贝尔阿尔卡特的S-1240以及我国自主研发的华为公司的C&C08、中兴公司的ZXJ-10和大唐公司的SP30等。

数字程控交换机按用途可以分为局用交换机和用户交换机。局用交换机是指在公用交换局内采用的交换设备,有较大的容量,具有多种用途,按其在电话网中的功能不同又可以分为市话交换机、汇接交换机、长途交换机和国际交换机等。

2.1.1 电话网的组成

电话网采用电路交换方式,其节点交换设备是数字程控交换机,数字程控交换机之间采用数字传输链路相连,用户通过终端设备接入电话网。为了使全网协调一致工作,还应有各种标准和协议。

全国范围的电话网采用等级结构。等级结构就是将全部交换局划分成两个或两个以上的等级,低等级的交换局与管辖它的高等级的交换局相连,各等级交换局将本区域的通信流量逐级汇集起来。一般在长途电话网中,根据地理条件、行政区域、通信流量的分布情况等设立各级汇接中心,下级交换中心之间的通信要通过汇接中心转接来实现。每一汇接中心负责汇接一定区域的通信流量,逐级形成幅射的星形网或网状网。一般是低等级的交换局与管辖它的高等级的交换局相连,形成多级汇接辐射网,最高级的交换局则采用直接互连,组成网状网。所以等级结构的电话网一般是复合型网,电话网采用这种结构可以将各区域的话务量逐级汇集,达到既保证通信质量又充分利用电路的目的。

我国以前的电话网采用如图 2-1 所示的五级汇接辐射式的等级结构,由一、二、三、四级交换中心以及称为端局的第五级交换中心组成。电话网分为长途网和本地网。

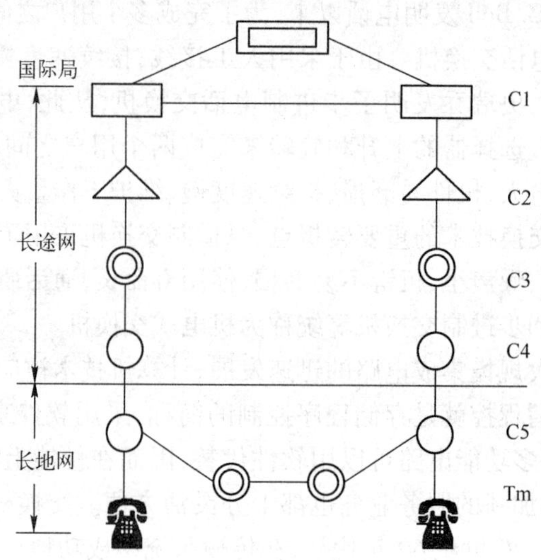

图 2-1　电话网五等级结构示意图

长途网可设置一、二、三、四级长途交换中心,分别用 C1、C2、C3、C4 表示。C1 是大区中心局,也称省间中心局,共 9 个,包括上海、北京、广州、南京、沈阳、西安、成都、重庆、武汉。其职能是疏通该交换中心服务区的长途话务,包括长途来话、去话和转接业务。C2 为省中心局,共 22 个,包括除去 C1 所在城市以外的各省会城市,其职能是疏通该交换中心服务区的长途话务。C3 是地区中心局,其职能是疏通该交换中心服务区的长途话务。C4 为县长途交换中心,是长途网的最低交换中心,其职能是疏通该交换中心服务区的长途话务。

本地网可设置汇接局和端局两个等级的交换中心,分别用 Tm 和 C5 表示。汇接局用来疏通本地话务,当用于疏通长途话务时,在等级上相当于第四级长途交换中心。

2.1.2　电话网的结构

1. 四级长途网络结构存在的问题

我国电话网最早分为五级,长途网分为四级,一级交换中心之间相互连接成网状网,以下各级交换中心以逐级汇接为主。这种五级等级结构的电话网在网络发展的初级阶段是可行的，在电话网由人工向自动，模拟向数字的过渡中起过较好的作用。随着经济的发展，非纵向话务流量日趋增多，新技术、新业务层出不穷，这种多级网络结构存在的问题日益明显，就全网的服务质量而言表现为：

① 转接段数多，造成接续时延长、传输损耗大、接通率低，如跨两个地市或县用户之间的呼叫，需经多级长途交换中心转接。

② 可靠性差，多级长途网一旦某节点或某段电路出现故障，会造成局部阻塞。

③ 区域网络划分小，交换等级数量多，全网的网络管理过于复杂，维护运行困难。

2. 长途两级网的等级结构

鉴于以上原因，我国电话长途网已由四级向两级转变。由于 C1、C2 间直达电路增多，C1 的转接功能减弱，随着 C3 扩大本地网的建成，C4 已经消失。C1、C2 两级长途交换中心合并，称为省级（包括直辖市）交换中心，用 DCl 表示；地（市）级交换中心 C3 称为 DC2。DCl 之间以网状网相互连接，构成长途两级网的高平面网（省际平面）。DC1 与本省各地市的 DC2 以星形方式连接，各 DC2 之间以网状或不完全网状相连，由于话务流量的原因，DC2 也可以有一定数量的直达电路与非本省的交换中心相连。DC2 构成长途网的低平面网（省内平面）。长途两级网的等级结构如图 2-2 所示。

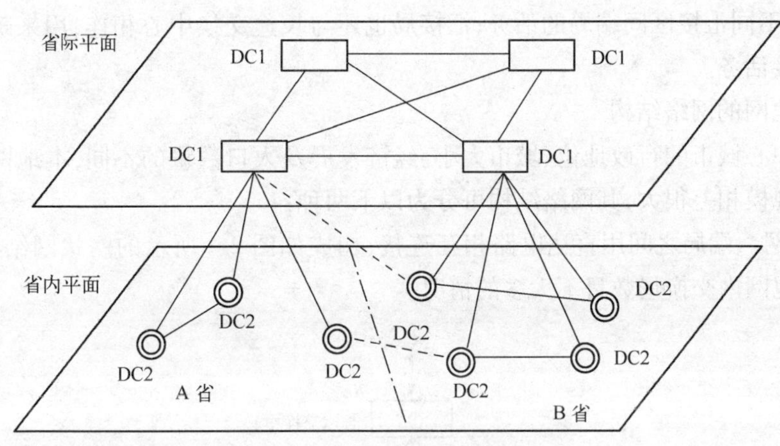

图 2-2　两级长途网结构示意图

以各级交换中心为汇接局，汇接局负责汇接的范围称为汇接区。全网以省级交换中心为汇接局，分为 31 个省（自治区）汇接区。

两级长途交换中心的职能如下：

① DCl 的职能主要是汇接所在省的省际长途来去话话务，以及所在本地网的长途终端话务。

② DC2 职能主要是汇接所在本地网的长途终端来去话务。

今后，我国的电话网将近一步形成由一级长途网和本地网所组成的二级网络，实现长途无级网。这样，我国的电话网将由如图 2-3 所示的长途电话网平面、本地电话网平面和用户接入网平面三个层面组成。

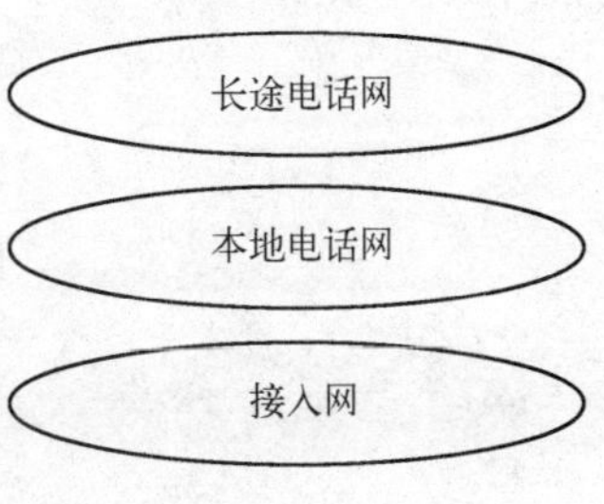

图 2-3　电话网的三个层面

3. 本地网

本地网是本地电话网的简称，是在同一长途编号区范围内，由若干个端局，或由若干个端局和汇接局及局间中继线、用户线和话机终端等组成的电话网。本地网用来疏通本长途编号区范围内任意两个用户间的电话呼叫和长途发话、来话业务。

(1) 本地网的类型

20 世纪 90 年代中期，我国就开始组建以地(市)级以上城市为中心的扩大的本地网，把城市周围的郊县与中心城市划在同一长途编号区内，使其话务量集中流向中心城市。扩大的本地网类型有两种：

① 特大和大城市本地网。以特大城市及大城市为中心，包括其所管辖的郊县共同组成的本地网。省会、直辖市及一些经济发达的城市组建的本地网就是这种类型。

② 中等城市本地网。以中等城市为中心，包括其所管辖的郊县(市)共同组成的本地网。

(2) 本地网的交换中心及职能

本地网内可设置端局和汇接局。端局通过用户线与用户相连，其职能是负责疏通本局用户的去话和来话话务。汇接局与所管辖的端局相连，疏通端局间的话务；汇接局还与其他汇接局相连，疏通不同汇接区间端局的话务；汇接局也还与长途交换中心相连，用来疏通本汇接区内的长途转接话务。

(3) 本地网的网络结构

由于各中心城市的行政地位、城市大小、经济发展及人口数量的不同，本地网的交换设备容量和网络规模相差很大，其网络结构可分为以下两种：

① 网状网。端局之间用直达电路相互连接，构成如图 2-4 所示的网状网结构，这种网络结构适于本地网内交换局数目不太多的情况。

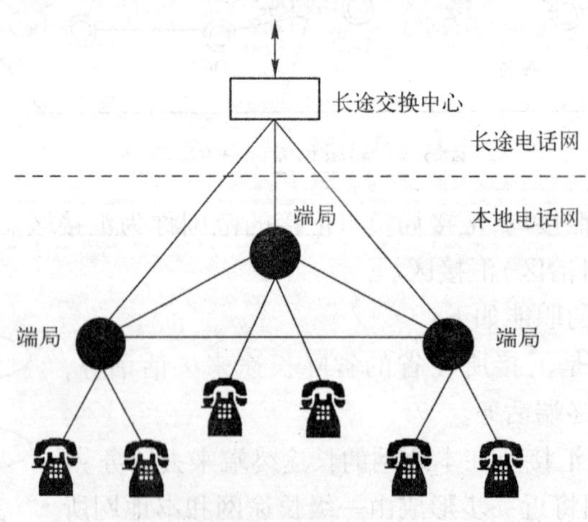

图 2-4 本地电话网的网状网结构

网状网结构中端局之间通过中继线相连，当局间话务量比较大时，可提高网络效率，降低线路成本。随着本地电话网规模的增大，端局数量增多时，如果仍采用网状网结构，则局间中继线就会急剧增加，这时，可以采用分区汇接制，把本地电话网划分为若干个“汇接区”，在汇接区内设置汇接局，汇接区中的端局通过汇接局汇接，构成二级本地电话网。

② 二级网。二级本地电话网可分为去话汇接、来话汇接、来去话汇接等几种方式。

去话汇接方式：如图 2-5a 所示，图中有两个汇接区：汇接区 1 和汇接区 2，每区有一个去话汇接局 Tm 和若干个端局，Tm 除了汇接本区内各端局之间的话务外，还汇接去别的汇接区的话务，即 Tm 还与其他汇接区的端局相连。

来话汇接：来话汇接基本概念如图 2-5b 所示，汇接局 Tm 除了汇接本区内各端局之间话务外，还汇接从其他汇接区各端局发送过来的来话呼叫。

来去话汇接：如图 2-5c 所示，除了汇接本区各端局之间话务外，还汇接至其他汇接区的去话，也汇接从其他汇接区送来的话务。

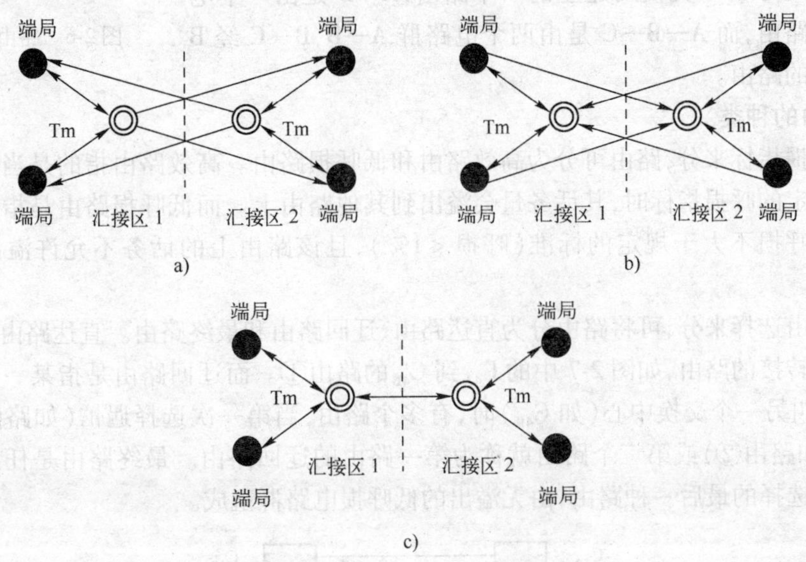

图 2-5　本地网三种汇接方式

a）去话汇接方式　b）来话汇接方式　c）来去话汇接方式

（4）本地网中远端模块

为了降低用户线路的投资或提高线路设备的利用率，在本地网的用户线路上可采用远端模块和用户交换机等延伸设备。这些延伸设备安装在离交换局较远且用户集中的区域。

远端模块是一种半独立的交换设备，它在用户侧接各种用户线，在交换机侧通过 PCM 中继线和交换局相连。同一模块内用户通信可以在模块内自行交换，其他的呼叫通过局交换。

用户交换机是指在一个单位和企业内部使用的交换机，可以看成是局用交换机的一个用户。利用它可以组成一个单位内部的电话通信网，单位内部用户之间的接续由用户交换机完成，但又能以全自动或半自动的方式接入公用电话网，和公用电话网的用户进行通信。

2.2 电话网的技术

2.2.1 电话网的路由选择

1. 路由

进行通话的两个用户如果不属于同一个交换局，当用户有呼叫请求时，在交换局之间需建立一条传送信息的通路，这条通路称为路由。路由是在两个交换局之间建立一个呼叫连接或传送消息的途径。它可以由一个电路群组成，也可以由多个电路群经交换局串接而成。在图 2-6 中，假设 A—B 是 A 交换局呼叫 B 交换局时建立的一个路由，A—B—C 是 A 交换局呼叫 C 交换局建立的一个路由，A—B 是由一个电路群组成的路由，而 A—B—C 是由两个电路群 A—B，B—C 经 B 局串接而成的路由。

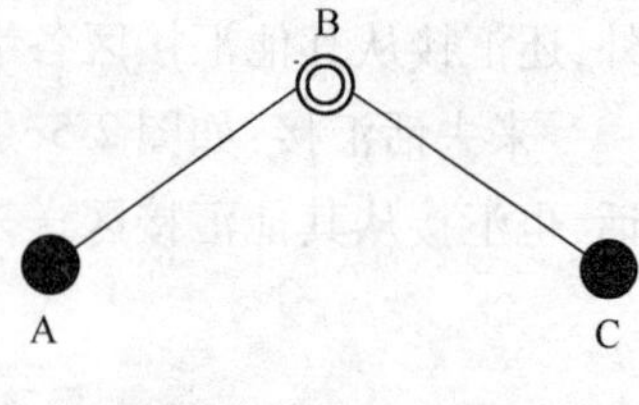

图 2-6　路由示意图

2. 路由的种类

若按呼损指标来分，路由可分为高效路由和低呼损路由。高效路由指的是当该路由上的呼损超过规定的呼损指标时，其话务量会溢出到其他路由上。而低呼损路由是指组成该路由的电路群的呼损不大于规定的标准（呼损 $<1\%$），且该路由上的话务不允许溢出到其他路由上。

若按路由选择来分，可将路由分为直达路由、迂回路由和最终路由。直达路由是指不经其他交换中心转接的路由，如图 2-7 中的 C_{4A} 到 C_{4B} 的路由①。而迂回路由是指某一个交换中心（如 C_{4A}）呼叫另一个交换中心（如 C_{4B}）时，有多个路由，当第一次选择遇忙（如路由①）时，迂回到第二（如路由②）或第三个路由就称为第一路由的迂回路由。最终路由是任意两个交换局之间可以选择的最后一种路由，由无溢出的低呼损电路群组成。

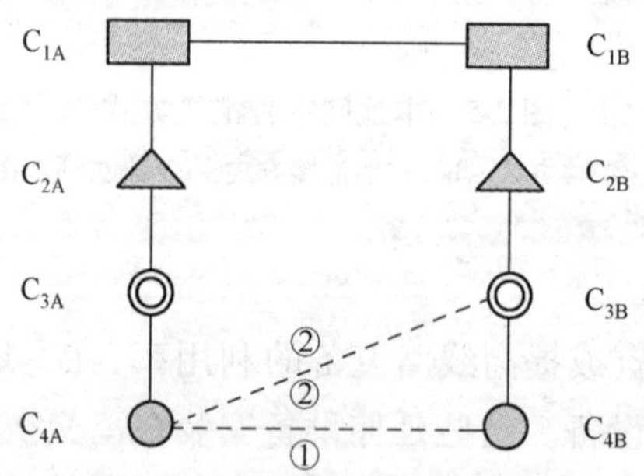

图 2-7　迂回路由示意图

若按连接的两个交换中心在网中的地位，可将路由分为：基干路由、跨区路由和跨级路由，基干路由是构成网路基干结构的路由，由具有汇接关系的相邻等级交换中心之间及长途网和本地网的最高等级交换中心之间的低呼损电路组成。基干路由上的电路群的呼损 $\leqslant 1\%$，其话务量不应溢出到其他路由上。

3. 路由设置

路由设置除考虑减少话务转接的级数、注意经济合理外，还需要考虑网路的安全性、可靠性以及是否便于网路管理和维护。下面仅以长途网为例说明路由设置的原则。

DC1 应与本交换区内的 DC2 之间均设置基干路由。一级长途交换区内不同的二级交换区的 DC2 之间可根据业务量和传输电路的情况，按技术经济原则，设置低呼损直达路由或高效直达路由。

一级交换区 DC1 之间原则上应设置直达路由，该路由为基干路由。特大城市设置了三个或三个以上 DC1 长话交换中心时，如果未实施来话分区汇接，其他省级 DC1 长话交换中心至少应与它的两个 DC1 设置基干路由；如果实施了来话分区汇接，其他省级 DC1 交换系统应分别与各分区的每个 DC1 长话交换系统设置基干路由。

任意两个交换中心之间，根据话务需要在经济合理的原则下均可建立直达路由。

4. 路由选择

路由选择也称选路，是一个交换中心呼叫另一个交换中心时在多个可选传递信息的途径中进行选择，对一次呼叫而言，直到选到了目标局，路由选择才算结束。

路由选择的顺序是：先选高效直达路由，再选迂回路由，最后选基干路由作为最终路由。目的是为了充分利用高效直达路由，尽量减少转接次数和尽量少占用传输线路。

在长途网中，先选高效直达路由，当高效直达路由忙时，再选迂回路由。选择顺序是“自远而近”：先在被叫端“自下而上”选择，即先选靠近终端局的下级局，后选上级局；然后在主叫端“自上而下”选择，即先选远离发端局的上级局，后选下级局；最后选择最终路由。长途路由选择举例如图 2-8 所示，L 字母后面的数字表示选择的顺序。

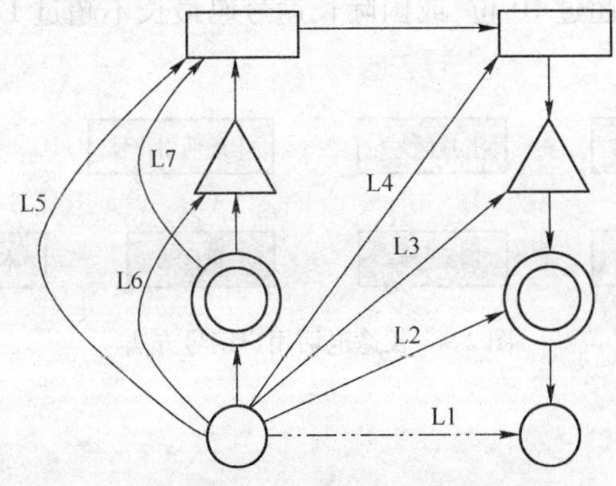

图 2-8　长途网路由选择过程

在本地网中通常先选直达路由，其次选汇接次数少（段数少）的路由，最后选择汇接次数多（段数多）的路由。

长途网中，电路串接段数一般不得大于三段；本地网中，端局间接续中继段数一般不得大于三段；不同运营商本地网互通时，端局间接续中继段数一般不得大于五段。

2.2.2　电话网的编号计划

编号计划指的是本地网、国内长途网、国际长途网、特种业务以及一些新业务等各种呼叫所规定的号码编排和规程。自动电话网中的编号计划是使自动电话网正常运行的一个重要规程，交换设备应能适应上述各项接续的编号需求。

1. 本地网中用户号码的组成

根据本地网的定义，同一长途编号区范围的用户均属同一个本地网。在同一个本地网内，其号长要根据本地电话网的长远规划容量来确定。

本地电话网的一个用户号码由两部分组成：局号和用户号。局号可以是3位（用PQR表示）和4位（用PQRS表示），用户号为4位（用ABCD表示）。因此本地电话网的号码长度最长为8位。

本地电话网内用户号码的首位不得使用"0"和"1"。"0"为长途全自动接续的字冠，"1"为全国统一的特种业务号码和数字移动用户的首位号。而前三位为"200"、"300"、"400"、"500"、"600"、"700"、"800"的号码作为不同智能业务的接入码。

2. 长途电话用户编号方法

长途电话包括国内长途电话和国际长途电话，电话号码的组成分别如下所示：

国内长途字冠是拨国内长途电话的标志，在全自动情况下用"0"代表。

长途区号是被叫用户所在本地网的区域号码，全国划分为若干个长途编号区，每个长途编号区都编上固定的号码，可以是2～3位长。呼叫另一个本地网用户，都拨该本地网固定的长途区号。

国际长途呼叫除拨上述国内长途号码之外，还要增拨国际长途字冠和国家号码。全自动国际长途字冠为"00"，国家号码为1～3位，如中国的国家码为86。

以上长途区号、国家号码都采用不等位编号方式。这不但可以满足对号码容量的要求，而且使长途电话号码长度不超过10位，或国际长途号码最长不超过12位（不包括国际长途字冠）。如图2-9所示。

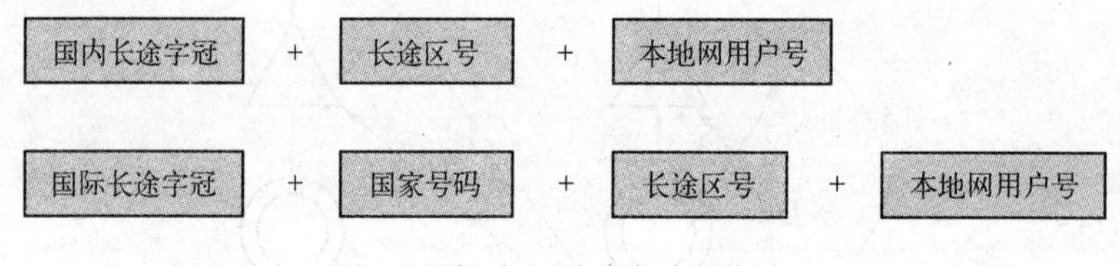

图2-9　长途电话用户编号方法

2.3 小结

公用电话交换网（PSTN）是目前最大的业务网，该网络采用电路交换方式，其节点设备采用数字程控交换机。其网络结构从四级长途网和一级本地网组成的五级网络结构发展成两级网长途网和一级本地网。

路由是网络中任意两个交换中心之间建立一个呼叫连接或传递信息的途径。路由选择是一个交换中心呼叫另一个交换中心时在多个可选传递信息的途径中进行选择。路由的设置和选择都应遵循基本的原则，确保传输质量和可靠性。

编号计划指的是本地网、国内长途网、国际长途网、特种业务以及一些新业务等各种呼叫所规定的号码编排和规程。

2.4 思考题

1. 什么是长途网？二级长途网的网络结构是怎么样的？
2. 二级长途网中各级交换中心的职能和设置原则是什么？
3. 什么是本地网？本地网中端局和汇接局的职能有什么不同？
4. 什么是路由？路由的设置应该考虑哪些要求？
5. 什么是路由选择，路由选择的一般顺序是什么？

第3章 移动通信网

随着社会的发展,科学技术的进步,人们希望能随时随地、迅速可靠地与通信的另一方进行信息交流。20世纪80年代以来,移动通信已成为现代通信网中一种不可或缺的通信手段,为人们的便捷交流提供了平台。移动通信已成为当前发展最快、应用最广和最前沿的通信领域之一。

本章重点介绍移动通信网基础、移动通信系统的组网方式、数字蜂窝移动通信网、CDMA数字蜂窝移动通信网,同时还介绍了第三代移动通信系统(3G)。

3.1 移动通信网基础

3.1.1 移动通信概念与分类

移动通信是指通信的一方或双方可以在移动中进行的通信,即至少有一方具有可移动性。移动通信是传统固定电话的延伸,随着移动通信技术的发展,通信不再局限于语音通话,还包括数据、图像等多媒体信息业务。

移动通信系统按用途、频段、制式和入网方式等的不同,有不同的分类方法。例如:按用途和区域分,可分为陆地、海上、航空移动通信系统;按经营方式或用户性质分,可分为公众网(简称公网)、专用网(简称专网);按基站配置分,可分为单区制、多区制、蜂窝制等配置方式;按与地面固定网连接方式分,可分为人工、半自动、全自动等连接方式;按信号性质分,可分为模拟、数字移动通信系统;按多址方式分,可分为频分多址、时分多址、码分多址等移动通信;按用户的通话状态和频率使用的方法可分为三种工作方式:单工制、半双工制和双工制。

移动通信的种类繁多,其中陆地移动通信系统有:集群系统、蜂窝移动通信、无绳电话、无线寻呼系统等。同时,移动通信和卫星通信相结合产生了卫星移动通信,它可以实现国内、国际大范围的移动通信。

(1) 无线集群通信系统

集群系统实际上是把若干个原来各自用单独频率的单工工作调度系统,集合到一个基台工作。集群通信系统所具有的可用信道为系统的全体用户共用,具有自动选择信道的功能,是共享资源、分担费用、共用信道设备及服务的多用途和高效能的无线调度通信系统。

(2) 公用移动通信系统

公用移动通信系统是指为公众提供移动通信业务的网络,是移动通信最常见的方式。这种系统又可以分为大区制移动通信和小区制移动通信,小区制移动通信又称蜂窝移动通信系统。

(3) 无绳电话

对于室内外慢速移动的手持终端的通信,可采用小功率、通信距离近、轻便的无绳电话机。

(4) 寻呼系统

无线电寻呼系统是由寻呼台发信息、寻呼机收信息来完成的,是一种单向传递信息的移动通信系统。

(5) 卫星移动通信

利用卫星转发信号来实现移动通信。对于车载移动通信可采用同步卫星,而对手持终端,采用中低轨道的卫星通信系统较为有利。

3.1.2 移动通信发展史

现代移动通信的发展始于20世纪20年代,而公用移动通信是从20世纪60年代开始的。公用移动通信系统根据使用的技术方案不同,其发展过程可分为,第一代(1G)、第二代(2G)、第三代(3G)和第四代(4G)。

1. 第一代移动通信系统(1G,以模拟技术为主)

第一代移动通信系统(1G)为模拟移动通信系统,以美国的AMPS(IS-54)和英国的TACS为代表。采用频分双工、频分多址制式,并利用蜂窝组网技术。该系统存在以下弊端:频带利用率低;通话质量一般,保密性差;制式太多,标准不统一,互不兼容;不能提供非话数据业务;不能提供自动漫游。随着业务的发展,模拟技术已逐渐被数字技术替代。

2. 第二代移动通信系统(2G,以窄带数字技术为主)

第二代移动通信系统为数字移动通信系统,是当前移动通信发展的主流,以GSM和窄带CDMA为典型代表。其典型标准为欧洲的GSM、美国的IS54-DAMPS和IS95-CDMA、日本的JDC。第二代移动通信系统采用数字技术,利用蜂窝组网技术,多址方式由频分多址转向时分多址和码分多址技术,双工技术仍采用频分双工。2 G采用蜂窝数字移动通信,克服了1G的缺点,语音质量及保密性能得到了很大提高,可进行省内、省际自动漫游。但系统带宽有限,限制了数据业务的发展,也无法实现移动的多媒体业务。并且由于各国标准不统一,无法实现全球无缝覆盖。

3. 第三代移动通信系统(3 G)

国际电信联盟于1985年提出了未来公众陆地移动通信系统(FPLMTS)的概念,为统一标准,1994年国际电联将FPLMTS更名为国际移动通信系统2000(International Mobile Telecommunication 2000,IMT-2000)。IMT-2000,意指在2000年左右提供商用并工作在2000 MHz频段上的国际移动电话通信系统。IMT-2000的目标:全球统一频段,统一标准,无缝覆盖;实现高服务质量,高保密性能,高频谱效率;提供多媒体业务,实现高速移动条件下144 kbit/s 、低速移动条件下384 kbit/s速率、相对静止条件下2 Mbit/s速率的无线多媒体接入通信服务。有三种主流标准:WCDMA 、 CDMS2000和TD-SCDMA。

4. 第四代蜂窝移动通信系统(4 G)

目前,美国AT&T实验室正在研究第四代移动通信技术,其研究目标是提高移动电话访问互联网的速率。该技术现在还不成熟,AT&T公司研究人员认为大致还需要4年,该项技术才能发布。4 G蜂窝移动通信最低目标传输速度为10 ~ 20 Mbit/s,对移动车辆至少为20 Mbit/s。

3.1.3 移动通信特性

移动通信与其他通信方式相比有以下特点:

(1) 电波传播条件复杂

移动台可能在各种环境中运动,如建筑群或障碍物等,因此电磁波在传播时不仅有直射信号,而且还会产生反射、折射、绕射、多普勒效应等现象,从而产生多径干扰、信号传播延迟和展宽等。因此,要保证通信质量,必须给系统留有抗衰落能力的储备。

(2) 噪声和干扰严重

通信质量不仅与通信设备有关,还与外部噪声强弱有关。移动台在通信时不仅受到各种工业噪声和天然电噪声的干扰,同时还受到移动用户之间的互调干扰、邻道干扰和同频干扰等。为确保通信质量,除选择抗干扰性强的调制方式外,设备还必须留有足够抗噪声的储备。

(3) 有限的频率资源

国际电信联盟 ITU-T 对无线频率的划分使用有严格的规定。随着移动通信业务的飞速发展,现有频段已不能满足需要。在有线网中,可通过多铺设电缆或光缆来提高更多的带宽资源。而在无线网中,频率资源是有限的。除开辟新的频段外,还采用了相关的技术来提高频率的利用率,如高效的频率再用技术(如 FDMA、TDMA、CDMA、TD-SCDMA 等)和窄化频道技术(频道间隔从 30 kHz 减小到 25 kHz 再减小到 12.5 kHz)来增加系统的容量。

(4) 系统和网络结构复杂

移动通信系统是一个多用户通信系统和网络,要确保用户之间互不干扰、协调工作。此外,移动通信系统应具有与其他网络的互联能力,如与固定网、数据网。系统中还应有相应的设备、技术来对移动用户的位置进行登记、跟踪,确保通信的畅通。以上都对整个系统和网络结构提出了较高的要求。

(5) 灵活的组网方式

移动通信系统组网方式分大区制和小区制等。大区制采用一个机站覆盖整个服务区,区域内移动用户可以自由通信,并通过基站的接口设备与公用电话网(PSTN)相连接,实现移动用户与固定用户通信。小区制在服务区内有多个基站,负责小区内移动用户的通信。

3.1.4 移动通信的主要技术

移动通信综合了无线通信、交换、信令、传输、数字信号处理等众多领域的技术,尤其是蜂窝式移动电话系统几乎汇集了主要相关技术。

(1) 多址调制技术

当前多址调制技术着力于研究效率高、抗干扰能力强、频谱利用率高的调制技术和多址接入技术。

(2) 频率重用和指配技术

主要是作好蜂窝小区频率规划,以提高频率利用率和减小同频干扰。

(3) 空间信号接收技术

包括分集接收、自适应均衡、差错控制等技术。其中,天线分集接收是将两路接收信号进行解码,并逐比特选取较好的信号。均衡则指对波形形成特性的失真进行校正。

(4) 信源编码和信道编码技术

研究传送效率高、纠错能力强、控制开销小的高性能编码方法。

(5) 移动交换技术

研究以数字程控交换为基础,具有移动呼叫处理、漫游管理、自动频道切换、网间互联等功能的移动交换机。

(6) 信令技术

研究适应于给定移动通信系统业务需要的网络各个接口的信令协议和实现方式,包括不同移动网间互联及移动网和固定通信网间互联的信令。

(7) 数字移动通信技术

数字化是移动通信的发展方向和研究热点,它有利于向未来综合业务通信网的演化。

3.2 移动通信系统的组网方式

3.2.1 移动通信网网络结构

第一代移动通信采用模拟技术,依附于公用电话网,是电话网的一个组成部分;而第二代移动通信采用数字技术,其网络结构是完全独立的,不再依附于公用电话网。不同技术的移动通信网,其网络的拓扑结构是不同的。

下面以我国 GSM 网为例来说明移动网的网络结构。全国 GSM 移动通信网是多级结构的复合型网络。为了在网络中均匀负荷,合理利用资源,避免在某些方向上产生的话务拥塞,在网络中设置移动汇接中心(TMSC)。全国 GSM 移动电话网按大区设立一级汇接中心、各省内设立二级汇接中心、移动业务本地网设立移动端局,构成三级网络结构。三级网络结构组成了一个完全独立的数字移动通信网络。移动网和固定网之间的通信是通过移动端口局(GMSC)来进行转接的。

中国移动的 GSM 网设置 8 个一级移动汇接中心,分别设于北京、沈阳、南京、上海、西安、成都、广州、武汉,一级汇接中心为独立的汇接局(即不带客户,只有至基站的接口,只作汇接),相互之间以网状网相连。

省内 GSM 移动通信网由省内的各移动业务本地网构成,省内设若干个移动业务汇接中心(即二级汇接中心),汇接中心之间为网状网结构,汇接中心与移动端局之间成星状网。根据业务量的大小,二级汇接中心可以是单独设置的汇接中心,也可兼作移动端局(与基站相连,可带客户)。移动端局应与省内二级汇接中心相连。

全国可划分为若干个移动业务本地网。每个移动业务本地网中应设立一个 HLR。移动业务本地网通过二级汇接中心接入省内 GSM 移动网,从而接入 GSM 全国移动网。

3.2.2 移动通信区域覆盖方式

移动电话通信区域的覆盖分为两种形式:带状服务区和面状服务区。

1. 带状服务区

带状服务区常设在高速公路、铁路、沿海航线及内河航道等区域,当服务区域狭长时,可采用定向天线,如图 3-1 所示。

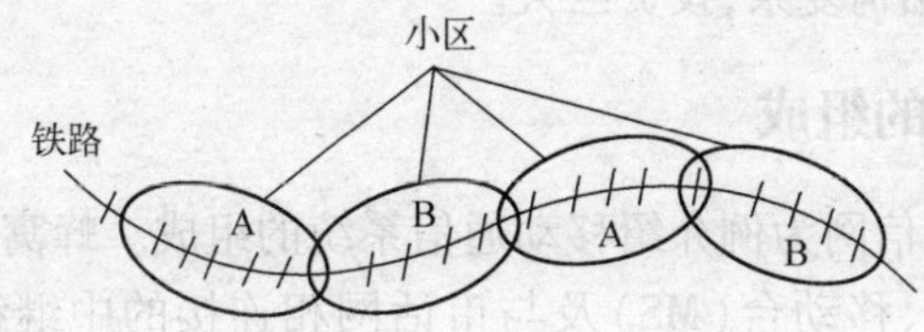

图 3-1 带状服务区示意图

2. 面状服务区

陆地移动电话通信的大部分服务区是宽广的面状区域。根据用户数的不同可分为以下几种。

(1) 大区制

所谓大区制,是指由一个基站(发射功率为50~100 W)覆盖整个服务区,该基站负责服务区内所有移动台的通信与控制,如图3-2所示。大区制的覆盖半径一般为30~50 km。大区制采用单基站制,没有重复使用频率的问题,因此技术问题并不复杂。所以大区制具有以下特点:频率利用率低,系统容量小,构网简单,维护管理方便,在用户较少的专用通信网中应用较多。

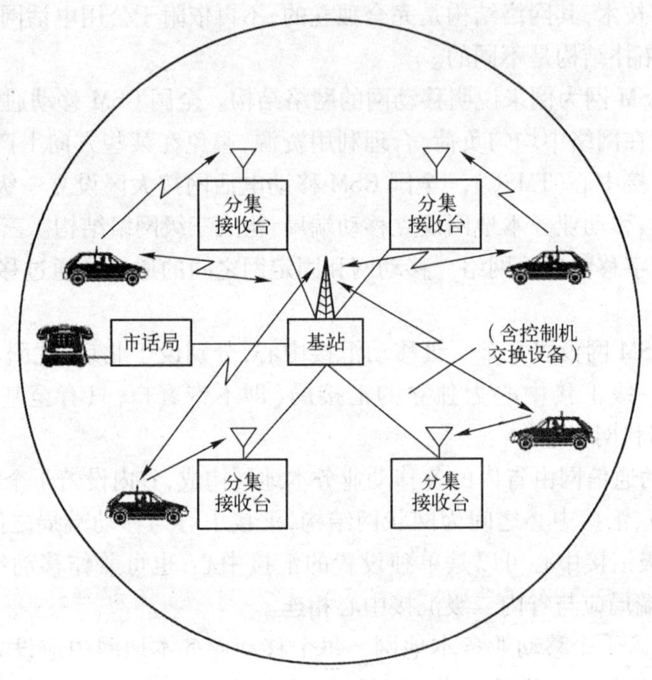

图3-2 大区制移动通信系统结构示意图

(2) 小区制

将整个服务区划分为若干小区(半径约为2~10 km),在每个小区设置一个基站,负责小区内移动台的通信、联络和控制,如图3-3所示。同时还需设置一个移动业务交换中心(MSC),负责小区间的通信连接及有线网的连接。小区间具有以下特点:信道切换频繁,对系统的交换控制功能要求更高。相隔一定距离的小区进行频率再利用,系统的频率利用率和系统容量得到提高,但网络结构复杂,投资巨大。

3.2.3 移动通信系统的组成

本小节以蜂窝移动通信网为例介绍移动通信系统的组成。蜂窝移动通信网是由移动交换中心(MSC)、基地站(BS)、移动台(MS)及与市话网相连接的中继线等组成,如图3-4所示。一个服务区由一个或若干个公共陆地移动通信网(PLMN)构成;一个PLMN由一个或几个MSC组成;一个MSC可由一个或若干个位置区组成。位置区由若干基站组成。

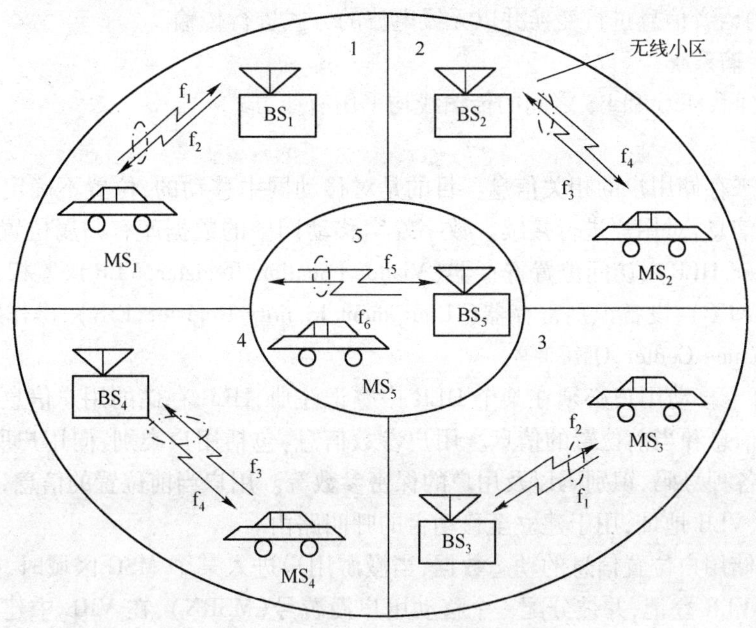

图 3-3　小区制移动通信系统结构示意图

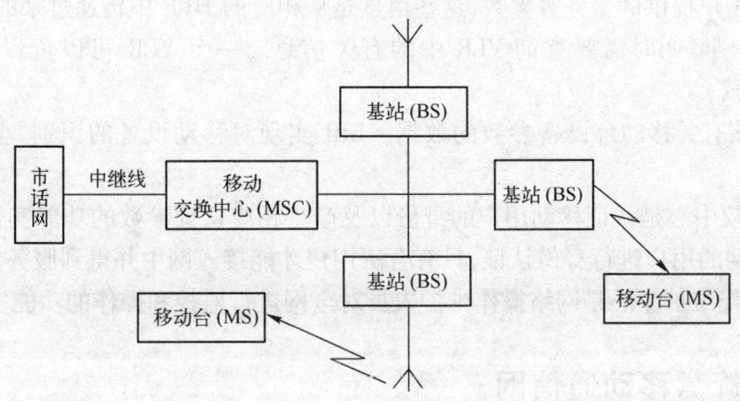

图 3-4　移动电话通信系统组成示意图

1. 移动业务交换中心(MSC)

移动业务交换中心(Mobile-services Switching Centre,MSC)是蜂窝通信网络的核心。MSC 具有以下功能:信息交换功能,为用户提供终端业务、承载业务、补充业务的接续;集中控制管理功能,实现无线资源的管理,移动用户的位置登记、越区切换等;用户通过 MSC 与公用电话网相连。

2. 基站(BS)

基站(Base Station,BS)负责和本小区内移动台之间通过无线电波进行通信,并与 MSC 相连,以保证移动台在不同小区之间移动时也可以进行通信。采用一定的多址方式可以区分一个小区内的不同用户。

3. 移动台(MS)

移动台(Mobile Station,MS),指个人手机、车载站或船载站等。它是移动网中的终端设备，要将用户的语音信息进行变换并以无线电波的方式进行传输。

4. 中继传输系统

在 MSC 之间、MSC 和 BS 之间的传输线均采用有线方式。

5. 数据库

数据库用来存储用户的相关信息。目的是对移动网中移动的、位置不确定的用户掌握其位置及其他的信息，对用户进行接续。数字蜂窝移动网中的数据库有归属位置寄存器（Home Location Register，HLR）、访问位置寄存器（Visitor Location Register，VLR）、鉴权认证中心（Authentic Center，AUC）、设备识别寄存器（Equipment Identity Register，EIR）、操作维护中心（Operation Maintenance Center，OMC）等。

- HLR：每个移动用户必须在某个 HLR 中登记注册，HLR 存储的用户信息包括有关用户参数的信息和当前位置的信息。用户参数信息，包括用户类别、向用户所提供的服务、用户的各种号码、识别码以及用户的保密参数等。用户当前位置的信息，包括移动台漫游号码、VLR 地址，用于建立至移动台的呼叫路由。
- VLR 存储用户位置信息的动态数据，当漫游用户进入某个 MSC 区域时，必须向该 MSC 相关的 VLR 登记，并被分配一个移动用户漫游号（MSRN），在 VRL 中建立该用户的有关信息，其中包括移动用户识别码（MSI）、移动用户漫游号（MSRN），所在位置区的标志以及向用户提供的服务等参数，这些信息是从相应的 HLR 中传递过来的。MSC 在处理入网/出网呼叫时需要查询 VLR 中的有关信息。一个 VLR 可以负责一个或若干个 MSC 区域。
- EIR 存储有关移动台设备参数的数据。EIR 实现对移动设备的识别“监视和闭锁”等功能。
- AUC 鉴权中心是认证移动用户的身份以及产生相应认证参数的功能实体。AC 对任何试图入网的用户进行身份认证，只有合法用户才能接入网中并得到服务。
- OMC 操作维护中心是网络操作维护人员对全网进行监控和操作的功能实体。

3.3 数字蜂窝移动通信网

1982 年，北欧四国向 CEPT（Conference Europe of Post and Telecommunications）提交了一份建议书，要求制定 900 MHz 频段的欧洲公共电信业务规范，以建立全欧统一的蜂窝系统。1986 年决定制定数字蜂窝网标准，同时进行了现场试验和比较。1987 年 5 月选定窄带 TDMA 方案，并于 1988 年颁布了全球移动通信系统（Global System for Mobile Communication，GSM）标准也称泛欧数字蜂窝通信标准。GSM 标准对该系统的结构、信令和接口等给出了详细的描述，而且符合公用陆地移动通信网（Public Land Mobile Network，PLMN）的一般要求，能适应与其他数字通信网（如 PSTN 和 ISDN）的互联。1991 年 GSM 系统正式在欧洲问世，网络开通运行。现阶段，GSM 包括两个并行的系统：GSM900 和 DCS1800，这两个系统功能相同，工作的频率不同，分别是 900MHz 和 1800MHz。

GSM 蜂窝通信网作为世界上首先推出的数字蜂窝通信系统，其自身的优点如下：

1）频谱效率高。由于采用了高效调制器，信道编码、交织、均衡和语音编码技术，使系统有较高的频谱效率。

2）容量大。由于每个信道传输带宽为200 kHz，使得同频复用载干比（载波功率与干扰功率之比）降低至9 dB，故GSM系统同频复用模式缩小，每小区的可用信道数为12.5个，大大高于模拟移动网。

3）话音质量高。GSM系统中，只要在门限值以上，语音质量总是达到相同的水平而与传输质量无关。

4）安全性：通过鉴权认证，加密和TMSI号码的使用达到安全的目的。

5）在业务方面有一定优势，如可以实现智能业务和国际漫游等。

我国自从1992年在嘉兴建立和开通第一个GSM演示系统，并于1993年9月正式开放业务以来，全国各地的移动通信系统中大多采用GSM系统，使得GSM系统成为目前我国最成熟和市场占有量最大的一种数字蜂窝系统。

3.3.1 GSM系统的多址技术

多址技术是指当把多个用户接入一个公共的传输媒质实现相互通信时，给每个用户的信号赋以不同的特征，以区分不同的用户的技术。移动通信是依靠无线电波的传播来实现信号传输，覆盖范围大。网内某用户发射的信号其他用户均可接收到，网内用户如何能识别出发送给自己的信号从而建立连接？多址技术通过给每个信号赋以不同的特征，解决了信号识别问题。多址方式的基本类型有：频分多址方式（Frequency Division Multiple Access，FDMA）、时分多址方式（Time Division Multiple Access，TDMA）、空分多址方式（Space Division Multiple Access，SDMA）、码分多址方式（Code Division Multiple Access，CDMA）等。目前移动通信系统中常用的是FDMA、TDMA、CDMA以及它们的组合。如GSM、北美的DAMPS和日本的JDC都采用的是TDMA/FDMA方式（简称TDMA方式），CDMA、美国的IS-95采用的是CDMA/FDMA方式。

1）频分多址方式（FDMA）。是指将系统总的频段划分成若干等间隔的频段，分配给不同的用户。各用户使用不同频率的信道，在两个频段之间留有一段的保护频带，防止相邻频道相互产生干扰，如图3-5所示。不同信号被分配到不同频率的信道里，发往和来自邻近信道的干扰用带通滤波器限制，这样在规定的窄带里只能通过有用信号的能量，而任何其他频率的信号被排斥在外。FDMA的优点是技术成熟、易于实现数模兼容，缺点是不同频段间同时存在，容易形成相互干扰。

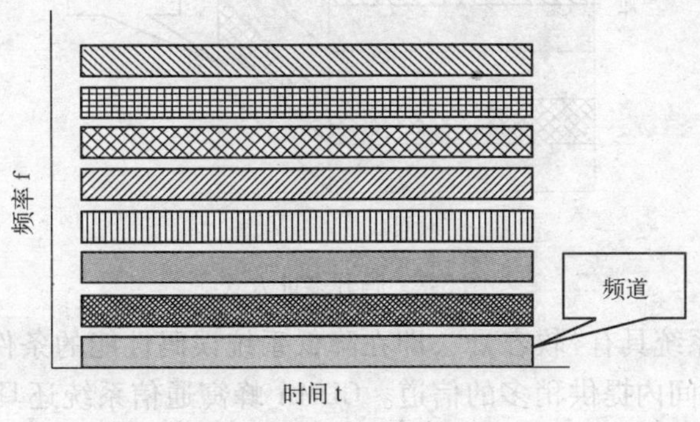

图3-5 频分多址方式

2）时分多址方式（TDMA）：是指把时间分成周期性的帧，每一帧再分割成若干时隙（无论帧或时隙都是互不重叠的），按一定的分配原则，各移动台在每帧指定的时隙发送信息，如图3-6所示。在TDMA通信系统中，小区内的多个用户可以共享一个载波频率，分享不同时隙，这样基站只需要一部发射机，可以避免像FDMA系统那样因多部不同频率的发射机同时工作而产生的互调干扰；但系统设备必须有精确的定时和同步来保证各移动台发送的信号不会在基站发生重叠，并且能准确地在指定的时隙中接收基站发给它的信号。

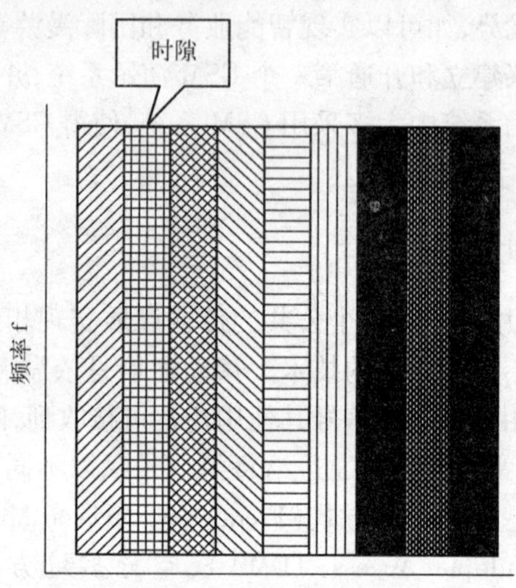

图3-6　时分多址方式

3）码分多址方式（CDMA）：CDMA通信系统中，所有用户在使用频率和时间上都是重叠的，系统是通过使用不同的正交编码序列来区分不同的用户，如图3-7所示。接受机用相关器，可在多个CDMA信号选出其中使用预定编码序列的信号，而其他使用不同码型的信号不能被解调。

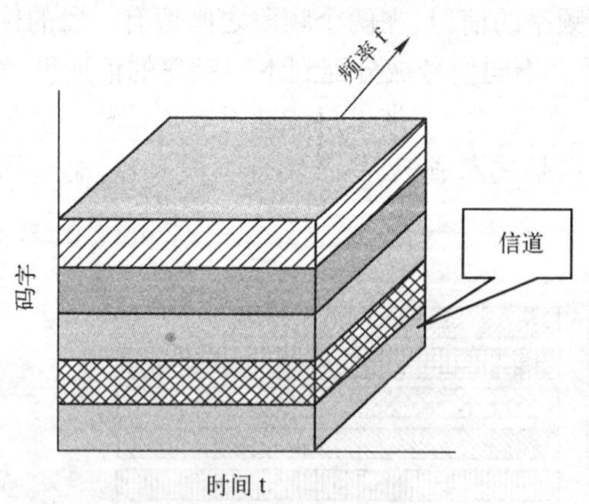

图3-7　码分多址方式

CDMA蜂窝通信系统具有“软容量”，即在降低系统误码性能的条件下，可以适当增加系统用户数目，可在短时间内提供稍多的信道。CDMA蜂窝通信系统还具有“软切换”功能，即在越区切换的起始阶段，移动台同时享有原小区和新小区提供的服务，直到移动台与新小区间建立可靠的通信链路后，才中断移动台与原小区的联系。CDMA还采用了语音激活技术

(VOX)来提高系统的通信容量。CDMA 蜂窝移动通信系统与 FDMA 系统或 TDMA 系统相比具有更大的系统容量,更高的语音质量以及抗干扰、保密等特点。在第三代数字蜂窝移动通信系统中,无线传输技术采用了 CDMA 技术。

3.3.2 GSM 系统网络结构及接口

GSM 数字蜂窝通信系统主要由移动台、基站子系统和网络子系统组成,如图 3-8 所示。基站子系统(BSS)由基站收发台(BTS)和基站控制器(BSC)组成;网络子系统由移动交换中心(MSC)和操作维护中心(OMC)以及归属位置寄存器(HLR)、访问位置寄存器(VLR)、鉴权认证中心(AUC)和设备标志寄存器(EIR)等组成。

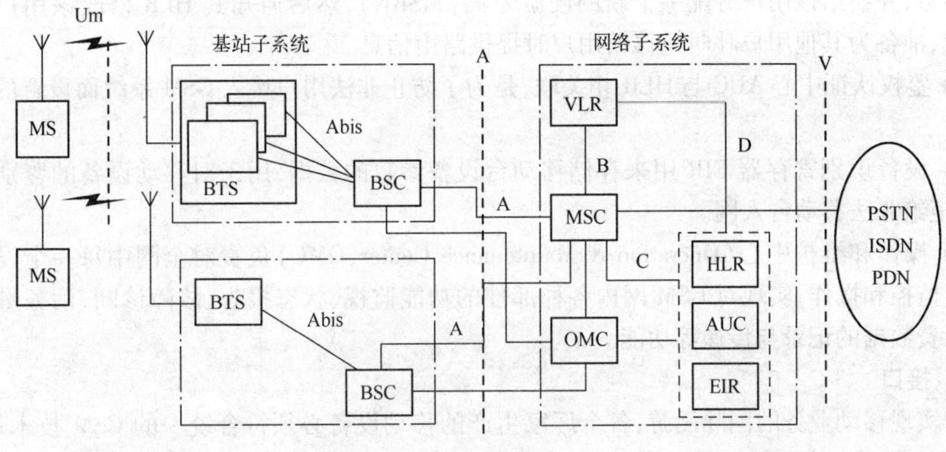

图 3-8 GSM 网络结构

1. 移动台(MS)

移动台是移动网中的用户终端,包括移动设备和移动用户识别模块(Subscriber Identity Module,SIM),如手机、车载台或船载站等等。

2. 基站子系统(Base Station Subsystem,BSS)

一个 BSS 包括一个基站控制器(Base Station Controller,BSC)和一个或多个基站收发台(Base Transceiver Station,BTS)两部分组成。基站系统(BSS)负责在一定区域内与移动台进行无线通信。

基站收发台(BTS)是 BSS 的无线部分,负责收发信号及提供与 BSC 的连接。BTS 包括无线传输所需要的各种硬件和软件,如发射机、接收机、天线、连接基站控制器的接口电路以及收发台本身所需要的检测和控制装置等。

基站控制器(BSC)是 BSS 的控制部分,位于基站收发台 BTS 和移动交换中心 MSC 之间。一个基站控制器通常控制几个基站收发台,主要功能是进行无线信道管理、实施呼叫和通信链路的建立和拆除,并对本控制区内移动台越区切换进行控制等。

3. 网络子系统(Network Subsystem,NSS)

网络子系统主要包含 GSM 系统的交换功能和用于用户数据与移动性管理、安全性管理所需的数据库功能。NSS 起着对 GSM 移动用户之间通信和 GSM 移动用户与其他通信网用户之间通信的管理作用。NSS 由一系列功能实体构成,各功能实体之间和 NSS 与 BSS 之间都通过 No.7 信令系统互相通信。

1）移动交换中心 MSC 是蜂窝通信网络的核心，它为本 MSC 区域内的移动台提供所有的交换和信令功能。

2）网关 MSC（Gateway MSC，GMSC）是完成路由功能的 MSC，它在 MSC 之间完成路由功能，并实现移动网与其他网的互联。

3）归属位置寄存器 HLR 用来存储本地用户位置信息的数据。每个用户都必须在某个 HLR（相当于该用户的原籍）中登记。在移动通信网中，可以设置一个或若干个 HLR，这取决于用户数量、设备容量和网络的组织结构等因素。

4）访问位置寄存器 VLR 用于存储进入其覆盖区的用户位置信息的数据。当移动台进入一个新的服务区，首先向该地区的 VLR 申请登记，VLR 要从该用户的 HLR 中查询，存储其有关的参数，并要给该用户分配一个新的漫游号码（MSRN），然后通知其 HLR 修改该用户的位置信息，准备为其他用户呼叫此移动用户时提供路由信息。

5）鉴权认证中心 AUC 与 HLR 相关联，是为了防止非法用户接入 GSM 系统而设置的安全措施。

6）设备识别寄存器 EIR 用来存储移动台设备参数的数据，用于对移动设备的鉴别和监视，并拒绝非法移动台入网。

7）操作和维护中心（Operation & Maintenance Center，OMC）负责对全网中每一个设备实体进行监控和操作，实现对 GSM 网内各种部件的功能监视、状态报告、故障诊断、话务量的统计和计费数据的记录与传递等功能。

4. 接口

为实现移动业务的国际漫游，各个厂家生产的移动设备必须符合统一的 GSM 技术规范。GSM 系统在制定技术规范时就对其子系统之间及各功能实体之间的接口和协议作了比较具体的定义。

GSM 系统的信道结构分为有线信道和无线信道。有线信道是指移动交换中心与基站系统之间的接口，称为 A 接口；无线信道是指 BSS 与 MS 之内的空中接口，称为 U m 接口，这里主要讲述 Um 接口。有线接口一般为 2 Mbit/s 接口。在基站系统 BTS 与 BSC 之间接口为 A-BIS接口，称为基站系统内部接口。如图 3-8 所示。

1）A 接口定义为网络子系统（NSS）与基站子系统（BSS）之间的通信接口，从系统的功能实体来说，就是移动业务交换中心（MSC）与基站控制器（BSC）之间的互联接口，其物理链接通过采用标准的2.048 Mbit/s的 PCM 数字传输链路来实现。此接口传递的信息包括移动台管理、基站管理、移动性管理和接续管理等。

2）Abis 接口定义为基站子系统的两个功能实体基站控制器（BSC）和基站收发信台（BTS）之间的通信接口，用于 BTS 与 BSC 之间的远端互连，物理链接通过采用标准的 2.048 Mbit/s 或 64 kbit/s的 PCM 数字传输链路来实现。

3）Um 接口（空中接口）定义为移动台 MS 与基站收发台 BTS 之间的通信接口，用于移动台与 GSM 系统的固定部分之间的互通，其物理链接通过无线方式实现。此接口传递的信息包括无线资源管理，移动性管理和接续管理等。

此外还有网络子系统内部接口：

- B 接口：MSC 和与它相关的 VLR 之间的接口；
- C 接口：MSC 和 HLR 之间的接口；

- D 接口：HLR 和 VLR 之间的接口；
- E 接口：MSC 之间的接口；
- G 接口：VLR 之间的接口；
- H 接口：HLR 和 AUC 之间的接口。

3.3.3 GSM PLMN 网络结构

全国数字公用陆地蜂窝移动通信网络采用三级结构。目前按大区设立一级移动业务汇接中心（TMSC1）、省内设立二级移动业务汇接中心（TMSC2）、移动电话通信网的本地网设立本地汇接中心（或端局）。

原 TMSC1 分别设置在 8 大区城市，一级汇接中心之间为网状网，每省设 2—4 个省汇接 TMSC2。各 TMSC1 与所属 TMSC2 之间设置低损耗直达路由。各省的 MSC 约为几个至几十个用户端局网，这些组成了三级结构的移动业务网，一级汇接局→二级汇接局→端局。移动本地网一般为省内网，在移动本地业务网中，每个 MSC 与局所在本地的长途局相连，并与局所在地的市话汇接局相连，在长途局多局制地区，MSC 应与高一级长途局相连。

移动本地业务网一般为省内网，每个 MSC 与局所在本地的长途局相连，并与局所在地的市话汇接局相连，在长途局多局制地区，MSC 应与高一级长途局相连，如没有市话汇接局的地方与市话端局相连，GSM 移动本地网设置一个 HLR，建立一个或多个 MSC。在多个 MSC 的情况下设置 TmMSC 和指定的一个 MSC 为网关 MSC（GMSC），其中 TmMSC 为移动电话本地汇接局，移动本地网中的各 MSC 通过局间中继连接 TMSC，GMSC 通过局间中继连接 TMSC、本地市话汇接局和本地长话局，如图 3-9 所示。

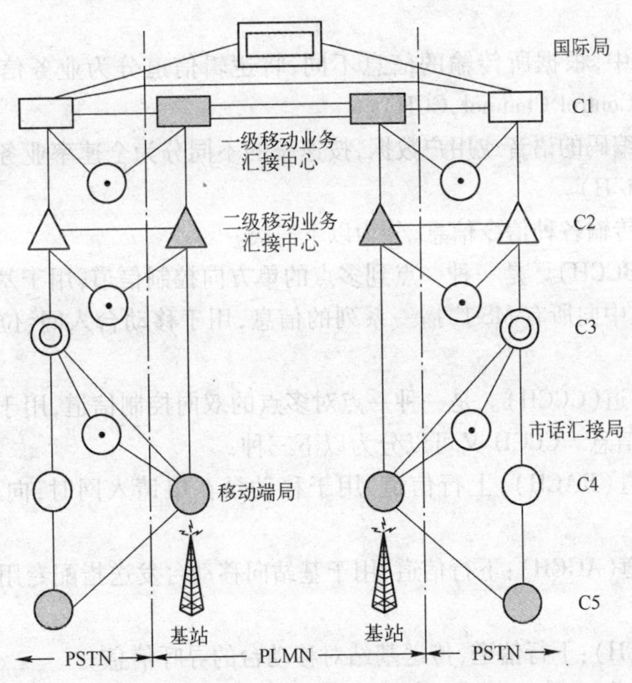

图 3-9　GSM PLMN 网络结构及其与 PSTN 的连接

全省 PLMN 由省内各移动本地网构成。一般在省会城市设一对 TMSC1,负责省际话务转接,在全省范围内设若干个 TMSC2,负责省内话务转接,并与省内或大区中心的一对 TMSC1 相连,如图 3-10 所示。各个 TMSC2 与所属区的 TMSC1 之间设置基干路由。为提高网络的安全性和可靠性,解决 TMSC2 与 TMSC1 单属型连接带来的安全隐患问题,网路又设置了每个 TMSC2 至无汇接关系的另一个 TMSC1 之间的直达路由。该路由平时负责疏送本省与此大区内的话务,当二级中心所属大区一级汇接中心 TMSC1 发生故障或其路由全阻塞时,则该路由作为安全备用路由,负责疏通至其他的所有大区的业务,如重庆设置到湖北武汉的直达路由等。

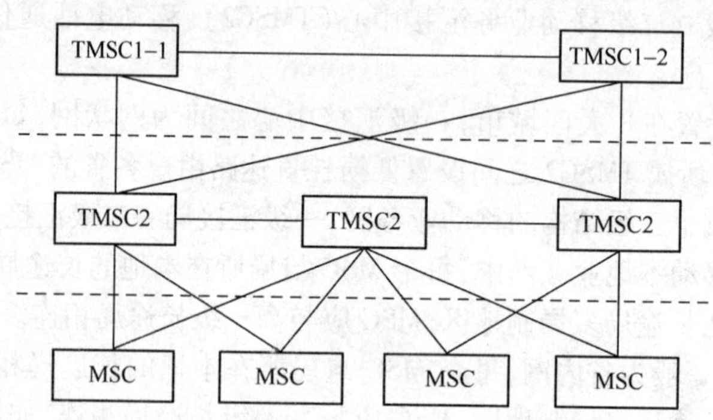

图 3-10　省内 GSM PLMN 的网络结构示意图

3.3.4　信道类型及帧结构

GSM 系统的无线信道分为物理信道和逻辑信道。

1. 逻辑信道

GSM 通信系统中,根据所传输的信息不同,将逻辑信道分为业务信道(Traffic Channel, TCH)和控制信道(Control Channel, CCH)。

业务信道传输编码的语音或用户数据,按速率的不同分为全速率业务信道(TCH/F)和半速率业务信道(TCH/H)。

控制信道用于传输各种信令信息,分为以下三类:

1) 广播信道(BCCH)。是一种一点到多点的单方向控制信道,用于基站向移动台的下行方向。BS 在 BCCH 中向所有 MS 广播一系列的信息,用于移动台入网、位置登记和呼叫建立(如同步信息)。

2) 公共控制信道(CCCH)。是一种一点对多点的双向控制信道,用于传送呼叫接续阶段所必需的各种信令信息。CCCH 又可以分为以下三种:

- 随机接入信道(RACH):上行信道,用于移动台在申请入网时,向基站发送入网请求信息。
- 接入允许信道(AGCH):下行信道,用于基站向移动台发送指配专用控制信道 DCCH 的信息。
- 寻呼信道(PCH):下行信道,传送基站对移动台的寻呼信息。

3) 专用控制信道(DCCH)。是一种“点对点”的双向控制信道,其用途是在呼叫接续阶段和在通信进行当中,在移动台和基站之间传输必需的控制信息。

2. 物理信道

一个载频上的TDMA帧中的一个时隙称为一个物理信道(相当于FDMA系统中的一个频道)。每个用户通过一系列频率(跳频)的一个信道接入系统,因此GSM中每个载频有8个物理信道,即信道0~7或称时隙0~7,在一个TS中携带的信息称为一个突发脉冲序列。

GSM系统采用时分多址、频分多址、频分双工方式。采用频段为:上行890~915 MHz,下行935~960 MHz,双工间隔45 MHz。首先在25 MHz的频段内进行频分复用,分为125个载频,载频间隔为200 kHz;再在每个载频上进行时分复用,分为8个时隙。这样,共有1000个物理信道,根据需要分给不同的用户使用,移动台在特定的频率上和时隙内,向基站传输信息,基站也在相应的频率上和相应的时隙内,以时分复用方式向各个移动台传输信息。

下面给出GSM系统的时隙结构,如图3-11所示。GSM的帧结构分为帧、复帧、超帧、超高帧。8个时隙构成一个帧,帧长4.615 ms;由26个控制复用帧或51个业务复用帧均可组成一个超帧51×26×4.615 ms≈6.12 s;由2048帧个超帧组成一个超高帧,超高帧包括26×51×2048帧=2715648个帧,长3 h28 min 53.76 s。

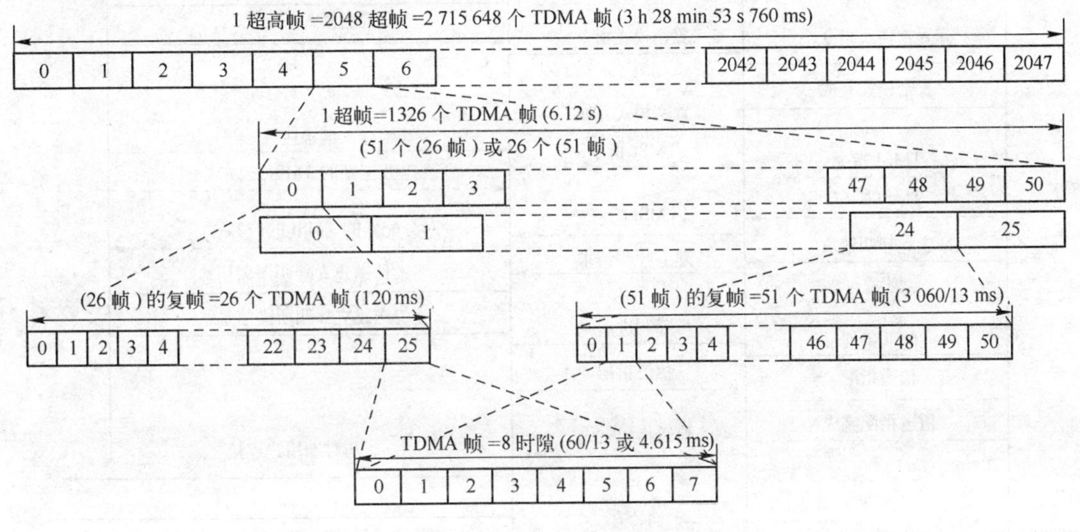

图3-11 GSM系统的时隙结构示意图

3.3.5 呼叫接续与移动性管理

与固定网一样,移动通信网最基本的作用是给网中任意用户间提供通信链路,即呼叫接续。但在移动网中,用户具有移动性,与固定网有所不同。当用户从一个区域移动到另外一个区域时,移动通信网对系统中的移动台进行位置信息更新,包括对旧位置区的删除和新位置区的注册,这就是位置登记过程。当用户在通信过程中从一个小区移动到另一个小区时,即越区切换时,系统要保证用户的通信不中断。这些位置登记、越区切换的操作,是移动通信系统中所特有的,我们把这些与用户移动有关的操作称为移动性管理。下面介绍GSM系统中典型的位置登记、呼叫接续、越区切换等操作过程。

1. 位置登记

GSM网络将整个服务区划分为许多位置区,并进行标记。当移动用户第一次入网时,必须通过MSC在该地区登记注册,把有关参数(用户的识别码、移动台的编码等)全都存放于归属交换中心 MSC 的原籍位置寄存器(HLR)中,所在地区即为移动台的原籍。

当移动台不断运动时,其位置信息也不断变化,该变化信息存放于 MSC 的访问位置寄存器(VLR)中。移动台远离“原籍”进入其他地区访问,该地区的 VLR 对来访用户进行位置登记,并向移动台的 HLR 查询有关参数,目的是为其他移动台呼叫此移动台提供路由信息。一旦移动台离开所访问的地区,该地区 VLR 中有关移动台信息即被删除。

2. **呼叫接续**

一次成功的移动用户呼出的接续过程,如图 3-12 所示,可以概括为以下的步骤:

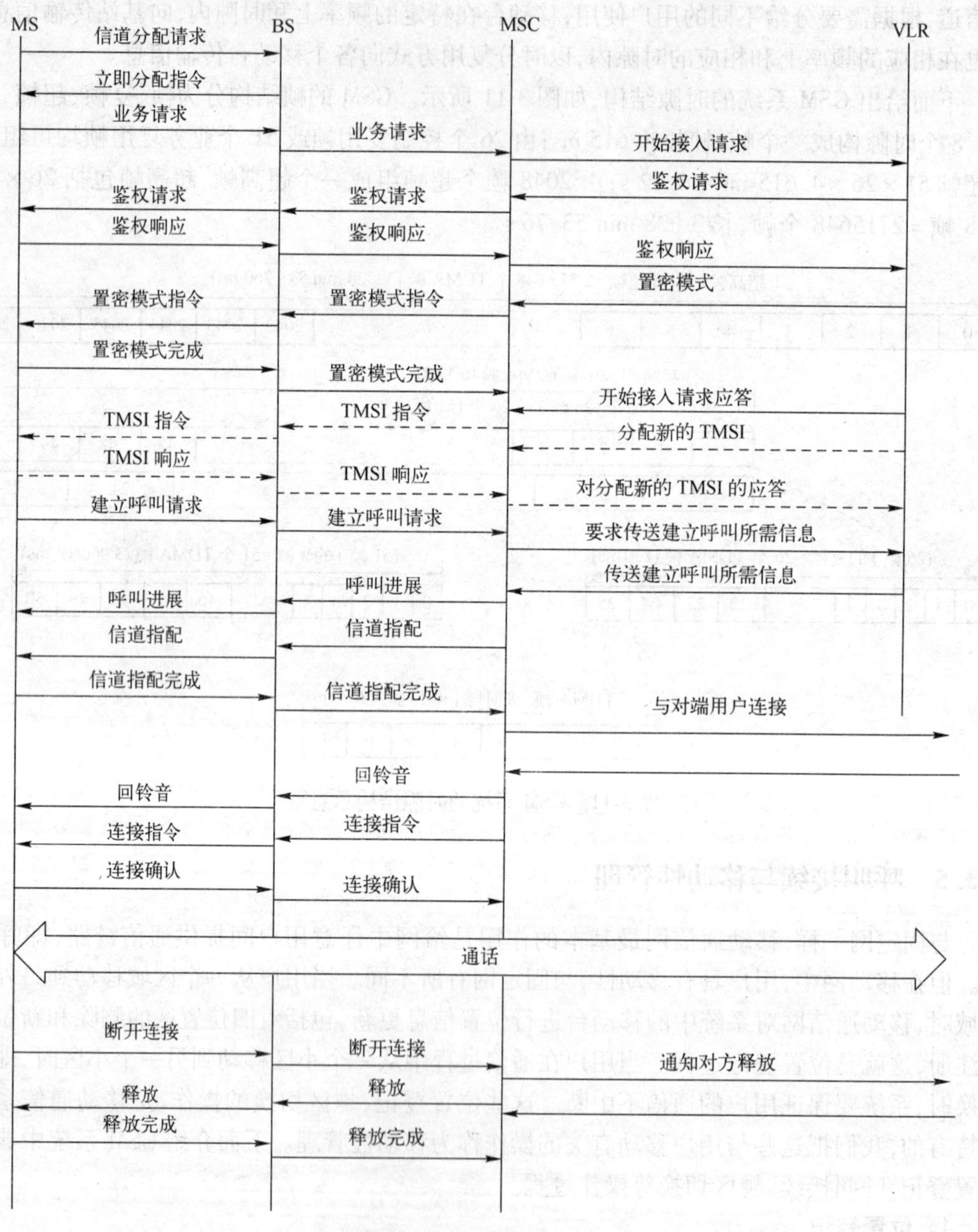

图 3-12　呼叫接续过程

1）首先移动台与基站之间建立专用控制信道。MS 在“随机接入信道(RACH)”上,向 BS 发出“请求分配信令信道”信息,申请入网,若 BS 接收成功,就给这个 MS 分配一个“专用控制信道(DCCH)”,用于在后续接续中 MS 向 BS 传输必需的控制信息,并在“准许接入信道”(AGCH)上,向 MS 发送“指配信令信道”消息。

2）完成鉴权和有关密码的计算。MS 收到“指配信令信道”消息后,利用“专用控制信道(DCCH)”和 BS 建立起信令链路,经 BS 向 MSC 发送“业务请求”信息。MSC 向有关的 VLR 发送“开始接入请求”信令。VLR 收到后,经过 MSC 和 BS 向 MS 发出“鉴权请求”,其中包含一随机数,MS 按规定算法对此随机数进行处理后,向 MSC 发回“鉴权响应”信息。若鉴权通过,承认此 MS 的合法性,VLR 就给 MSC 发送“置密模式”命令,由 MSC 向 MS 发送“置密模式”指令。MS 收到后,要向 MSC 发送“置密模式完成”的响应信息。同时 VLR 要向 MSC 发送“开始接入请求应答”信息。VLR 还要给 MS 分配一个 TMSI 号码。

3）呼叫建立过程。MS 向 MSC 发送“建立呼叫请求”信息。MSC 收到后,向 VLR 发出“要求传送建立呼叫所需的信息”指令。如果成功,MSC 即向 MS 发送“呼叫进展”的信令,并向 BS 发出分配无线业务信道的“信道指配”指令,要求 BS 给 MS 分配无线信道。

4）建立业务信道。如果 BS 找到可用的业务信道(TCH),即向 MS 发出“信道指配”指令,当 MS 得到信道时,向 BS 和 MSC 发送“信道指配完成”的信息。MSC 把呼叫接续到被叫用户所在的移动网的 MSC 或固定网的交换局,并和对方建立信令联系。若对方用户可以接受呼叫,则通过 BS 向 MS 送回铃音。当被叫用户摘机应答后,MSC 通过 BS 向 MS 送“连接”指令,MS 则发送“连接确认”进行响应,即进入通话状态。

5）话终挂机。通话结束,当 MS 挂机时,MS 通过 BS 向 MSC 发送“断开连接”消息,MSC 收到后,一方面向 BS 和 MS 发送“释放”消息,另一方面与对方用户所在网络联系,以释放有线或无线资源。MS 收到“释放”消息后,通过 BS 向 MSC 发送“释放完成”消息,此时通信结束,BS 和 MS 之间释放所有的无线链路。

3. 越区切换

越区切换是指当通话中的移动台从一个小区进入另一个小区时,网络能够把移动台从原小区所用的信道切换到新小区的某一信道,而保证用户的通话不中断。移动网的特点就是用户的移动性,因此,保证用户的成功切换是移动通信网的基本功能之一,也是移动网和固定网的重要不同点之一。

越区切换可能可分为:同一 MSC 内的基站之间的切换,称为 MSC 内部切换(Intra-MSC)。这又分为同一 BSC 控制区内不同小区之间(Intra-BSS)的切换和不同 BSC 控制区内(Inter-BSS)小区之间的切换;不同 MSC 的基站之间的切换,称为 MSC 间切换(Inter-MSC)。

越区切换是由网络发起,移动台辅助完成的。MS 周期性地对周围小区的无线信号进行测量,及时报告给所在小区,并送给 MSC。网络会综合分析移动台送回的报告和网络所监测的情况,当网络发现符合切换条件时,进行越区切换的有关信令交换,然后释放原来所用的无线信道,在新的信道上建立连接并进行通话。

（1）MSC 内部切换(Intra-MSC)的过程,如图 3-13 所示

MS 周期性地对周围小区的无线信号进行测量,并及时报告给所在小区。当信号强度过弱时,该 MS 所在的基站(BSS-A)就向 MSC 发出“越区切换请求”消息,该消息中包含了 MS 所要切换的小区列表。MSC 收到该消息后,就开始向新基站(BSS-B)转发该消息,要求新基站分

配无线资源,BSS-B 开始分配无线资源。

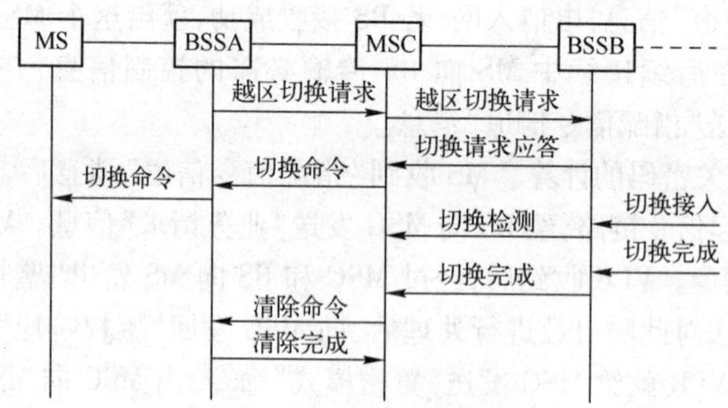

图 3-13 Intra-MSC 切换过程

BSS-B 若分配无线信道成功,则给 MSC 发送"切换请求应答"消息。MSC 收到后,通过 BS 向 MS 发"切换命令",该命令中包含了由 BSS-B 分配的一个切换参考值,包括所分配信道的频率等信息。MS 将其频率切换到新的频率点上,向 BSS-B 发送"切换接入(Handover-Access)"消息。BSS-B 检测 MS 的合法性,若合法,BSS-B 发送"切换检测(Handover-Detect)"消息给 MSC。同时,MS 通过 BSS-B 送"切换完成"给 MSC,MS 与 BSS-B 正常通信。

当 MSC 收到"切换完成"消息后,通过"清除命令(Clear-Command)"释放 BSS-A 上的无线资源,完成后,BSS-A 送"清除完成"给 MSC。至此,一次切换过程完成。

(2) MSC 之间切换(Inter-MSC)的过程

MSC 之间切换的基本过程与 Intra-MSC 的切换基本相似,所不同的是,由于是在 MSC 之间进行的,因此,移动用户的漫游号码要发生变化,要由新的 VLR 重新进行分配。因此,这里不再给出详细的过程。

4. 漫游

漫游包括位置更新、呼叫转移和呼叫建立三个过程。

(1) 位置更新

当 MS 从其归属交换中心控制区进入新的交换中心(被访问交换中心)控制区时,在此被访问交换中心控制区的 BSS 的广播控制信道消息中将检测到收到的位置区识别码与自身存储器的记录不一致,此时 MS 则通过新的 BSS 向被访交换中心发送一个位置更新报告。随后由被访问交换中心将此地址更新消息送至 HLR,并由其给出被访问交换中心识别符和 MS 识别符,然后将这些消息(用户漫游通知)送至归属交换中心控制区中的 HLR。与此同时,在被访问交换中心控制区中的 VLR 进行用户数据注册,并将响应信号送至 MS。

(2) 呼叫转移

如果固定用户拨叫某移动用户号码,那么可通过公用固定网转接到被叫用户归属交换中心附近的接口中心 GMSC,由 GMSC 向 HLR 查询被叫 MS 当前的位置,然后 GMSC 根据此位置重新选择接续路由,将呼叫转接至被呼叫移动台。

(3) 呼叫建立

根据在 HLR 中的查询确定出 MS 目前所处的 VLR 区,并向 VLR 发出查询信息。被访交换中心便可查出 MS 的国际移动台标识码(IMSI),然后在被访交换中心的控制区内进行寻呼。当被叫 MS 接收到对其的寻呼时,将在随机接入信道(RACH)上向基站(BS)发送一个应答信息，当此信息被BS正确接收时，基站则在公共控制信道(CCCH)上立即向其发送指配信息，随后MS便转换到相应的DCCH上，建立主信令链路(MSL)，同时MS向BS和被访MSC返回寻呼响应。当被访MSC接收到来自该MS的寻呼响应时，便开始进行鉴权和密码参数传递操作。如果顺利，便可进行正常的通话。

3.3.6 通用分组无线业务

移动通信经历了第一代是模拟移动通信、第二代是数字移动通信(包括GSM、CDMA等)、第三代是分组型的移动业务(3G)。通用无线分组业务(General Packet Radio System, GPRS)是介于第二代数字移动通信和第三代分组型移动业务之间的一种技术，划分为2.5 G。

GPRS是在现有的GSM移动通信系统基础上发展起来的一种移动分组数据业务。它突破了GSM网只能提供电路交换的局限，通过增加相应功能实体和对现有基站系统进行部分改造来实现分组方式的数据传输。

1. GPRS分组无线业务特点

GPRS是作为现有GSM网络向第三代移动通信演变的过渡技术，相对原GSM电路交换数据传送方式，GPRS的分组交换技术具有显著的优势。

1) GPRS系统可提供更高的传输速率。支持CS-3、CS-4之后理论速率还可以达到171 kbit/s左右。

2) 接入时间短。分组交换接入时间缩短为少于1 s，能提供快速即时的连接。

3) 资源利用率高。意味着多个用户可高效率地共享同一无线信道，从而提高了资源的利用率。

4) GPRS按数据流量计费，更合理。而GSM按连接时间计费。

5) GPRS具有“永远在线”的特点，即用户随时与网络保持联系。

6) GPRS可实现数据传输与语音传输同时进行或切换，实现电话、上网两不误。

7) 支持IP和X.25协议。GPRS支持因特网上应用最广泛的IP和X.25协议。而且由于GSM网络覆盖面广，使得GPRS能提供Internet和其他分组网络的全球性无线接入。

2. GPRS业务种类

GPRS是一组新的GSM承载业务，是以分组模式在PLMN和与外部网络互通的内部网上传输。在有GPRS承载业务支持的标准化网络协议的基础上，GPRS网络管理可以提供(或支持)一系列的交互式电信业务。

(1) 承载业务

支持在用户与网络接入点之间的数据传输的性能。提供点对点业务、点对多点业务两种承载业务于IP的无连接分组业务。

(2) 短消息业务

GSM短消息业务(SMS)可为用户提供短消息服务，利用GPRS网络也可以向GPRS用户提供和GSM类似的短消息业务。

(3) 网络应用业务

以GPRS承载业务支持的标准网络通信协议为基础，GPRS网站的运营商可利用用户到用户协议(用户之间提供对等服务)，为用户提供各种附加的电信业务，即网络应用业务。

3. GPRS 网络的高层功能

GPRS 网络的高层功能包括以下几个方面:

1) 网络接入控制功能。控制 MS 对网络的接入,使 MS 能使用网络的相关资源完成数据功能。

2) 分组路由和转发功能。完成对分组数据的寻址和发送工作,保证分组数据按最优路径送往目的地。

3) 移动性管理功能。用于在 PLMN 中保持对移动台 MS 当前位置跟踪功能。GPRS 网的移动性管理处理功能与现有的 GSM 系统类似。

4) 逻辑链路管理功能。逻辑链路指 MS 到 GPRS 网络间所建立的、传送分组数据所需的逻辑链路。逻辑链路管理包括以下功能:逻辑链路建立功能;逻辑链路维护功能;逻辑链路释放功能。

5) 无线资源管理功能。是指无线通信通道的分配和管理,GPRS 无线资源管理功能要实现 GPRS 和 GSM 共用无线信道。

6) 网络管理功能。即是 GPRS 系统的操作维护功能。

4. GPRS 网络结构

为了实现 GPRS,需要在现有的 GSM 网络中引入三种新的逻辑网络实体:服务 GPRS 支持节点(SGSN)、网关支持节点(GGSN)和分组控制单元(PCU)。SGSN 提供 GPRS 网络与外部分组数据网络之间的交互操作。在基站子系统中,PCU 负责管理分组分段和规划、无线信道、传输错误检测和自动重发、信道编码方案、质量控制、功率控制等。GPRS 的网络构成如图 3-14 所示。此外还需要对原有的 GSM 设备如 BTS、BSC、MSC/VLR、HLR、SMC 等进行软件升级,使其支持 Phase II +接口协议。

GPRS 网络结构中各实体的主要功能如下:

TE(Terminal Equipment,终端设备)是终端用户操作和使用的计算机终端设备,在 GPRS 系统中用于发送和接收终端用户的分组数据。TE 可以是独立的计算机,也可以将 TE 的功能集成到手持的移动终端设备上,同 MT(Mobile Terminal)合二为一。

MT(Mobile Terminal,移动终端),MT 一方面同 TE 通信,另一方面通过空中接口同 BTS 通信,并可以建立到 SGSN 的逻辑链路。GPRS 的 MT 必须配置 GPRS 功能软件,以使用 GPRS 系统业务。MT 和 TE 的功能可以集成在同一个物理设备中。

GPRS 中的 MS 现有的 GSM 移动台(MS),不能直接在 GPRS 中使用,需要按 GPRS 标准进行改造(包括硬件和软件),才可以用于 GPRS 系统。

SGSN 服务 GPRS 支持节点是为了提供 GPRS 业务而在 GSM 网络中引进的一个新的网元设备,其主要的作用就是为本 SGSN 服务区域的 MS 转发输入/输出的 IP 分组数据。在具有 Gs 接口的情况下,SGSN 可与 MSC/VLR 之间发送位置信息或接收电路寻呼。

GGSN 网关 GPRS 支持节点提供数据包在 GPRS 网和外部数据网之间的路由和封装。

PCU 分组控制单元是在 BSS 侧增加的一个处理单元,主要完成 BSS 侧的分组业务处理和分组无线信道资源的管理,PCU 一般位于 BSC 和 SGSN 之间。

CG 计费网关主要完成从各 GSN 的话单收集、合并、预处理工作,并完成同计费中心之间的通信接口。

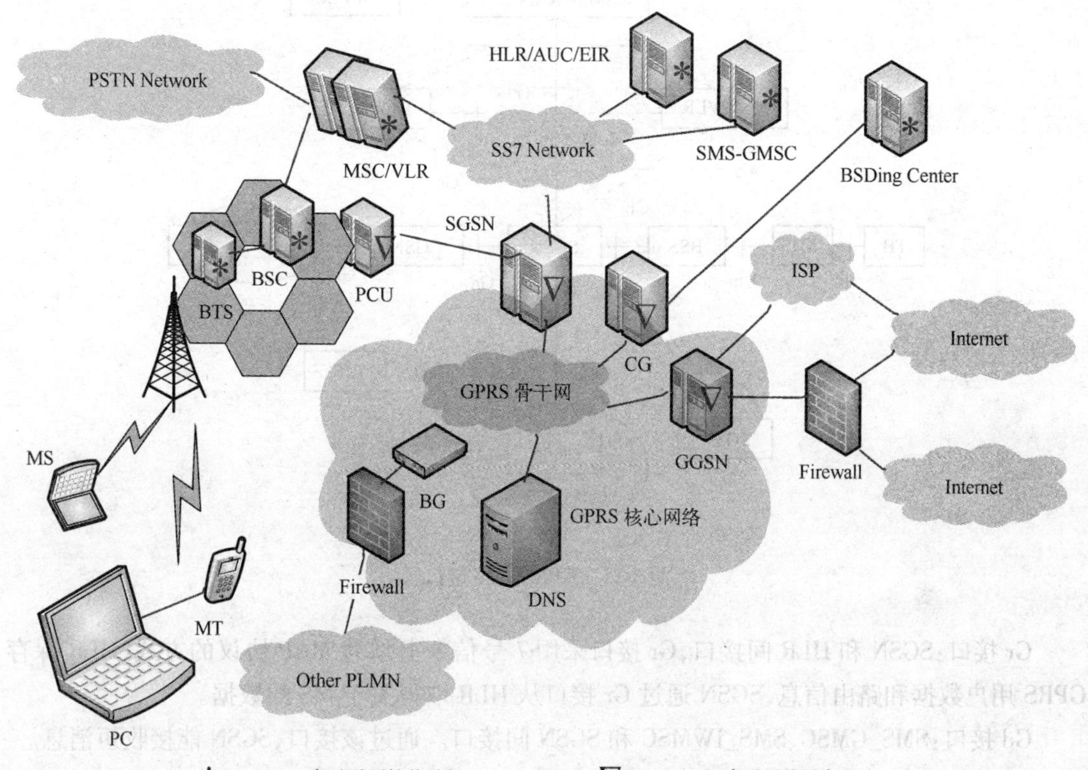

图 3-14 GPRS 网络结构

PCU—分组控制单元 SGSN—服务 GPRS-支持节点 GGSN—网关 CG—计费网关 BG—边缘网关
DNS—域名服务器 ISP—Internet 服务提供商 MSC/VLR—移动交换中心/拜访位置寄存器
BSC—基站控制器 BTS—基站收发信台 MS—移动台 MT—移动终端
SMS-GMSC—短消息中心－网关 MSC HLR/AUC/EIR—归属位置寄存器/鉴权中心/设备识别寄存器

BG 边缘网关主要完成分属不同 GPRS 网络的 SGSN、GGSN 之间的路由功能，以及安全性管理功能。

DNS 域名服务器，GPRS 网络中存在两种域名服务器，一种是 GGSN 同外部网之间的 DNS，另一种是 GPRS 骨干网上的 DNS，其主要功能是对网络域名的解析，即解析出 IP 地址。

5. GPRS 系统的主要接口

GPRS 系统主要接口与 GSM 类似，如图 3-15 所示。

Signaling Interface：信令接口

Signaling and Data Transfer Interface：信令和数据传输接口

Gb 接口：SGSN 和 BSS 间接口（一般是 SGSN 和 PCU 之间的接口），完成分组数据传送、移动性管理、会话管理方面的功能。

Gs 接口：MSC/VLR 和 SGSN 间接口，Gs 接口采用 7 号信令上承载 BSSAP＋协议，SGSN 和 MSC 配合完成对 MS 的移动性管理功能，包括联合的 Attach/Detach、联合的路由区/位置区更新等操作。SGSN 还接收从 MSC 来的电路型寻呼信息，并通过 PCU 下发到 MS。

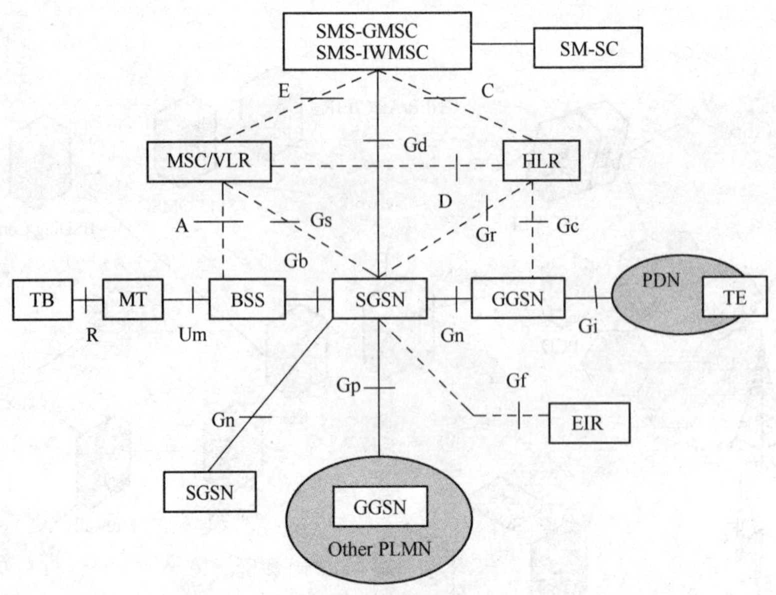

图 3-15　GPRS 网络接口

Gr 接口:SGSN 和 HLR 间接口,Gr 接口采用 7 号信令上承载 MAP 协议的方式,HLR 保存 GPRS 用户数据和路由信息,SGSN 通过 Gr 接口从 HLR 取得关于 MS 的数据。

Gd 接口:SMS_GMSC、SMS_IWMSC 和 SGSN 间接口。通过该接口,SGSN 能接收短消息。

Gn 接口:GRPS 支持节点间接口,即同一个 PLMN 内部 SGSN 间、SGSN 和 GGSN 间接口。

Gp 接口:GPRS 网站间接口,即不同 PLMN 网的 GSN 之间采用的接口,在通信协议上与 Gn 接口相同,但是增加了边缘网关(Border Gateway,BG)和防火墙。

Gi 接口:GPRS 和外部分组数据网间的接口。GPRS 通过 Gi 接口和各种外部数据网如 Internet/Intranet 等实现互联。

Gc 接口:GGSN 同 HLR 之间的接口,主要用于网络侧主动发起对手机的业务请求时,由 GGSN 向 HLR 请求用户当前 SGSN 地址信息。

Gf 接口:SGSN 同 EIR 的接口。

3.4　CDMA 数字蜂窝移动通信网

3.4.1　CDMA 系统

CDMA 码分多址是由多个码分信道共享载频频道的多址连接方式。CDMA 蜂窝移动通信系统有两种:一种是 Qualcomm 公司的带宽为 1.25 MHz 的窄带码分多址(N-CMA)。窄带 CDMA 的缺点是传输能力有限,不能提供多媒体业务,扩频增益不高,不能充分地利用扩频通信的优点。为此,ITU 制定了第三代移动通信的标准,统称为 IMT-2000(开始的名称是 FPLMTS,欧洲叫 UMTS)。IMT-2000 空中接口的设计目标是在移动台高速运动时,用户的最高速率要达到 144 kbit/s,更高可达到 384 kbit/s;在有限的覆盖区域内,移动台以一定的速率运动时,用户的速率最高可达到 2 Mbit/s，包括提供 Internet 接入、电视会议和其他宽带业务。这种 CDMA 系统称为宽带 CDMA 系统，其中最具代表性的技术是 WCDMA、CDMA2000 和 TD-SCDMA 技术。CDMA 数字移动通信系统结合多址连接、扩频通信、蜂窝组网等典型技术，从码分、频域、时域三维利用频谱，显示了 CDMA 扩频通信系统的独特优点。

自从 80 年代末期以来，人们将 CDMA 技术应用于数字移动通信领域，由于其频率利用效率高、抗干扰能力强，因此是一种富有生命力和应用前景的卓越的移动通信制式。1995 年 11 月，世界上第一个 CDMA 系统在香港开始使用，1996 年在韩国汉城附近开通世界上最大的商用 CDMA 网，新加坡的 CDMA 个人通信网于 1997 年开通，这也是亚洲第一个 CDMA 个人通信网。

2001 年 12 月 31 日，中国联通 CDMA 网在全国开通运营。CDMA 移动通信系统是继模拟系统和 GSM 系统之后，备受人们关注的移动通信系统，除了技术本身的优势之外，重要的是国际电信联盟已将 CDMA 定为未来的移动通信的统一标准之一。码分多址蜂窝移动通信系统在我国将是一个新建的蜂窝网络，能满足第二代移动通信系统对用户容量及窄带业务的需要，确保直至第三代移动通信系统的连续发展。对运营商而言，CDMA 系统频率利用率高，在相同带宽下，以较少基站，提供相同容量，降低了网络建设成本。且 CDMA 基站覆盖特性好、频率规划简单。对用户而言，CDMA 系统具有通话质量好、掉话率低、发信功率小、省电、保密性好等优点。

3.4.2 CDMA 系统的基本原理

CDMA 通信利用相互正交的不同编码分配给不同用户调制信号，实现多个用户同时使用同一频率接入系统并实现通信。在 CDMA 通信系统中，是用不同的编码序列来区分的用户，而不是靠频率或时隙的不同来区分。多个 CDMA 信号，占用相同的频段和时间，接收机用相关器可以在多个 CDMA 信号中选出其中使用预定码型的信号。由于利用相互正交的编码去调制信号，会将原信号频谱带宽扩展，因而称这种方式为扩展频谱通信。

扩展频谱（Spread Spectrum，SS）通信，简称扩频通信。扩频通信技术是一种信息传输方式，在发送端采用扩频调制，是信号所占用的频带宽度远大于所传送信息的宽度，在收端采用相同的扩频码进行相关解调以恢复所传信息的数据。扩频通信定义包含以下三个方面的含义：首先，信号的频谱被扩宽。传送任何信息都要一定的信息带宽。如人类语音信息带宽为 30 ~ 3400 Hz，电视图象信息带宽为 6.5 MHz。扩频通信的信号带宽是信息带宽的 100 ~ 1000 倍，抗干扰能力更强，属于宽带通信。其次，采用扩频码序列调制的方法来展宽信号频谱。在时间上是有限的信号，其频谱是无限的。脉冲信号宽度越窄，其频谱就越宽。在扩频通信中接受端用与发送端完全相同的扩频码序列信号进行解扩，恢复所传信号。

扩频通信的理论基础是香农（Shanon）定理：在给定信号功率和白噪声功率 N 的情况下，只要采用某种编码系统，就能以任意小的差错概率，以接近于 C 的传输速率来传送信息。香农公式定义为：$C = B\log_2(1 + S/N)$，其中 C 为信息容量（单位 bit/s）；B 为信号频谱宽度（单位 Hz）；S 为信号平均功率（单位 W）；N 为噪声平均功率（单位 W）。从该公式可以看出，在保持信息传送速率 C 不变的条件下，可以用不同的频带速率来传送信息，也就是说，频带 B 和信噪比是可以互换的。如果增加信号频带宽度，就可以在较低的信噪比的条件下以任意小的差错概率来传送信息。

扩频通信系统由于在发送端扩展了信号频谱，在接收端解扩后恢复所传信息，处理过程带来了信噪比的益处，从而系统的抗干扰能力得到提高。理论分析表明，各种扩频系统的抗干扰能力大体上都与扩频信号的带宽 B 与信号带宽 B_m 之比成正比。工程上常以分贝（dB）表示，即 $G_p = 10\log B/B_m$，其中 G_p 为扩频系统的处理增益，它表示扩频系统信噪比改善的程度。为进一步说明系统在干扰环境下的工作性能，还引入了抗干扰容限 M_j，其定义为：

$$M_j = G_p - [(S/N)_0 + L_s]$$

其中，$(S/N)_0$ 为输出端的信噪比；L_s 为系统的损耗。

3.4.3 CDMA 系统的特点

与 FDMA 和 TDMA 相比，CDMA 数字蜂窝系统具有许多独特的优点，其中一部分是扩频通信系统所固有的，另一部分则是由软切换和功率控制等技术所带来的。CDMA 移动通信网是由扩频、多址接入、蜂窝组网和频率再用等几种技术结合而成的，因此它具有抗干扰性好，抗多径衰落，保密安全性高和同频率可在多个小区内重复使用的优点，所要求的载干比（C/I）小于1，容量和质量之间可做权衡取舍等属性。所以 CDMA 比其他系统有以下重要的优势：

1）系统容量大。例如，总频带为 1.25 MHz，FDMA（如 AMPS）系统每小区的可用信道数为7；TDMA（GSM）系统每小区的可用信道数为 12.5；CDMA（IS-95）系统每小区的可用信道数为 120。同时，在 CDMA 系统中，还可以通过语音激活检测技术进一步提高容量。理论上 CDMA 移动网容量比模拟网大 20 倍，实际要比模拟网大 10 倍，比 GSM 要大 4 ~ 5 倍。

2）保密性好。由于 CDMA 系统中采用了扩频技术，使得通信系统具有抗干扰、抗多径传播、隐蔽、保密等能力。

3）软切换。软切换是指先与新基站建立好无线链路之后才断开与原基站的无线链路 CDMA 系统中可以实现软切换，通信中断现象被减少，从而提高了通信质量。

4）软容量。CDMA 系统中容量不是定值，而是可以变动的。CDMA 系统中容量与系统中的载干比有关，当用户数增加时，仅会使通话质量下降，而不会出现信道阻塞现象。

5）频率规划简单。用户按不同的序列码区分，相同 CDMA 载波可在相邻的小区内使用，所以网络规划灵活，扩展简单。

3.4.4 CDMA 网络结构及信道类型

1. CDMA 网络结构

CDMA 网中的功能实体和相互间的接口，如图 3-16 所示。CDMA 网络结构与 GSM 网相似，这里不再赘述其各部分的功能。

各实体间的通信接口，包括：BS 与 MSC 之间的接口 A；MSC 与 VLR 之间的接口 B；MSC 与 HLR 之间的接口 C；HLR 与 VLR 之间的接口 D；MSC 与 MSC 之间的接口 E；MSC 与 EIR 之间的接口 F；VLR 与 AUC 之间的接口 H；MSC 与 PSTN 之间的接口 Ai。

2. CDMA 系统的逻辑信道

在 CDMA 系统中，除了传送业务信息外，还要传送各种必需的控制信息。CDMA 系统采用的是频分双工 FDD 方式，即收发采用不同的载频。从基站到移动台方向的链路称为正向链路或下行链路，从移动台到基站方向的信道称为反向链路或上行链路。由于上下行链路传输的要求不同，因此上下行链路上信道的种类及作用也不同，如图3-17所示。

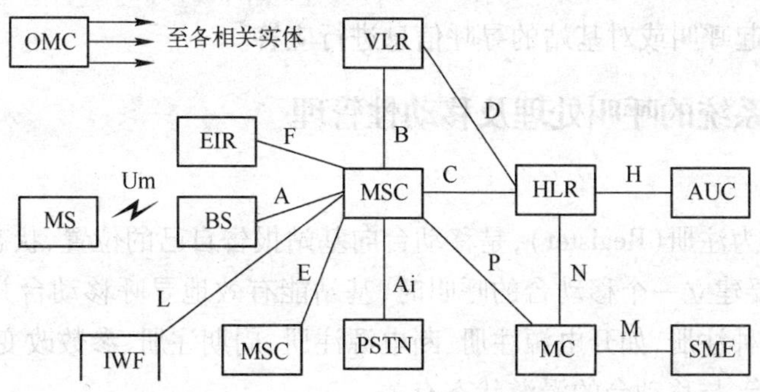

图3-16　CDMA系统结构

MSC—移动交换中心　HLR—原籍位置寄存器　VLR—访问位置寄存器　AUC—鉴权认证中心
MC—短消息中心　SME—短消息实体　PSTN—公用交换电话网　MS—移动台
EIR—设备识别寄存器　BS—基站系统　OMC—操作维护中心　IWF—互连功能

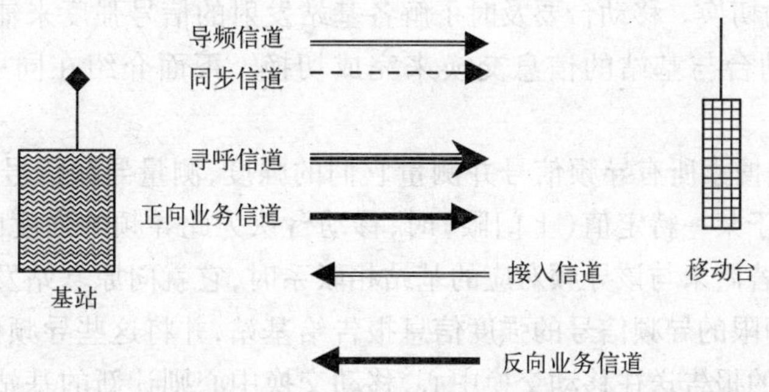

图3-17　CDMA系统信道示意图

（1）正向链路中的逻辑信道包括正向业务信道（F-TCH）、导频信道（PiCH）、同步信道（SyCH）和寻呼信道（PaCH）等

- 导频信道（Pilot Channel，PiCH）：基站在此信道发送导频信号（其信号功率比其他信道高20 dB），供移动台识别基站并引导移动台入网。
- 同步信道（Synchronization Channel，SyCH）：基站在此信道发送同步信息供移动台建立与系统的定时和同步。一旦同步建立，移动台就不再使用同步信道。
- 寻呼信道（Paging Channel，PaCH）：基站在此信道寻呼移动台，发送有关寻呼指令及业务信道指配信息。当有用户呼入移动台时，基站就利用此信道来寻呼移动台，以建立呼叫。
- 正向业务信道（Forward Traffic Channel，F-TCH）：用于基站到移动台之间的通信，主要传送用户业务数据，同时也传送随路信令。例如功率控制信令信息、切换指令等就是插入在此信道中传送的。

（2）反向链路中的逻辑信道由反向业务信道（B-TCH）和接入信道（AcCH）等组成

- 反向业务信道（Backward Traffic Channel，B-TCH）：供移动台到基站之间通信，它与正向业务信道一样,用于传送用户业务数据,同时也传送信令信息,如功率控制信息等。

- 接入信道(Access Channel,AcCH):一个随机接入信道,供网内移动台随机占用,移动台在此信道发起呼叫或对基站的寻呼信息进行应答。

3.4.5 CDMA 系统的呼叫处理及移动性管理

1. 位置登记

位置登记又称为注册(Register),是移动台向基站报告自己的位置、状态、身份等特性的过程。通过登记,当要建立一个移动台的呼叫时,基站能有效地寻呼移动台并发起呼叫。CDMA 系统中可以支持多种注册,如开电源注册、断电源注册、周期注册、参数改变注册、受命注册、默认注册、业务注册等,与移动台的漫游状态有关。

2. 越区切换

基站与移动台支持三种切换方式:软切换(移动台开始与新基站通信时,不立即中断它与原基站的通信)、CDMA 到 CDMA 的硬切换(各基站使用不同的参数设置时基站引导移动台进行的一种切换方式)、CDMA 到模拟系统的切换。其中,CDMA 软切换是 CDMA 独有的切换方式,是移动台辅助的切换。移动台要及时了解各基站发射的信号强度来辅助基站决定何时进行切换,并通过移动台与基站的信息交换来完成切换。下面介绍在同一个 MSC 内的切换过程。

1) 移动台首先搜索所有导频信号并测量它们的强度,测量导频信号中的 PN 序列偏移,当某一导频强度大于某一特定值(上门限)时,移动台认为此导频的强度已经足够大,能够对其进行正确解调。若尚未与该导频对应的基站相联系时,它就向原基站发送一条导频强度测量消息,将高于上门限的导频信号的强度信息报告给基站,并将这些导频信号作为候选导频。原基站再将移动台的报告送往移动交换中心,移动交换中心则让新的基站安排一个正向业务信道给移动台。

2) 移动交换中心通过原小区基站台向移动台发送一个切换导向的消息。

3) 移动台依照切换导向的指令跟踪新的目标小区的导频信号,将该导频信号作为有效导频,开始对新基站和原基站的正向业务信道同时进行解调。同时,移动台在反向信道上向新基站发送一个切换完成的消息。这时,移动台除仍保持与原小区基站的链路外,与新小区基站也建立了链路。此时移动台同时与两基站进行通信。

4) 随着移动台的移动,当原小区基站的导频信号强度低于某一特定值(下门限)时,移动台启动切换定时器开始计时。

5) 切换定时器到时,移动台向基站发送一个导频强度测量消息。

6) 基站接收到导频强度测量消息后,将此消息送至 MSC,MSC 再返回相应切换指示消息,基站将该切换指示消息发给移动台。

7) 移动台依照切换指示消息拆除与原基站的链路,保持与新基站的链路。而原小区基站的导频信号由有效导频变为邻近导频。这时,就完成了越区软切换的全过程。

3. 呼叫处理

移动台通话是通过业务信道和基站之间互相传递信息的。但在接入业务信道时,移动台要经历一系列的呼叫处理状态,包括系统初始化状态、系统空闲状态、系统接入状态,最后进入业务信道控制状态。

(1) 移动台呼叫处理状态,如图 3-18 所示。

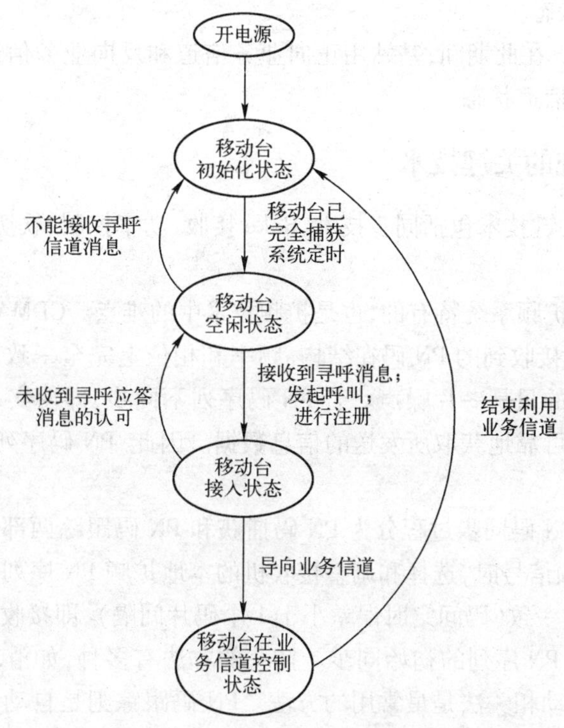

图 3-18　移动台呼叫处理状态

① 移动台初始化状态。移动台接通电源后就进入"初始化状态"。在此状态中,移动台不断地检测周围各基站发来的导频信号,各基站使用相同的引导 PN 序列,但其偏置各不相同,移动台只要改变其本地 PN 序列的偏置,很容易测出周围有哪些基站在发送导频信号。移动台比较这些导频信号的强度,即可捕获导频信号。此后,移动台要捕获同步信道,同步信道中包含有定时信息,当对同步信道解码之后,移动台就能和基站的定时同步。

② 移动台空闲状态。移动台在完成同步和定时后,即由初始化状态进入"空闲状态"。在此状态中,移动台要监控寻呼信道。此时,移动台可接收外来的呼叫或发起呼叫,还可进行登记注册,接收来自基站的消息和指令。

③ 系统接入状态。如果移动台要发起呼叫,或者要进行注册登记,或者接收呼叫时,即进入"系统接入状态",并在接入信道上向基站发送有关的信息。这些信息有两类:一类属于应答信息(被动发送);一类属于请求信息(主动发送)。

④ 移动台在业务信道控制状态。当接入尝试成功后,移动台进入业务信道状态。在此状态中,移动台和基站之间进行连续的信息交换。移动台利用反向业务信道发送语音和控制数据,通过正向业务信道接收语音和控制数据。

(2) 基站呼叫主要包括以下处理:

① 导频和同步信道处理。在此期间,基站发送导频信号和同步信号,使移动台捕获和同步到 CDMA 信道,此时移动台处于初始化状态。

② 寻呼信道处理。在此期间,基站发送寻呼信号。同时移动台处于空闲状态,或系统接

入状态。

③ 接入信道处理。在此期间，基站监听接入信道，以接收来自移动台发来的消息。同时，移动台处于系统接入状态。

④ 业务信道处理。在此期间，基站用正向业务信道和反向业务信道与移动台交换信息。同时，移动台处于业务信道状态。

3.4.6 CDMA 系统的关键技术

CDMA 系统中的关键技术包括同步技术、Rake 接收、功率控制、软切换。

1. 同步技术

PN 码序列同步是扩频系统特有的，也是扩频技术中的难点。CDMA 系统要求接收机的本地伪随机码 PN 序列与接收到的 PN 码在结构、频率和相位上完全一致，否则就不能正常接收所发送的信息，接收到的只是一片噪声。若 PN 码序列不同步，即使实现了收发同步，也不能保持同步，也无法准确可靠地获取所发送的信息数据。因此，PN 码序列的同步是 CDMA 扩频通信的关键技术。

CDMA 系统中的 PN 码同步过程分为 PN 码捕获和 PN 码跟踪两部分。PN 码序列捕获指接收机在开始接收扩频信号时，选择和调整接收机的本地扩频 PN 序列相位，使它与发送端的扩频 PN 序列相位基本一致（码间定时误差小于 1 个码片间隔），即接收机捕捉发送的扩频 PN 序列相位，也称为扩频 PN 序列的初始同步。捕获的方法有多种，如滑动相关法、序贯估值法及匹配滤波器法等，滑动相关法是最常用的方法。PN 码跟踪则是自动调整本地码相位，进一步缩小定时误差，使之小于码片间隔的几分之一，达到本地码与接收 PN 码频率和相位精确同步。

2. Rake 接收技术

移动通信信道是一种多径衰落信道，Rake 接收技术就是分别接收每一路的信号进行解调，然后叠加输出达到增强接收效果的目的，这里多径信号不仅不是一个不利因素，反而在 CDMA 系统中变成了一个可供利用的有利因素。

3. 功率控制

功率控制技术是 CDMA 系统的核心技术。CDMA 系统是一个自扰系统，所有移动用户都占用相同带宽和频率，“远近效用”问题特别突出。CDMA 功率控制的目的就是克服“远近效用”，使系统既能维持高质量通信，又不对其他用户产生干扰。功率控制分为正向功率控制和反向功率控制，反向功率控制又可分为仅有移动台参与的开环功率控制和移动台、基站同时参与的闭环功率控制。

（1）反向开环功率控制

小区中的移动台接收并测量基站发来的导频信号，根据接收的导频信号的强弱估计正确的路径传输损耗，并根据这种估计来调节移动台的反向发射功率。若接收信号很强，表明移动台距离基站很近，移动台就降低其发射功率，否则就增强其发射功率。小区中所有的移动台都有同样的过程，因此，所有移动台发出的信号在到达基站时都有相同的功率。开环功率控制有一个很大的动态范围，根据 IS-95 标准，它要达到正负 32 dB 的动态范围。

反向开环功率控制方法简单、直接，不需要在移动台和基站之间交换信息，因而控制速度快且节省开销。对于某些情况,例如车载移动台快速驶入或驶出地形起伏区或高大建筑物遮蔽区而引起的信号强度变化是十分有效的。

(2) 反向闭环功率控制

闭环功率控制的设计目标是使基站对移动台的开环功率估计迅速做出纠正,以使移动台保持最理想的发射功率。

对于信号因多径传播而引起的瑞利衰落变化,反向开环功率控制的效果不好。因为正向传输和反向传输使用的频率不同,IS-95 中,上下行信道的频率间隔为 45 MHz,大大超过信息的相干带宽,它使得上行信道和下行信道的传播特性成为相互独立的过程,因而不能认为移动台在前向信道上测得的衰落特性,就等于反向信道上的衰落特性。为了解决这个问题,可以采用反向闭环功率控制。由基站检测来自移动台的信号强度,并根据测得的结果,形成功率调整指令,通知移动台增加或减小其发射功率,移动台根据此调整指令来调节其发射功率。实现这种办法的条件是传输调整指令的速度要快,处理和执行调整指令的速度也要快。一般情况下,这种调整指令每毫秒发送一次就可以了。

(3) 正向功率控制

正向功率控制是指基站调整每个移动台的发射功率。其目的是对路径衰落小的移动台分派较小的前向链路功率,而对那些远离基站的和误码率高的移动台分派较大的前向链路功率,使任一移动台无论处于小区中的什么位置,收到基站发来的信号电平都恰好达到信干比所要求的门限值。在正向功率控制中,移动台监测基站送来的信号强度,并不断地比较信号电平和干扰电平的比值,如果小于预定门限,则给基站发出增加功率的请求。

4. 软切换

与我们前面介绍的 FDMA 系统和 GSM 系统不同,CDMA 系统中越区切换可分为两大类:软切换和硬切换。

(1) 软切换

软切换是 CDMA 系统中特有的。在软切换过程中,移动台与原基站和新基站都保持着通信链路,可同时与两个(或多个)基站通信。在软切换中,不需要进行频率的转换,而只有导频信道 PN 序列偏移的转换。软切换在两个基站覆盖区的交界处起到了业务信道的分集作用,这样可大大减少由于切换造成的通话中断,因此提高了通信质量。同时,软切换还可以避免小区边界处的"乒乓效应"(在两个小区间来回切换)。

(2) 硬切换

硬切换是指在载波频率不同的基站覆盖小区之间的信道切换。在 CDMA 系统中,一个小区中可以有多个载波频率。例如在热点小区中,其频率数要多于相邻小区。因此,当进行切换的两个小区的频率不同时,就必须进行硬切换。在这种硬切换中,既有载波频率的转换,又有导频信道 PN 序列偏移的转换。在切换过程中,移动用户与基站的通信链路有一个很短的中断时间。

3.5 第三代移动通信系统

移动通信的发展经历了两代,第二代的 GSM 和窄带 CDMA 移动通信系统是正在全世界营运的主要移动通信系统。目前,移动通信又进入一个新的发展时期,主题就是人们普遍关注的第三代移动通信。早在 1985 年,国际电联就提出了第三代移动通信的概念,许多国家和地区的著名电信设备制造商先后提出了十多种无线接口建议。经过充分协商和融合,最后形成了三大主流标准,即欧洲与日本提出的 WCDMA、美国提出的 CDMA 2000 和中国提出的TD-SCDMA。

在建设和发展第一代、第二代移动通信系统的过程中,由于我国在技术方面处于被动地位,国内大多数厂家只能组装国外产品,仅占很少的国内市场份额,绝大部分市场被外国公司所占有。通信产品市场之争关键在于技术标准之争。我国由于不掌握核心技术,不得不使用别人的专利,从而付出了上百亿美元的依附于移动通信标准的知识产权费。中国作为一个移动通信市场大国和经济快速崛起的国家,不希望也不能永远处于技术跟踪和模仿的位置,必须抓住第三代移动通信发展的有利时机,提出自己的国际标准。

1998 年 6 月 30 日,是国际电联向全球征集第三代移动通信标准的最后一天,由大唐电信集团(电信科学技术研究院)代表中国提出的 TD-SCDMA 第三代移动通信系统标准,经国家主管部门批准,提交国际电联。2000 年 5 月,在土耳其伊斯坦布尔召开的国际电联大会上,TD-SCDMA 被国际电联接纳并成为第三代移动通信系统三大主流标准之一。2001 年 3 月 16 日,在美国加里福尼亚州举行的 3GPP TSG RAN 第 11 次全会将 TD-SCDMA 列为第三代移动通信系统标准之一,包含在 3GPP R′4 中。这表明该标准已经被世界上许多运营商和设备厂家所接受。这是近百年来我国通信史上的第一次,是中国电信界的一大壮举,标志着我国在移动通信技术领域已经进入世界先进行列。

TD-SCDMA 采用了大量世界领先的技术。TD-SCDMA 是第一个使用时分双工方式的第三代移动通信系统标准,同时采用了同步 CDMA、智能天线、联合检测、接力切换、低码片速率和软件无线电等一系列高新技术,因此经得起国际电联的严格考验,成为世界标准。TD-SCDMA 在系统性能方面具有明显的竞争优势:系统容量大、抗干扰能力强、频谱利用率高,单载波仅占 1.6 MHz,利用 5 MHz 带宽就可以组网。不需要成对的工作频段,可以充分利用分散、零碎的空闲频段,这对缓解当前移动通信频率资源紧张的矛盾是极为重要的。由于节约了大量昂贵的频谱资源,同时采用低码片速率、以及对基站射频部件设计采取有效措施,显著地降低了硬件设备制造的技术难度,整个网络的投资费用大幅度降低。

TD-SCDMA 能够提供第三代移动通信系统标准所规定的各种业务,包括高质量的语音、宽带数据和多媒体业务,尤其适合今后将迅速发展的 IP 等非对称数据业务。

TD-SCDMA 系统的一个重要设计思想,是大胆应用 20 世纪 90 年代出现的新技术,在空间接口物理层上有一系列的创新,最大限度地提高频谱利用率。在系统网络方面,考虑到我国和世界上大多数国家 80% 左右的用户正在使用 GSM 系统,TD-SCDMA 系统后向兼容 GSM 系统,支持与 GSM/MAP(以后还将支持 CDMA/IS-41)核心网连接,用户能够由 GSM 平滑演进到 TD-SCDMA。同时,TD-SCDMA 与 WCDMA 具有相同的高层信令和网络结构,两种制式可以使用同一个核心网。对于用户终端,在建网的第一阶段可以使用 TD-SCDMA 和 GSM/GPRS 的双频双模,第二阶段则可以基于软件定义无线电的概念,在一个硬件平台上实现多模、多频段工作,实现全国乃至全世界范围内的自动漫游。TD-SCDMA 系统同样支持第三代移动通信系统核心网逐步向全 IP 方向发展。

3.5.1 第三代移动通信系统概况

1. 3G 的概念及目标

早在 1985 年 ITU-T 就提出了第三代移动通信系统的概念,最初命名为 FPLMTS(未来公共陆地移动通信系统),后来考虑到该系统将于 2000 年左右进入商用市场,工作的频段在 2000 MHz,且最高业务速率为 2000 kbit/s,故于 1996 年正式更名为 IMT-2000(International Mobile Telecommunication-2000)。IMT-2000 系统需要具有下述 3 个特性:

1) 全球化。IMT-2000 是一个全球性的系统,各个地区多种系统组成了一个 IMT-2000 家族,各个系统间在设计上具有高度的互通性,使用共同的频段和全球统一标准,能提供全球无缝漫游。

2) 综合化。能够提供多种业务,特别能够支持多媒体业务和因特网(Internet)业务,并有能力容纳新型的业务。

3) 个人化。用户使用全球惟一的个人号码,系统能提供足够的容量、高保密性、高服务质量。

第三代移动通信系统的目标是能提供多种类型、高质量的多媒体业务;能实现全球无缝覆盖,具有全球漫游能力;与固定网络的各种业务相互兼容,具有高服务质量;与全球范围内使用的小型便携式终端在任何时候任何地点进行任何种类的通信。为了实现上述目标,对第三代无线传输技术(RTT)提出了支持高速多媒体业务(高速移动环境:144 kbit/s,室外步行环境:384 kbit/s,室内环境:2 Mbit/s)的要求。

2. 3G 的应用

对高速率数据和多媒体业务的需求是推动第三代移动通信系统发展的主要动力。第二代移动通信系统主要支持语音业务,仅能提供一般的低速数据业务,速率为 9.6 ~ 14.4 kbit/s。改进后的第二代系统能够支持几十千比特每秒到上百千比特每秒的数据业务。而第三代移动通信系统最高能够支持 2 Mbit/s 的速率,如图 3-19 所示。

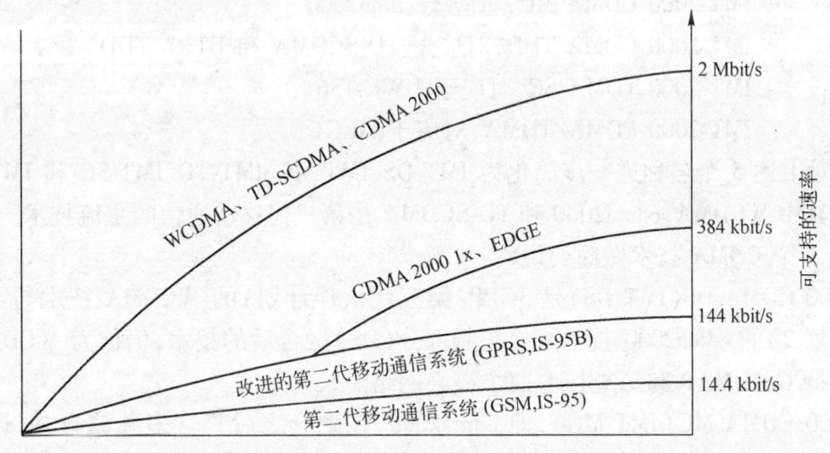

图 3-19 2 G 与 3 G 支持的业务速率

第三代移动通信系统能够支持大量的不同业务,并可方便地引入新的业务。各种不同的业务分别具有不同的业务特性,从语音到动态视频需要占用不同的带宽、不同的信息传送速率，如图 3-20 所示。另外，对于不同的通信业务其性能要求也是不同的，如语音、视频需要具有较好的实时性和连续性，而电子函件、网上下载等对时延并不是很敏感，但要求具有较高的数据可靠性。由此可见，对不同业务的实时性和服务质量的要求差别很大。同时，大量数据业务，如浏览网页、下载音乐等，还需要上、下行不对称的传输。所有这些，第三代移动通信系统给予了很好的支持。

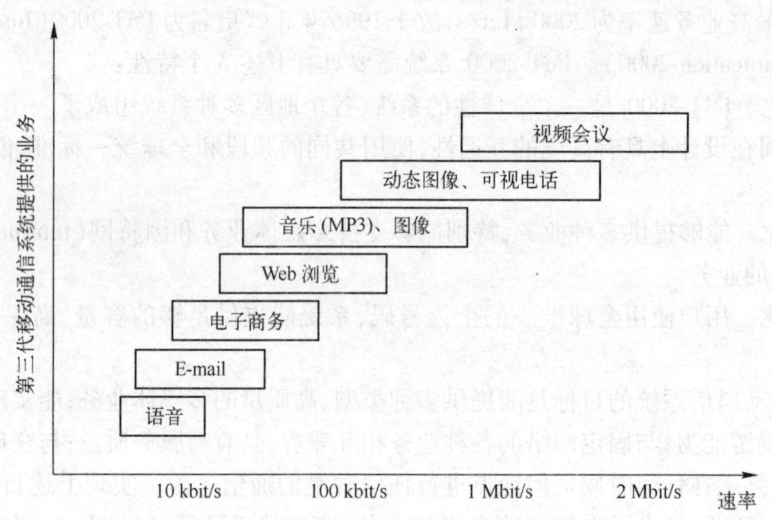

图 3-20　3 G 提供业务支持及其所需的信息速率范围

3. 3 G 无线传输技术分类

1999 年 10 月 25 日至 11 月 5 日在芬兰赫尔辛基召开的 ITU TG8/1 第 18 次会议最终通过了 IMT-2000 无线接口技术规范建议(IMT. RSPC)，确立了 IMT-2000 所包含的无线接口技术标准，将无线接口标准明确为以下 5 个标准：

CDMA 技术：IMT-2000 CDMA DS，对应于 WCDMA

IMT-2000 CDMA MC，对应于 cdma2000

IMT-2000 CDMA TDD，对应于 TD-SCDMA 和 UTRA TDD

TDMA 技术：IMT-2000 TDMA SC，对应于 UWC-136

IMT-2000 FDMA/TDMA，对应于 DECT

ITU 又对上述 5 个名称进一步简化为 IMT-DS、IMT-MC、IMT-TD、IMT-SC 和 IMT-FT，如图 3-21 所示。其中 WCDMA，cdma2000 和 TD-SCDMA 是第三代移动通信的主流技术。

下面对 3 个 CDMA 技术做简要说明：

IMT-2000 CDMA DS(IMT-DS)是 3GPP(第三代伙伴计划)的 WCDMA 技术与 3GPP2(第三代伙伴计划 2)的 cdma2000 技术直接扩频部分(DS)融合后的技术，仍称为 WCDMA。此标准将同时支持 GSM MAP 和 ANSI-41 两个核心网络。

IMT-2000 CDMA MC(IMT-MC)，即 cdma2000，在融合之后只含多载波方式，即 1X、3X、6X、9X 等。此标准也将同时支持 ANSI-41 和 GSM MAP 两大核心网。

IMT-2000 CDMA TDD(IMT-TD)实际上包括低码片速率的 TD-SCDMA 和高码片速率的 UTRA TDD(TD-CDMA)两种技术。目前这两种技术的物理层完全分开，分别采用我国 CWTS 和 3GPP 的两套技术规范，层 2 和层 3 基本相同。

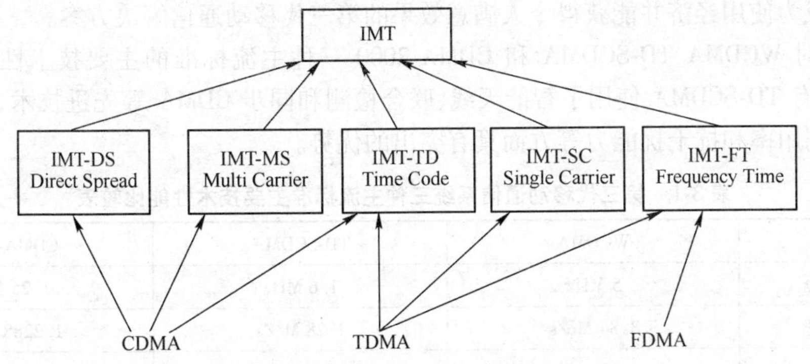

图 3-21 IMT-2000 无线地面接口标准

2001 年 3 月 16 日，TD-SCDMA 标准被正式写入 3GPP Release 4，这是 TD-SCDMA 发展史上的一个重要里程碑。

4. 三大主流标准的比较

WCDMA 最初主要由爱立信、诺基亚公司为代表的欧洲通信厂商提出。这些公司都在第二代移动通信技术和市场上占尽了先机，并期望能够在第三代依然保持世界领先的地位。日本由于在第二代移动通信时期没有采用全球主流的技术标准，而是自己独立制订开发，很大程度上制约了日本的设备厂商在世界范围内的作为，所以希望借第三代的契机，能够进入国际市场。以 NTT DoCoMo 为主的各个公司提出的技术与欧洲的 WCDMA 比较相似，二者相融合，成为现在的 WCDMA 系统。WCDMA 主要采用了带宽为 5 MHz 的宽带 CDMA 技术，上、下行快速功率控制，下行发射分集，基站间可以异步操作。

CDMA 2000 是在 IS-95 系统的基础上由高通、朗讯、摩托罗拉和北电等公司一起提出的，CDMA 2000 技术的选择和设计最大限度地考虑和 IS-95 系统的后向兼容，很多基本参数和特性都是相同的，并在无线接口采用了增强技术。如：

1）提供反向导频信道，使反向相干解调成为可能。在 IS-95 系统中，反向链路没有导频信道，这使得基站接收机中的同步和信道估计比较困难。

2）前向链路可采用发射分集方式，提高了信道的抗衰落能力。

3）增加了前向快速功率控制，提高了前向信道的容量。在 IS-95 系统中，前向链路只支持慢速功率控制。

4）业务信道可采用比卷积码更高效的 Turbo 码，使容量进一步提高。

5）引入了快速寻呼信道，减少了移动台功耗，增加了移动台的待机时间。

WCDMA 和 CDMA 2000 都是采用 FDD 模式，而 TDD 模式本身固有的特点突破了 FDD 技术的很多限制，如上、下行工作于同一频段，不需要大段的连续对称频段等。在频率资源日趋紧张的今天，这一点尤显重要。这样，基站端的发射机可以根据在上行链路获得的信号来估计下行链路多径信道的特性，便于使用智能天线等先进技术，同时能够简单方便地适应第三代移动通信传输上、下行非对称数据业务的需要，提高系统频谱利用率。这些优势都是 FDD 系统难以实现的。因此，随着技术的不断发展，国际上对使用 TDD 的 CDMA 技术日益关注。

TD-SCDMA 正是在这种环境下诞生的。它综合了 TDD 和 CDMA 的所有技术优势，具有灵活的空中接口，并采用了智能天线、联合检测等先进技术，具有相当高的技术先进性，并且在三个主流标准中具有最高的频谱效率。随着大范围覆盖和高速移动等问题的逐步解决，TD-

SCDMA 将成为使用经济并能获得令人满意效果的第三代移动通信解决方案。

表 3-1 对 WCDMA、TD-SCDMA 和 CDMA 2000 三种主流标准的主要技术性能进行了比较。其中仅有 TD-SCDMA 使用了智能天线、联合检测和同步 CDMA 等先进技术，所以在系统容量、频谱利用率和抗干扰能力等方面具有突出的优势。

表 3-1　第三代移动通信系统三种主流标准主要技术性能比较表

	WCDMA	TD-SCDMA	CDMA-2000
载频间隔	5 MHz	1.6 MHz	1.25 MHz
码片速率	3.84 Mc/s	1.28 Mc/s	1.2288 Mc/s
帧长	10 ms	10 ms(分为两个子帧)	20 ms
基站同步	不需要	需要	需要，典型方法是 GPS
功率控制	快速功控：上、下行 1500 Hz	0 ~ 200 Hz	反向：800 Hz 前向：慢速、快速功控
下行发射分集	支持	支持	支持
频率间切换	支持，可用压缩模式进行测量	支持，可用空闲时隙进行测量	支持
检测方式	相干解调	联合检测	相干解调
信道估计	公共导频	DwPCH、UpPCH、中间码	前向、反向导频
编码方式	卷积码 Turbo 码	卷积码 Turbo 码	卷积码 Turbo 码

TD-SCDMA 与其他第三代移动通信系统标准相比具有较为明显的优势，主要体现在以下四个方面。第一，频谱灵活性和支持蜂窝网的能力。TD-SCDMA 采用 TDD 方式，仅需要 1.6 MHz(单载波)的最小带宽。因此频率安排灵活，不需要成对的频率，可以使用任何零碎的频段，能较好地解决当前频率资源紧张的矛盾。若带宽为 5 MHz 则支持 3 个载波，在一个地区可组成蜂窝网，提供高速移动业务。第二，高频谱利用率。TD-SCDMA 频谱利用率高，抗干扰能力强，系统容量大，适于在人口密集的大、中城市传输对称与非对称业务。尤其适合移动 Internet 业务(将是第三代移动通信的主要业务)。第三，适用于多种使用环境。TD-CDMA 系统全面满足 ITU 的要求，适用于多种环境。第四，设备成本低。设备成本低，系统性能价格比高。由于具有我国自主的知识产权，在网络规划与建设的过程中成本得到了明显的下降。

3.5.2　IMT-2000 系统结构

ITU 定义的 IMT-2000 的功能子系统和接口，如图 3-22 所示。IMT-2000 系统由终端(UIM + MT)、无线接入网(RAN)和核心网(CN)三部分构成。

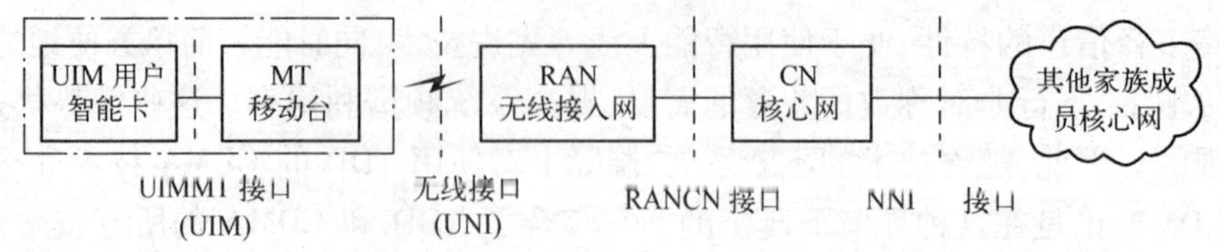

图 3-22　IMT-2000 的功能子系统与接口

终端部分完成终端功能,包括用户识别模块(UIM)和移动台(MT),UIM 的作用相当于 GSM 中的 SIM 卡。无线接入网完成用户接入业务的全部功能,包括所有与空中接口相关的功能,以使核心网受无线接口影响很小。核心网由交换网和业务网组成,交换网完成呼叫及承载控制所有功能,业务网完成支撑业务所需功能,包括位置管理。

根据 ITU 在 1997 年提出的"家族"概念,无线接入网和核心网两部分的标准化工作主要在"家族成员"内部进行。目前的家族主要有两个:一个是基于 GSM MAP 核心网的家族,另一个是基于 ANSI-41 核心网的家族,分别由 3GPP 和 3GPP2 进行标准化。两个"家族"网络之间的互联互通将通过网络-网络接口(NNI)来进行,ITU 正在制订该接口的技术规范。

GSM MAP 和 ANSI-41 两类核心网与 IMT-2000 的三种主流 CDMA 无线接入技术之间的对应关系如图 3-23 所示。从图中可以看出,虽然一般情况下 WCDMA 和 CDMA TDD 对应于 GSM MAP 核心网,cdma2000 对应于 ANSI-41 核心网,但由于目前的标准允许任何无线接口能够同时兼容两个核心网,这样就可以通过在无线接口上定义相应的兼容协议(即符合各系统标准的 RAN-CN 接口)来接入不同的核心网。UNI 为移动台与基站之间的无线接口。NNI 为核心网与其他 IMT-2000 家族核心网之间的接口。无线接口的标准化和核心网络的标准化工作对 IMT-2000 整个系统和网络来说,将是非常重要的。

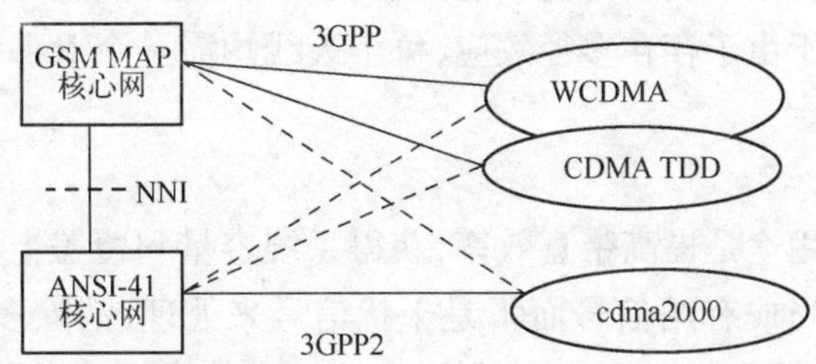

图 3-23　IMT-2000 无线接入技术与核心网之间的关系

3.5.3　第三代移动通信系统的关键技术

3 G 关键技术包括初始同步与 Rake 接收技术、多址接入技术、高效信道编译码技术、智能天线技术、多用户检测技术、软件无线电、功率控制技术等,以下作简单介绍。

1. 初始同步与 Rake 接收技术

CDMA 通信系统接收机的初始同步包括 PN 码同步、符号同步、帧同步和扰码同步等。CDMA2000 系统采用与 IS-95 系统相类似的初始同步技术,即通过对导频信道的捕获建立 PN 码同步和符号同步,通过同步信道的接收建立帧同步和扰码同步。WCDMA 系统的初始同步则需要通过"三步捕获法"进行,即通过对基本同步信道的捕获建立 PN 码同步和符号同步,通过对辅助同步信道的不同扩频码的非相干接收,确定扰码组号等,最后通过对可能的扰码进行穷举搜索,建立扰码同步。

3G 中 Rake 接收技术也是一项关键技术。为实现相干形式的 Rake 接收,需发送未经调制的导频信号,以使接收端能在确知已发数据的条件下估计出多径信号的相位,并在此基础上实现相干方式的最大信噪比合并。WCDMA 系统采用用户专用的导频信号,而 CDMA2000 下行链路采用公用导频信号,用户专用的导频信号仅作为备选方案用于使用智能天线的系统,上行信道则采用用户专用的导频信道。

2. 多址接入技术

随机分组多址是 TDMA 和 ALOHA 的结合方式,是分组接入协议的特例。通过一定的技术折中,得到几种方法,其基本原理是按需分配时隙,用完立即释放,通过标记时隙占用与空闲,达到信道随机分配,实现可变速率的接入,流量可高达 90% 以上。研究结果表明,随机分组多址基本适合可变速率第三代移动通信系统的要求。

3. 高效信道编译码技术

采用高效信道编码技术是为了进一步改进通信质量。在第三代移动通信系统主要提案(包括 WCDMA 和 CDMA2000 等)中,除采用与 IS-95 CDMA 系统相类似的卷积编码技术和交织技术之外,还建议采用 TURBO 编码技术及 RS-卷积级联码技术。

4. 智能天线技术

智能天线是一组自适应的天线阵列,可根据移动台的位置自动控制天线发送和接受波束的方向性。智能天线包括两个重要组成部分:一是对来自移动台发射的多径电波方向进行入射角(DOA)估计,并进行空间滤波,抑制其他移动台的干扰;二是对基站发送信号进行波束形成,使基站发送信号能够沿着移动台电波的到达方向发送回移动台,从而降低发射功率,减少对其他移动台的干扰。智能天线技术能够起到在较大程度上抑制多用户干扰,从而提高系统容量的作用。其困难在于由于存在多径效应,每个天线均需一个 Rake 接收机,从而使基带处理单元复杂度明显提高。

5. 多用户检测技术

多用户检测的主要用途是提高带宽效率,获得系统容量和覆盖上的改进。其基本思想是是把所有用户的信号都当成有用信号而不是干扰信号来处理,消除多用户之间的相互干扰。在小区通信中,每个移动用户与一个基站通信,移动用户只需要接受所需信号,而基站必须检测所有的用户信息,因此移动用户只有自己的扩频码。由于移动用户受到复杂程度的限制,多个用户检测目前主要用于基站。

6. 软件无线电

软件无线电是通过 DSP 软件实现无线电功能的技术。它作为一种新的通信体制,为通信多种标准的统一建立了桥梁。它充分利用现代先进的通信与信号处理、微电子和软件等技术,实现多媒体、多模式的通信系统无缝连接。它最大的特点是基于相同的硬件环境,由软件来完成不同的功能,对于系统升级和多种模式运行,则可以自适应地完成。

7. 功率控制技术

在 CDMA 系统中,由于用户使用相同的载频,用户扩频码之间存在非理想的相关特性,任何一个用户对其他用户来说都是干扰源。若干扰用户比目标用户距离基站要近很多,则干扰信号的接受功率会比目标用户有用信号的接受功率大很多,这样接受机中多址干扰分量有可能淹没目标用户的有用信号;有时一个离基站很近、功率过强的移动台可能会阻塞整个小区,这种现象称为远近效应。功率控制可以有效减小远近效应的影响。

常见的 CDMA 功率控制技术可分为开环功率控制、闭环功率控制和外环功率控制 3 种类型。在 W-CDMA 和 cdma2000 系统中,上行信道采用开环、闭环和外环功率控制技术;下行信道采用闭环和外环功率控制技术。但两者的闭环功率控制速度有所不同,前者为 1500 次/s,后者为 800 次/s。

3.6 移动通信的发展趋势—4 G

第四代移动通信(4 G)现目前还处于研发阶段。由于第三代移动通信系统存在三种制式,随着全球网络一体化的呼声愈来愈高,对第四代移动通信的研究被提到了议事日程。满足无论何人、何时、何地都能满足用户服务质量的要求,提供无线的多媒体服务。

目前第四代移动通信还只是一个概念,研究中的新一代移动通信系统应该在通信质量方面及其他方面都应该比 3 G 有一个质的变革。第四代移动通信具有以下特点:

1）高速化、宽带化。4 G 其信息传输速率应比 3 G 高一个等级,为 2 ~ 10 Mbit/s。

2）灵活性强。4 G 系统能够实现对通信中变化的业务流大小进行相应处理而满足通信要求的功能,系统有很强的适应性和灵活性。

3）兼容性好。4 G 技术使之能与现在的 GSM、CDMA 以及 TDMA 三大移动技术兼容,互联互通。

4）用户共有性。4 G 应使高速用户、低速用户及各种设备的用户并存互通,从而满足系统多用户的不同要求。

5）业务的多样性。4 G 系统应照顾各种用户的各种宽带的不同业务的要求。

6）4 G 应有其自己高效的、可靠安全的网络结构以及随时随地的移动接入。

第四代移动的网络结构,如图 3-24 所示。基于 2P 技术核心网络形成的一个公共的、灵活的、可扩展的平台,使得各种不同业务的用户在 3G、4G、WLAN、固定网之间实现无缝漫游。

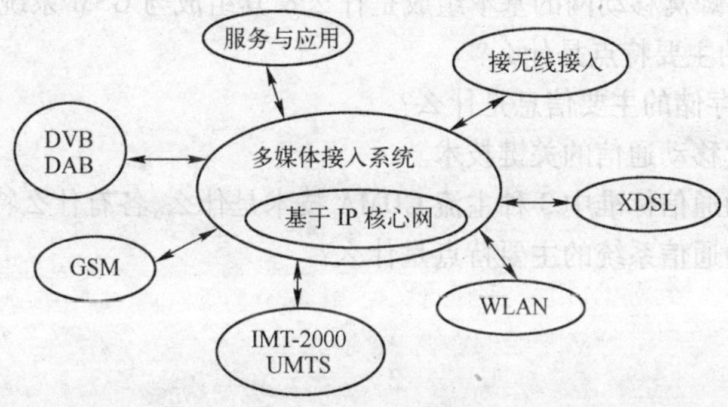

图 3-24　系统网络结构

第四代移动通信系统中的几个关键技术包括:

1）高速率、高质量、高效率的正交频分复用调制、解调技术(OFDM)。

2）智能无线电技术,使之对信道条件不同的各种复杂环境都能进行信号的正常发送与接收,系统有很强的智能性。

3）智能天线,此天线能实现抑制信号干线、自动跟踪定位、切换以及数字波来调节等智能功能。

4）动态分组分配技术,2P 分组包交换的路由技术网络与协议。

5）网络构架中的重构/自愈技术等。

3.7 小结

移动通信正在以惊人的速度发展,为人们随时随地便捷交流提供了平台。本章重点介绍了移动通信网基础、移动通信系统的组网方式、数字蜂窝移动通信网、CDMA 数字蜂窝移动通信网,同时还介绍了第三代移动通信系统(3 G)。

3.8 思考题

1. 简述移动通信系统按用途、频段、制式和入网方式等的分类。
2. 简述公用移动通信系统发展各阶段的主要技术方案。
3. 简述移动通信网的基本结构。
4. 移动通信中为什么要采用多址技术?多址技术有哪些?
5. 移动通信网是如何接入固定电话网?简述其连接方式和使用的主要设备。
6. 移动交换中心(MSC)的作用是什么?
7. GSM 数字蜂窝移动通信网的基本组成有哪些?简述各部分的主要功能。
8. GPRS 网络由哪些部分组成?各模块的功能是什么?
9. GPRS 在 GSM 系统的基础上新增加了哪些节点?
10. GPRS 系统的特点是什么?
11. CDMA 数字蜂窝移动网的基本组成是什么?其组成与 GSM 系统相比有什么异同?
12. IMT-2000 的主要特点是什么?
13. HLR、VLR 存储的主要信息是什么?
14. 简述第三代移动通信的关键技术。
15. 第三代移动通信标准中 3 种主流 CDMA 技术是什么,各有什么特点?
16. 第四代移动通信系统的主要特点是什么?

第 4 章　数据通信网

4.1　数据通信网概述

数据通信是依照一定的协议，利用数据传输技术在两个终端之间传递数据信息的一种通信方式和通信业务。它可实现计算机和计算机、计算机和终端以及终端与终端之间的数据信息传递，是继电报、电话业务之后的第三种最大的通信业务。数据通信不同于电报、电话通信，它所实现的主要是“人-机”通信与“机-机”通信，但也包括“人-人”通信，与传统网络中的“人-人”通信的不同之处在于数据通信网中的“人-人”通信需要使用智能终端进行数据传输。数据通信中传递的信息均以二进制数据形式来表现。数据通信的另一个特点是它总是与远程信息处理相联系的，是包括科学计算、过程控制、信息检索等内容的广义的信息处理。它是计算机技术和通信技术相结合的产物。与传统的电话和电报通信相比，数据通信具有以下特点：

1）计算机直接参与通信，信道中传输的主要是数字信号。

2）数据传输的准确性和可靠性比较高。

3）数据传输速率高。

4）通信持续时间差异大。

数据通信的发展初期是利用专线构成专用系统，随着数据业务的不断发展以及计算机和通信技术的发展，利用传统的通信网提供数据通信业务成为一种比较合适的选择。之后各种专门的数据通信网的出现使得利用计算机进行远程信息交换的程度越来越高，社会的信息化程度也越来越高，地球村概念的实现也才成为可能。

4.1.1　数据通信系统的基本构成

数据通信系统是通过数据电路将分布在异地的数据终端设备与计算机系统连接起来，实现数据传输、交换、存储和处理的系统。典型的数据通信系统模型由数据终端设备、数据电路设备和计算机系统三部分组成，如图 4-1 所示。

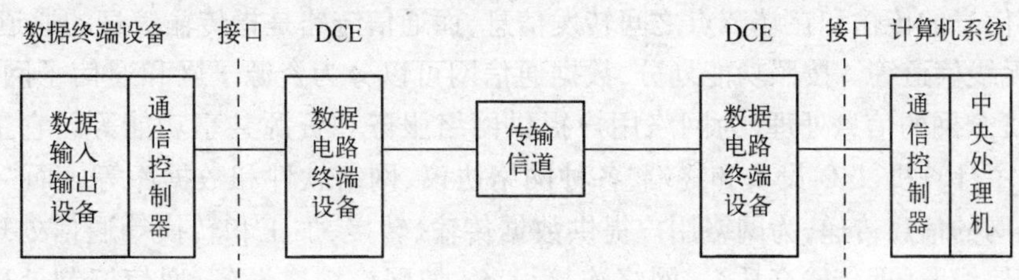

图 4-1　数据通信系统的组成

在数据通信系统中，用于发送和接收数据的设备称为数据终端设备（简称 DTE）。DTE 可能是大、中、小型计算机，也可能是一台只接收数据的打印机。由于数据通信是计算机与计算机或计算机与终端间的通信，为了有效而可靠地进行通信，通信双方必须按一定的规程进行，如收发双方的同步、差错控制、传输链路的建立、维持和拆除及数据流量控制等，这一功能就是由网络中的通信控制器来完成的。在计算机网络的数据通信中，通信控制器是通过"协议"软件来实现的。不同的网络，在通信控制器中可能会有不同的协议软件。

另外数据终端的类型有很多种，有简单终端和智能终端、同步终端和异步终端、本地终端和远程终端等。同步终端是以帧同步方式（如 X. 25、HDLC 等）和字符同步方式（如 BSC）工作的终端；异步终端是起止式终端，在每个字符的首尾加"开始"和"结束"比特，以实现收发双方的同步，字符和字符之间的间隙时间可以任意长。数据终端还可分为分组型终端（PT）和非分组型终端（NPT）两大类。分组型终端有计算机、数字传真机、智能用户电报终端（TeLetex）、用户分组装拆设备（PAD）、用户分组交换机、专用电话交换机（PABX）、可视图文接入设备（VAP）和局域网（LAN）等各种专用终端设备；非分组型终端有个人计算机终端、可视图文终端和用户电报终端等各种专用终端。

数据电路终接设备（DCE）为用户设备提供入网的连接点，用来连接 DTE 与数据通信网络。DCE 的功能就是完成数据信号的变换。因为传输信道可能是模拟的，也可能是数字的，DTE 发出的数据信号不适合信道传输，所以要把数据信号变成适合信道传输的信号。利用模拟信道传输，要进行"模拟↔数字"变换，这就需要调制解调器（MODEM）。在利用数字信道传输信号时需要进行变换才能有效可靠地传输，对应的 DCE 是数据服务单元（DSU），其功能是码型和电平的变换，信道特性的均衡，以及同步时钟信号的形成等。

数据电路指的是在线路或信道上加信号变换设备之后形成的二进制比特流通路，它由传输信道及其两端的数据电路终接设备（DCE）组成。传输信道除有模拟和数字的区分外，还有有线信道与无线信道、专用线路与交换网线路之分。交换网线路要通过呼叫过程建立连接，通信结束后再拆除；专线连接由于是固定连接，所以无需呼叫建立与拆线过程。

4.1.2 数据通信网络的拓扑结构

数据通信网是由分布在各处的数据传输设备、数据交换设备及通信线路组成的通信网，其功能是完成网中各设备之间的数据通信。

按照硬件组成划分，数据通信网可以分为网络节点和通信链路两部分。其中，网络节点的作用是控制信息的传输和在端节点之间转发信息，而通信链路是指传输信息的通道，如同轴电缆，光纤和无线信道等。按照功能划分，数据通信网可以分为资源子网和通信子网。"资源子网"主要负责全网的信息处理，为网络用户提供网络服务和资源共享功能等。它主要包括网络中所有的主计算机、I/O 设备和终端、各种网络协议、网络软件和数据库等。而"通信子网"主要负责全网的信息传递，为网络用户提供数据传输、转接、加工和转换等通信处理工作。它主要包括通信线路（即传输介质）、网络连接设备（如网络接口设备、通信控制处理机、网桥、路由器、交换机、网关、调制解调器和卫星地面接收站等）、网络通信协议和通信控制软件等。

拓扑结构描述了网络中节点之间的逻辑关系。按照拓扑结构，数据通信网可以分为星形网、全相连网、树形网、环形网、网格形网和总线网等，如图 4-2 所示。

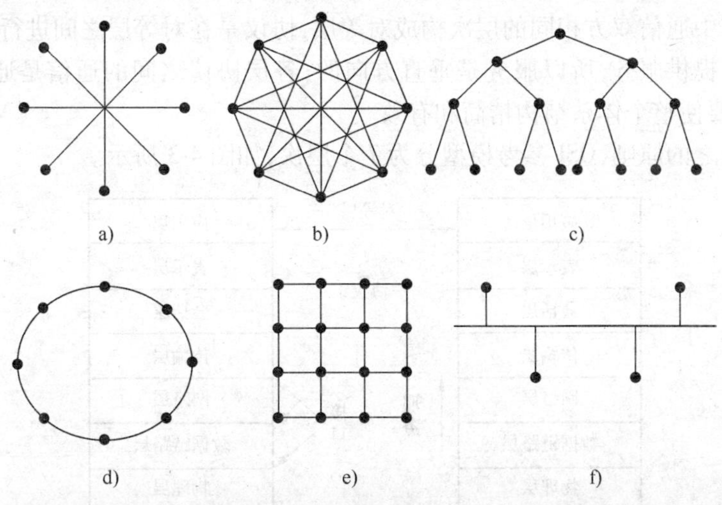

图 4-2　数据通信网络拓扑结构类型

为了节约资源，在局域网中，共享介质的拓扑结构使用比较广泛，如总线网和环形网等；而在广域网中，全相连网和树形网更为优越。

4.2　数据通信网体系结构

数据通信网是一个非常复杂的系统。它综合了当代计算机技术和通信技术，又涉及其他应用领域的知识和技术。由不同厂家的软硬件系统、不同的通信网络以及各种外部辅助设备连接构成网络系统，高速可靠地进行信息共享是数据通信网面临的主要难题。为了解决这个问题，人们必须为网络系统定义一个使不同的计算机、不同的通信系统和不同的应用能够互连和互操作的开放式网络体系结构。互连意味着不同的计算机或者智能终端能够通过通信子网互相连接起来进行数据通信。互操作意味着不同的用户能够在联网的计算机或者智能终端上，用相同的命令或相同的操作使用其他计算机或者智能终端中的资源与信息，如同使用本地的计算机或者智能终端中的资源与信息一样。

为了不同的计算机或者智能终端之间互连和互操作，把计算机或者智能终端间互连的功能划分成具有明确定义的层次，规定了同层次进程通信及相邻层之间接口的规范和标准。将这种多层次结构的规范和标准统称为网络体系结构。世界上第一个网络体系结构是 IBM 公司于 1974 年提出的系统网络体系结构（System Network Architecture，SNA）。随后许多公司也提出了各自的网络体系结构。这些体系结构在层次的划分和各层功能的分配等方面存在一些差别。各种体系结构的网络自成孤岛，将这些孤岛连接成一个更大的网络成为人们迫切需要解决的问题。开放式系统互连模型（Open System Interconnection，OSI）就是在这种背景下出现的。

IEEE802 委员会在 1981 年提出的 OSI 参考模型定义了异构计算机或者智能终端组网标准的框架结构。OSI 参考模型采用三级抽象，即体系结构、服务定义和协议规则说明。体系结构部分定义 OSI 参考模型的层次结构，各层之间的接口关系以及各层提供的服务；服务定义部分定义了各层所具备的功能；而协议规则说明部分则精确定义了各层中发送控制信息和解释信息的过程。其中通信双方相同的层次构成对等层,协议是在对等层之间进行的;而下一层协议为上一层协议提供服务,所以服务是垂直方向的;各层协议之间的通信是通过接口来进行的,接口的设计要使整个体系结构精简和有效。

根据分而治之的原则,OSI 参考模型分为 7 个层次,如图 4-3 所示。

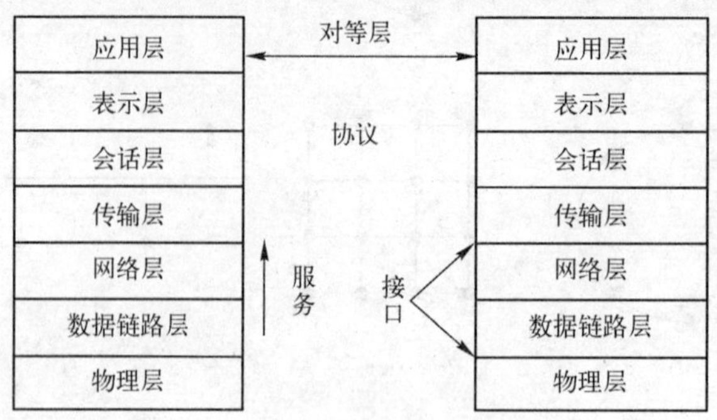

图 4-3　OSI 参考模型

(1) 物理层

这是整个 OSI 参考模型的最低层,它的任务就是提供网络的物理连接。所以,物理层是建立在物理介质上的,它提供的是机械和电气接口。主要包括电缆、物理端口和附属设备,如双绞线、同轴电缆、网络接口卡(NIC)、RJ-45 接口等在网络中都是工作在这个层次的。

物理层提供的服务包括:物理连接和物理服务数据单元顺序化(接收实体收到的比特顺序与发送实体所发送的比特顺序相同)。

(2)数据链路层

数据链路层是建立在物理层的基础上,以帧为单位传输数据,它的主要任务就是进行数据封装和数据链接的建立。封装的数据信息中,地址段含有发送节点和接收节点的地址,控制段用来表示数据连接帧的类型,数据段包含实际要传输的数据,差错控制段用来检测传输中帧出现的错误。

数据链路层可使用的协议有 SLIP 和 PPP 等。常见的交换机工作在这个层次上,这类交换机常被称为"第二层交换机"。

具体讲,数据链路层的功能包括:数据链路连接的建立与释放、构成数据链路数据单元、数据链路连接定界和同步、流量控制和差错的检测和恢复等方面。

(3) 网络层

网络层解决的是网络与网络之间,即网际的通信问题,而不是同一网段内部的事。网络层的主要功能是提供路由,即选择到达目标主机的最佳路径,并沿该路径传送数据包。除此之外,网络层还要能够消除网络拥挤,具有流量控制和拥挤控制的能力。路由器和某些交换机工作在这个层次上,这类交换机被称为"第三层交换机"。

网络层的功能包括:建立和拆除网络连接、路径选择和中继、网络连接多路复用、分段和组块、服务选择和传输和流量控制。

(4) 传输层

传输层解决的是数据在网络之间的传输质量问题,它属于较高层次。传输层用于提高网络层服务质量,提供可靠的端到端的数据传输,如常说的 QoS 就是这一层的主要服务。这一层主要涉及的是网络传输协议,如 TCP 和 UDP。

传输层的功能包括:多路复用和解复用、传输连接的建立与释放、分段与重新组装、组块与分块。

根据传输层所提供服务的主要性质,传输层服务可分为以下三大类:

A 类:网络连接具有可接受的差错率和可接受的故障通知率,A 类服务是可靠的网络服务,一般指虚电路服务。

C 类:网络连接具有不可接受的差错率,C 类的服务质量最差,提供数据报服务或无线电分组交换网均属此类。

B 类:网络连接具有可接受的差错率和不可接受的故障通知率,B 类服务介于 A 类与 C 类之间,在广域网和互联网多是提供 B 类服务。

(5) 会话层

会话层利用传输层来提供会话服务,会话可能是一个用户通过网络登录到一个主机,或一个用于传输文件的会话。

会话层的功能主要有:会话连接到传输连接的映射、数据传送、会话连接的恢复和释放、会话管理、令牌管理和活动管理。

(6) 表示层

表示层用于数据管理的表示方式,如用于文本文件的 ASCII 和 EBCDIC,用于表示数字的 1S 或 2S 补码表示形式。如果通信双方用不同的数据表示方法,它们就不能互相理解。表示层就是用于屏蔽这些不同之处。

表示层的功能主要有:数据语法转换、语法表示、表示连接管理、数据加密和数据压缩。

(7) 应用层

这是 OSI 参考模型的最高层,它解决的也是最高层次,即程序应用过程中的问题,它直接面对用户的具体应用。应用层包含用户应用程序执行通信任务所需要的协议和功能,如电子邮件和文件传输等。

4.2.1 通信协议

协议就是计算机通信的语言,通信双方必须遵循同一种协议才能进行通信。为网络数据交换而制定的规则、约定和标准通称为网络协议。一般来说,一个网络协议由三个要素构成:语法、语义和同步。语法确定通信双方之间"如何讲",定义了数据格式、编码和信号电平等;语义确定通信双方"讲什么",定义了用于协调同步和差错处理等的控制信息;而同步确定了通信双方"说话的次序"。

4.2.2 高级数据链路控制规程

高级数据链路控制(High Level Data Link Control,HDLC)规程是面向比特的规程。目前其他的数据链路层协议中很多都是基于 HDLC 的改进,如 LAPB、LAPF 等。HDLC 协议的主要特点有:

1) 透明传输。采用比特填充法,使得规程可以支持任意的位流传输,保证了信息传输的透明性。

2) 可靠性高。采用基于循环冗余码的差错控制方法使得差错能被及时检测出来并且得到处理;信息帧中的序号字段能够防止信息码组的漏收和重收。

3）传输效率高。采用连续发送方式可以连续发送多个信息帧,而无需等待对方的确认;采用捎带技术能够将应答信息插在发往对方的信息帧中,减少了不必要的流量。

4）可进行双向传输。面向字符的规程只适用于半双工通信,而面向比特的规程能适用于全双工通信,提高了各个站点发送信息的自由度。

下面分别从 HDLC 的站点类型、链路结构和帧结构等方面对 HDLC 进行展开。

1. 站点类型

HDLC 规程有三种不同类型的站点:主站、从站和复合站。

主站控制整个链路的工作,主要功能是发送命令(包括信息)帧、接受响应帧,并负责对整个链路进行管理,如数据传输、流量控制以及差错控制和恢复等;从站指受主站控制,只能发出响应的站,主站与每一从站均维持一条独立的逻辑链路;复合站兼有主/从站功能的站。

2. 链路结构

链路结构指链路上硬件设备之间的关系,可以分为非平衡结构和平衡结构。非平衡结构的特点是由一个主站控制整个链路的工作,从站只有在主站向它发出命令帧进行探询时,才能以响应帧的形式进行响应;而平衡结构的特点是链路两端的两个站都是复合站,每个复合站都可以发出命令和响应。

3. 帧结构

比特	8	8	8	可变	16	8
	标志 F	地址 A	控制 C	信息 I	帧校验序列 FCS	标志 F

1）标志 F。HDLC 规定了在一个帧的开始和结束各放入一个特殊的 01111110 模式作为标记。在接收端找到标记字段就可以确定一个帧的起始位置。但是如果在信息部分出现 01111110 模式,则必须进行处理否则会引起误解。处理的方式为:在发送端,如果信息部分出现连续 5 个 1 时,则会插入一个附加的 0,这就保证除标记 F 外,不会有连续 6 个 1 出现。接收方接收到连续 5 个 1 的时候会自动将之后的 0 去掉,还原成原来的比特流。采用比特填充方法可以传送任何组合的比特流,这就保证了信息传输的透明性。

2）地址 A。每个站点都有一个相应的地址。全 1 模式是广播地址,全 0 模式是无效地址,所有总共有 254 个地址可供分配,对于一般情况下是足够的。考虑特殊情况,例如使用分组无线电时,用户可能很多,这时需要使用可扩展地址模式,将地址 A 的最低位表示为扩展比特,其余 7 个比特用于表示地址。如果扩展比特为 0,表示随后的 8 个比特也是地址字段,如果扩展比特为 1,则表示最后一个地址字段。

3）控制 C。用于区分帧的类型(信息帧 I、监控帧 S、无编号帧 U),详细的分类请参考其他书籍。

4）信息 I。携带高层用户数据,可以是任意的二进制位串。

5）帧校验序列 FCS。对 A、C、I 字段进行循环冗余校验。通常使用的生成多项式为:

CRC－CCITT g(x)＝x16＋x12＋x5＋1（CCITT 和 ISO 使用）

CRC－16　　g(x)＝x16＋x15＋x2＋1（IBM 的 SDLC 使用）

4.2.3　X.25

X.25 协议是 ITU-T(国际通信联盟)于 1974 年研制并开发的一项应用于广域网的标准,

其核心是分组交换技术。

X. 25 标准定义了数据终端设备(DTE)和数据电路终端设备(DCE)之间的接口,不涉及网络内部的功能实现,它还定义了数据终端设备如何连接到分组交换网络上进行数据的传输,描述了建立、维护和释放连接的过程,是采用分组交换技术的一种广泛应用于广域网的标准。X. 25 为用户提供了交互式或永久性的虚电路。

X. 25 定义了三层功能:物理层、链路层和网络层,分别对应 OSI 参考模型的最低三层。物理层规定了 DTE 和 DCE 之间的物理接口,X. 25 使用的物理层的标准是 X. 21 或者 X. 21 bis,X. 21 是 15 针的数字信号接口,但实际上经常用其他物理层接口来替代,如 EIA RS232,也就是 X. 21 bis。链路层保证数据通过物理链路进行可靠的传输,该层使用的是平衡式链路访问控制规程(Link Access Procedure-Balanced,LAPB),是 HDLC 的一个子集。网络层采用分组交换协议,为外部的 DTE 提供虚电路服务,包含两类虚电路:交换虚电路和永久虚电路,前者是临时建立的,后者无需建立一直存在的。

但是 X. 25 出现的背景是在计算机价格很贵而且通信线路很差的情况下,所以很多功能都集中在网络内部。而现在实际情况发生了很大的变化,所以 X. 25 也就逐渐地退出了历史舞台。

4.2.4 TCP/IP

TCP/IP 包括多个协议,如 HTTP、FTP、IP、TCP、UDP、ICMP 和 ARP 等,但其中最重要的是两个子协议:一个是 TCP(Transmission Control Protocol,传输控制协议),另一个是 IP(Internet Protocol,互联网协议),它起源于 20 世纪 60 年代末的 ARPANET。

在 TCP/IP 中,TCP 和 IP 各有分工。TCP 是属于传输层的协议,TCP 在 IP 之上提供了一个可靠的,面向连接的协议。TCP 能保证数据包的传输以及正确的传输顺序,并且它可以确认包头和包内数据的准确性。如果在传输期间出现丢包或错包的情况,TCP 负责重新传输出错的包,这样的可靠性使得 TCP/IP 在会话式传输中得到充分应用。IP 为 TCP/IP 集中的其他所有协议提供“包传输”功能,IP 为计算机上的数据提供一个“尽力而为”的无连接传输系统,也就是说 IP 包不能保证到达目的地,接收方也不能保证按顺序收到 IP 包,它仅能确认 IP 包头的完整性。最终确认包是否到达目的地,还要依靠 TCP。

4.3 分组交换数据网

分组交换网是数据通信网中重要的网络之一,其主要的特点体现在分组交换这一过程。

在分组交换方式中,由于能够以分组方式进行数据的暂存交换,经交换机处理后,很容易地实现不同速率、不同规程的终端间通信。分组交换的特点主要有:

1) 线路利用率高。分组交换以逻辑共享的形式进行信道的多路复用,实现资源共享,可在一条物理线路上提供多条逻辑信道,极大地提高线路的利用率,使传输费用明显下降。

2) 不同种类的终端可以相互通信。分组网以 X. 25 等协议向用户提供标准接口,数据以分组为单位在网络内存储转发,使不同速率终端、不同协议的设备经网络提供的协议变换功能后实现互相通信。

3) 信息传输可靠性高。在网络中每个分组进行传输时,在节点交换机之间采用差错校验与重发的功能,因而在网中传送的误码率大大降低。而且在网内发生故障时,网络中的路由机制会使分组自动地选择一条新的路由避开故障点，不会造成通信中断。

4）计费与传输距离无关。网络计费按时长、信息量计费，与传输距离无关，特别适合那些非实时性，而通信量不大的用户。

4.3.1 数据交换方式

从交换技术的发展历史看，数据交换经历了电路交换、报文交换、分组交换和综合业务数字交换的发展过程。

（1）电路交换

电路交换就是计算机终端之间通信时，一方发起呼叫，独占一条物理线路。当交换机完成接续，对方收到发起端的信号，双方即可进行通信。在整个通信过程中双方一直占用该电路。它的特点是实时性强、时延小、交换设备成本较低。但同时也带来线路利用率低、通信效率低、不同类型终端用户之间不能通信等缺点。电路交换比较适用于信息量大、长报文，经常使用的固定用户之间的通信。

（2）报文交换

将用户的报文存储在交换机的存储器中，当所需要的输出电路空闲时，再将该报文发向接收交换机或终端，它以“存储-转发”方式在网内传输数据。报文交换的优点是中继电路利用率高，可以多个用户同时在一条线路上传送，可实现不同速率、不同规程的终端间互通。但它的缺点也是显而易见的。以报文为单位进行存储转发，网络传输时延大，且占用大量的交换机内存和外存，不能满足对实时性要求高的用户。报文交换适用于传输的报文较短、实时性要求较低的网络用户之间的通信，如公用电报网。

（3）分组交换

分组交换实质上是在“存储-转发”基础上发展起来的。它兼有电路交换和报文交换的优点。分组交换在线路上采用动态复用技术传送按一定长度分割为许多小段的数据分组。每个分组标识后，在一条物理线路上采用动态复用的技术，同时传送多个数据分组。把来自用户发送端的数据暂存在交换机的存储器内，接着在网内转发。到达接收端，再去掉分组头将各数据字段按顺序重新装配成完整的报文。分组交换比电路交换的电路利用率高，比报文交换的传输时延小、交互性好。

（4）异步传输模式（ATM）

综合业务数字网是集语音、数据、图文传真、可视电话等各种业务为一体的网络，适用于不同的带宽要求和多样的业务要求。异步传输模式（Asynchronous Transfer Mode，ATM）就是用于宽带综合业务数字网的一种交换技术。ATM 是在分组交换基础上发展起来的，它使用固定长度分组。由于光纤通信提供了低误码率的传输通道，因而流量控制和差错控制便可移到用户终端，网络只负责信息的交换和传送，从而使传输时延减小。所以 ATM 适用于高速数据交换业务。

4.3.2 分组交换数据网的构成

分组交换网一般由分组交换机、网络管理中心、远程集中器、分组装拆设备、分组终端/非分组终端和传输线路等基本设备组成。其基本结构如图 4-4 所示。

1）分组交换机。提供网络的基本业务交换虚电路和永久虚电路，及其他补充业务，如闭合用户群、网络用户识别等。在端到端计算机之间通信时，进行路由选择，以及流量控制。能提供多种通信规程、数据转发、维护运行、故障诊断、计费与一些网络的统计等。

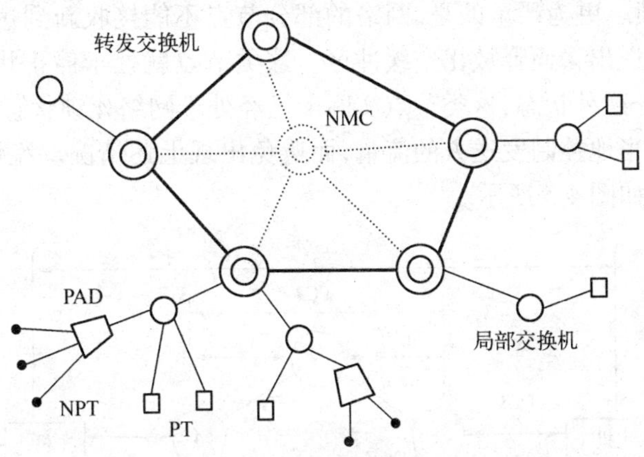

图 4-4　分组交换网的构成

2）网络管理中心(NMC)。网络配置管理与用户管理,日常运行数据的收集与统计。路由选择管理,网络监测,故障告警与网络实时状态显示。根据交换机提供的计费信息完成计费管理。

3）远程集中器(RCU)。允许分组终端和非分组终端接入,有规程变换功能,可以把每个终端集中起来接入至分组交换机的中、高速线路上交织复用。

4）分组装拆设备(PAD)。将来自异步终端(非分组终端)的字符信息去掉起止比特后组装成分组,送入分组交换网。在接受端再还原分组信息为字符,发送给用户终端。随着分组技术的发展,RCU 与 PAD 的功能已没什么差别。

5）分组终端/非分组终端(PT/NPT)。分组终端是具有 X.25 协议接口,能直接接入分组交换数据网的数据通信终端设备。它可通过一条物理线路与网络连接,并可建立多条虚电路,同时与网上的多个用户进行对话。对于那些执行非 X.25 协议的终端和无规程的终端称为非分组终端,非分组终端需经过分组装拆设备,才能连到交换机端口。通过分组交换网络,分组终端之间、非分组终端之间、分组终端与非分组终端之间都能互相通信。

6）传输线路。是构成分组数据交换网的主要组成部分之一。目前,中继传输线路有 PCM 数字信道、数字数据传输,也有利用 ATM 连接及其卫星通道。用户线路一般有数字数据电路或市话模拟线。

4.3.3　分组交换网中的数据流控制

分组交换网中的数据流控制包括流量控制和拥塞控制两个问题,两个问题具有一定的联系。所以我们将两个问题结合在一起来考虑。

1. 流量控制

虽然在设计和建造网络时,已经提供了一定的通信容量,但是往往各种网络应用的迅速发展,导致网络可以提供的通信容量不能满足我们的要求,由此会出现一些恶劣后果。

1）信息传输的时延增加。如果网络中的信息流量比较大,网络节点不能及时处理和转发接收到的信息的时候,就会使信息的传输时延显著的增加。

2）网络发生拥塞。当网络中传输的信息流量过大,而某些节点由于无空的缓冲区不能接收新到达的信息时，就会使网络的吞吐量下降而导致网络拥塞。

3）形成网络死锁。更为严重的是，网络的部分节点不能接收新到达的信息，也不能将自己缓冲区内的分组发送出去而释放出空缓冲区。这类节点就处于停止状态，没有外力作用的情况下，它们永远处于这种状态，这类节点实际上已经处于网络死锁状态。

流量控制就是适当地控制发送方的流量，而避免出现上述情况。流量控制主要实行分级控制。分级流量控制如图 4-5 所示。

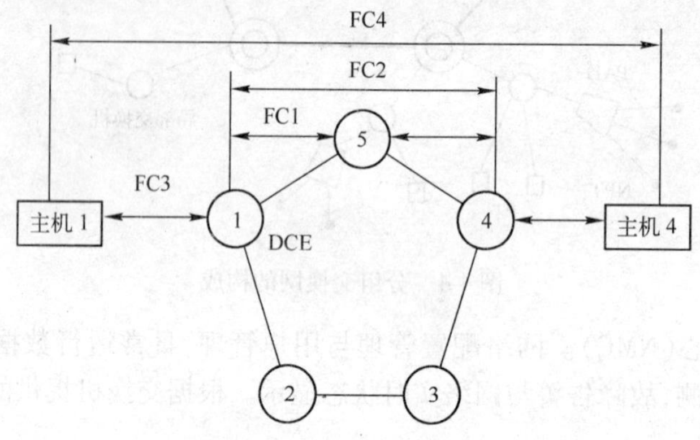

图 4-5　分级流量控制

其中各级流量控制说明如下：

1）第一级流量控制 FC1。在网络中相邻节点之间进行数据帧的流量控制，工作在数据链路层。

2）第二级流量控制 FC2。控制源 DCE 和目标 DCE 之间的分组的流量，要保证从源 DCE 发出的分组的速度不能超过目标 DCE 接收分组的速度，工作在网络层。

3）第三级流量控制 FC3。这级控制必须完成下述要求：从源 DTE 向 DCE 发送的分组的速度不能超过目标 DTE 接收分组的速度；确保由各个源 DTE 发往网络和正在网络中传输的分组的总和不能超过整个网络的存储能力，防止整个网络超载。

4）第四级流量控制 FC4。控制源 DTE 和目标 DTE 之间的信息流量，工作在传输层。源 DTE 如果要与目标 DTE 之间进行通信时，必须预约一定数量的缓冲区，如果目标 DTE 没有足够的缓冲区资源，则必须拒绝该连接。

在分级流量控制中，常用的流量控制有以下几种机制：

1）流量控制命令机制。该机制通过对等层之间的命令和响应来进行流量参数的协商和流量的控制。

2）滑动窗口机制。在数据链路层，网络层和传输层上都能适用该方法。为每对通信设置一个发送窗口和接收窗口，通过对窗口指针的移动来控制发送和接收数据的序列。

3）入网的信息流量控制机制。对主机送入通信子网的信息流量进行控制，以保证正在网络中传输的分组数不能超过一定值。控制的方式主要有：发放许可证，获得许可证的分组才能进入通信子网；限制队列的长度，超过队列长度限定值时，节点将拒绝接收新的分组。

2. 拥塞控制

在计算机网络中资源包括链路的容量，交换节点中的缓冲区和处理机的处理能力等，如果一旦网络中对某一资源的需求超过了可用资源时，网络的性能就会降低，甚至导致死锁，这种情况被称为“拥塞”。拥塞的出现条件可以用下式来表示：

$$\sum 对资源的需求 > 可用资源$$

拥塞控制与流量控制比较相似，但是也存在一定的区别。其中拥塞控制是全局的过程，涉及到网络中所有的路由器、主机以及其他因素。而流量控制只是局部的过程，在发送端和接收端之间进行协商。

拥塞控制必须了解全局的信息，而网络中的流量是瞬息万变的，所以进行拥塞控制是十分复杂的。主要的拥塞控制方法有开环控制和闭环控制两种。

开环控制指在网络设计时事先将有关发生拥塞的因素考虑周全，制定策略来避免拥塞。一旦系统运行，该策略是不变的。

而闭环控制则需要根据实际情况更新控制策略。首先需要能够监测网络系统以便检测出拥塞何时、何处发生，然后将拥塞发生的信息传送到可采取行动的地方，最后通过调整网络系统的运行以解决出现的问题。此外，过于频繁的采取行动以缓和网络的拥塞会使系统产生不稳定的振荡，而过于迟缓的采取行动又不具有任何价值，因此必须采用某些折衷的方法，这就需要选择合适的时间常数。

4.3.4 网际互联的方法

由于互联网络的规模不一样，网络互联有以下几种形式：

1）局域网的互联。包含同构局域网的互联和异构局域网的互联，异构局域网的互联还存在协议的转换的问题。

2）局域网与广域网的互联。主要有局域网的计算机共享广域网的资源和广域网上的计算机接入到局域网之中。

3）广域网与广域网的互联。使得接入不同广域网的主机之间能够共享资源。

4）局域网-广域网-局域网的互联。异地的局域网通过广域网进行互联，这也是目前很流行的一种互联方式。

而从 OSI 网络体系结构上来看，网络互联可以有以下几个层次：

1）物理层中继系统，即中继器。中继器用于同种网络的物理层上，只是对信号进行再生和加强，起到增加传输介质的作用。

2）数据链路层中继系统，即网桥和交换机。可以对帧进行存储转发，对不同局域网之间进行互联，还可以有效地避免广播风暴。

3）网络层中继系统，即路由器。可以对分组进行存储转发，使用统一的网络层协议将所有不同类型的网络互联起来，形成因特网。

4）更高层次的中继系统，即网关。网关实际上是一个协议转换器，将运输层及其以上层次的协议进行转换，达到互联互通的作用。

4.4 数字数据网

4.4.1 数字数据网的组成及特点

数字数据网（DDN）是利用数字信道传输数据信号的数据传输网。它的主要作用是向用户提供永久性和半永久性连接的数字数据传输信道,既可用于计算机之间的通信,也可用于传送数字化传真,数字语音,数字图像信号或其他数字化信号。永久性连接的数字数据传输信道是指用户间建立固定连接,传输速率不变的独占带宽电路。半永久性连接的数字数据传输信道对用户来说是非交换性的。但用户可提出申请,由网络管理人员对其提出的传输速率、传输数据的目的地和传输路由进行修改。网络经营者向广大用户提供了灵活方便的数字电路出租业务,供各行业构成自己的专用网。DDN 是由数字通道、网络设备、网络管理系统和本地传输系统组成。

DDN 的主要特点有:

1) 传输速率高。在 DDN 网内的数字交叉连接复用设备能提供 2 Mbit/s 或 N ×64 kbit/s (≤2 Mbit/s)速率的数字传输信道。

2) 传输质量较高。数字中继大量采用光纤传输系统,用户之间使用专有连接,网络时延小。

3) 协议简单。采用交叉连接技术和时分复用技术,由智能化程度较高的用户端设备来完成协议的转换,本身不受任何规程的约束,是全透明网,面向各类数据用户。

4) 灵活的连接方式。可以支持数据、语音、图像传输等多种业务,它不仅可以和用户终端设备进行连接,也可以和用户网络连接,为用户提供灵活的组网环境。

5) 电路可靠性高。采用路由迂回和备用方式,使电路安全可靠。

6) 网络运行管理简便。采用网管对网络业务进行调度监控,同时能够迅速生成新业务。

4.4.2 数字数据网的网络结构

DDN 网是由数字传输电路和相应的数字交叉复用设备组成。其中,数字传输主要以光缆传输电路为主,数字交叉连接复用设备对数字电路进行半固定交叉连接和子速率的复用,其结构如图 4-6 所示。

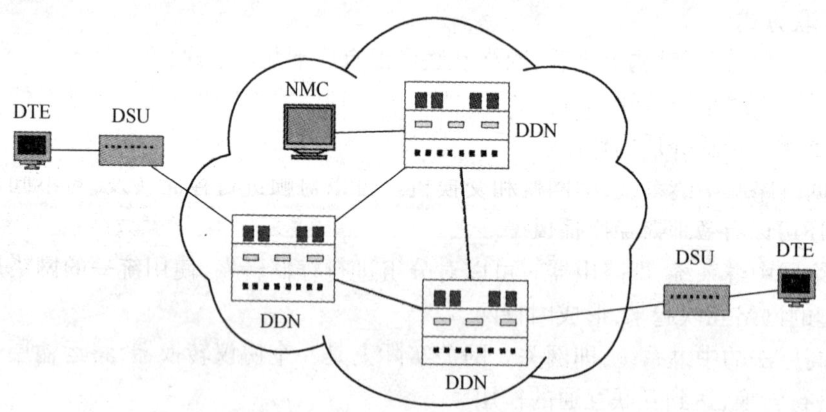

图 4-6 DDN 网络结构示意图

DTE:数据终端设备——接入 DDN 网的用户端设备可以是局域网,通过路由器连至对端,也可以是一般的异步终端或图像设备,以及传真机、电传机、电话机等。DTE 和 DTE 之间是全透明传输。

DSU:数据业务单元——可以是调制解调器或基带传输设备,以及时分复用、语音/数字复用等设备。DTE 和 DSU 的主要功能是业务的接入和接出。

NMC：网管中心——可以方便地进行网络结构和业务的配置，实时地监视网络运行情况，进行网络信息、网络节点告警、线路利用情况等的收集、统计报告。

按照网络的基本功能 DDN 网又可分为核心层、接入层、用户接口层。

核心层：以 2Mbit/s 电路，构成骨干节点核心，执行网络业务的转接功能，包括帧中继业务的转接功能。

接入层：为 DDN 各类业务提供子速率复用和交叉连接，帧中继业务用户接入和本地帧中继功能，以及压缩语音/G3 传真用户入网。

用户接口层：为用户入网提供适配和转接功能。如小容量时分复用设备等。

4.4.3 数字数据网的应用

DDN 网络提供的业务：由于 DDN 网是一个全透明网络，能提供多种业务来满足各类用户的需求。提供速率可在一定范围内（200 bit/s ~ 2 Mbit/s）任选的信息量大、实时性强的中高速数据通信业务。如局域网互连、大中型主机互连、计算机互联网业务提供者（ISP）等。主要业务有：

1）为分组交换网、公用计算机互联网等提供中继电路。

2）可提供点对点、一点对多点的业务，适用于金融证券公司、科研教育系统、政府部门租用 DDN 专线组建自己的专用网。

3）提供帧中继业务，扩大了 DDN 的业务范围。用户通过一条物理电路可同时配置多条虚连接。

4）提供语音、G3 传真、图像、智能用户电报等通信。

5）提供虚拟专用网业务。大的集团用户可以租用多个方向、较多数量的电路，通过自己的网络管理工作站，进行自己管理，自己分配电路带宽资源，组成虚拟专用网。

4.5 帧中继

4.5.1 帧中继概述

帧中继（Frame Relay，FR）是基于 X.25 协议基础上发展而来的，是轻型化的 X.25 协议。当传统的模拟线路逐渐被数字线路所代替时，X.25 协议中多层出现的纠错和重传已经显得完全没有必要了。帧中继是以帧为单位进行数据传输和交换，这也是帧中继的名字的由来。

20 世纪 80 年代以来，众多的局域网不断出现，局域网之间的互联就成为数据通信网中的主要业务之一了。使用传统的分组交换网无法满足用户的速度要求，而 DDN 网络则成本太高，所以一种新的通信网技术的出现就是大势所趋了。

与此同时，随着用户设备智能化程度的普遍提高，中继传输已经普遍采用光纤，光纤的传输容量大、可靠性高。在这种情况下将纠错和流量控制问题交给端节点来解决，通信子网只需要解决网络传输问题，网络协议可以简化。

帧中继是在 X.25 协议的基础上发展起来的，它简化了传统分组交换技术的协议。与 X.25 协议相同的是，帧中继也提供永久虚电路和交换虚电路服务。帧中继服务可以看成是虚拟租用线。物理租用线和虚拟租用线的区别在于:用物理租用线,用户可以全天以最大速率发送数据,而用虚拟租用线,数据的突发流可以到最大速率,但长期的平均使用率应低于事先确定的数量级。不过虚拟租用线比物理租用线要便宜得多。

帧中继的协议层次要比 X.25 协议的要简单得多,它没有网络层,只有数据链路层和物理层,它的数据链路层没有开销大的流量控制和差错控制,只有差错检测,检测到的错误帧被简单地丢弃。帧中继网的主机必须实现流量控制和差错控制,这些功能一般在传输层(如 TCP)实现。

4.5.2 帧中继业务应用

帧中继既可作为公用网络的接口,也可作为专用网络的接口。专用网络接口的典型实现方式为所有的数据设备安装带有帧中继网络接口的 T1 多路选择器,而其他如语音传输、电话会议等应用则需要安装非帧中继的接口。在这两类网络中,连接用户设备和网络装置的电缆可以用不同速率传输数据,一般速率在 56 kbit/s 到 E1 速率之间。

帧中继的常用应用简介如下:

(1) 局域网的互联

由于帧中继具有支持不同数据速率的能力,使其非常适用于处理局域网 - 局域网的突发数据流量。传统的局域网互连,每增加一条端 - 端线路,就要在用户的路由器上增加一个端口。基于帧中继的局域网互连,只要局域网内每个用户至网络间有一条带宽足够的线路,则既不要增加物理线路也不需要占用物理端口,就可增加端 - 端线路,而不至对用户性能产生影响。

(2) 语言传输

帧中继不仅适用于对时延不敏感的局域网的应用,还可以进行对时延要求较高的低档语音应用。

(3) 文件传输

帧中继即可保证用户所需的带宽,又有较满意的传输时延,非常适合大流量文件的传输。

4.6 计算机通信网

4.6.1 计算机通信网概述

计算机通信网是指多台计算机及终端设备通过通信信道相互连接起来,实现信息交换的网络,计算机通信网是计算机与通信技术紧密结合的产物,是计算机通信发展的高级阶段,也是人类进入信息社会的重要标志。

根据不同的角度,计算机通信网有不同的分类方法。

如从网络拓扑的角度上来看,可以分为星形、环形、树形和总线型等网络。

如从网络的覆盖范围来分,可以分为 WAN(广域网)、LAN(局域网)、MAN(城域网)和 PAN(个人域网络)。这些类别之间也不能用固定的值来进行界定。通常广域网(Wide Area Networks,WAN)是指覆盖范围广阔(通常可以覆盖一个城市、一个省、一个国家)的一类通信子网,有时也称为远程网。局域网(Local Area Networks,LAN)是指在某一区域内由多台计算机互联成的计算机组。“某一区域”指的是同一办公室、同一建筑物、同一公司和同一学校等，一般是方圆几千米以内。而城域网(Metropolitan Area Networks,MAN)是介于广域网和局域网之间的一种类型，是针对一个城市范围内的多媒体通信和数据通信进行优化的。个人域网(Personal Area Networks,PAN)的范围更小，范围为 10 m 左右，通常使用无线技术，如红外、蓝牙。

而随着网络的发展，各种高速网络技术也在不断涌现出来，这同样也刺激了多媒体通信和综合业务的通信，对于三网合一目标的完成起到了很大的推动作用。

同样随着网络的发展，一些不良的现象在网络之中也出现了，如“网银大盗”等针对网络的作案手段也不断出现，所以网络安全也得到了国家和相关研究人员的高度注意，这对于维护网络的正常秩序，保护国家和人们的财产安全是必不可少的，同样网络安全在国防方面也被提到了重要地位。

下面主要从局域网、高速网络技术、因特网和网络安全等方面来对计算机通信网进行阐述。

4.6.2 计算机局域网

局域网是当前计算机网络研究和应用的热点之一。目前针对局域网局域网的技术特点通常有：

1）局域网覆盖有限的地理范围，它适用于机关、学校、公司等的计算机，终端等各种设备的通信和互联。

2）局域网具有较高的传输速率、低误码率、高质量的数据传输环境。

3）局域网通常属于一个单位所有，易于建立，管理和扩展。

4）决定局域网局域网特性的主要技术要素是：网络拓扑、传输媒介和介质访问控制方法。

IEEE 于 1980 年 2 月成立了局域网标准委员会，专门从事局域网的标准化工作，并制定了 IEEE 802 标准。802 标准与 OSI 参考模型之间的对应关系如图 4-7 所示。局域网标准中只包含 OSI 参考模型的数据链路层和物理层，其中数据链路层分为逻辑链路控制(LLC)子层和介质访问控制(MAC)子层。不同的局域网之间的区别在于 MAC 子层，如 802.3、802.4 和 802.5 具有相同的 LLC 子层，而 MAC 子层是不同的。

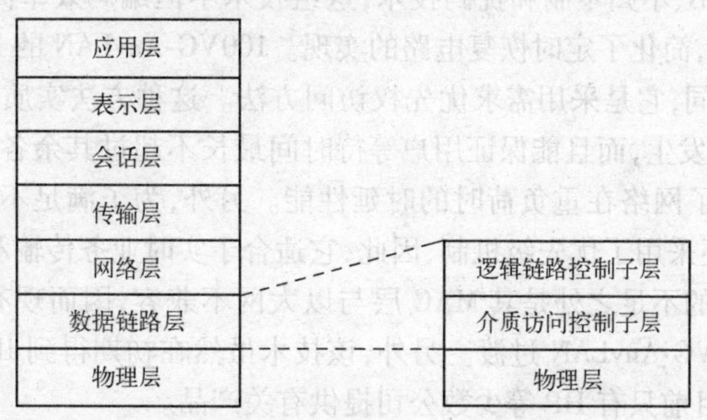

图 4-7　802 标准与 OSI 参考模型之间的关系

4.6.3 高速网络技术

目前的高速网络技术主要有 FE、FDDI、DQDB 和 SMDS，相应的速度能够达到百兆以上，更高速度的网络也在不断出现。

1. 快速以太网

快速以太网(Fast Ethernet)是一类新型的局域网，其名称中的"快速"是指数据速率可以达到 100 Mbit/s，是标准以太网的数据速率的 10 倍。它具体包括两种技术：100BASE-T 和 100VG-AnyLAN。

(1) 100BASE-T

100BASE-T 是由 DEC、Sun、Intel、3Com、SMC 等公司组成的高速以太网联盟提出的。其目标是加快 100BASE-T 的速度。许多厂商在 1994 年底就开始推出与 100BASE-T 有关的产品。高速以太网联盟同时建立了工业标准的测试规程来保证各个厂商生产的 100BASE-T 产品的互操作性。

100BASE-T 的一个显著特性是它尽可能地采用了 IEEE 802.3 以太网的成熟技术。因而，它很容易被移植到传统的标准以太网环境中。

为了在 5 类非屏蔽双绞线上传输超过 100 Mbit/s 的数据流，100BASE-T 采用了多级电平方式 MLT-3，信道编码则采用了 4B/5B 编码方法。同时为了方便用户网络从 10 Mbit/s 升级到 100 Mbit/s，100BASE-T 标准还包括有自动速度侦听功能。这个功能使一个适配器或交换机能以 10 Mbit/s 和 100 Mbit/s 两种速度发送，并以另一端的设备所能达到的最快的速度进行工作。

(2) 100VG-AnyLAN

100VG-AnyLAN 是基于 100BASE-VG 的技术，这里 VG 代表声音级(Voice Grade)，表示采用音频非屏蔽双绞线作为物理媒体。美国联邦通信委员会规定非屏蔽双绞线上的信号频率必须低于 30 MHz，为了利用现有音频非屏蔽双绞线传输 100 Mbit/s 的数据流，100VG-AnyLAN 采用了四重信号技术。这种技术在每个节点和集线器间连接有 4 对非屏蔽双绞线，信息分四路在 4 对双绞线上同时传输，进行半双工通信。

100VG-AnyLAN 的网络拓扑结构与 100BASE-T 相同，都为星形结构。在信道上，100VG-AnyLAN 采用了 5B/6B、不归零制和扰码技术，这组技术不但编码效率高，并且增强了数据抗噪声和抗错码的能力，简化了定时恢复电路的实现。100VG-AnyLAN 的 MAC 层和以太网采用的 CSMA/CD 完全不同，它是采用需求优先权访问方法。这种方法实质上是一种轮流访问方式。它避免了冲突的发生，而且能保证用户等待时间最长不超过其余各用户各发送一帧信息所需时间之和，确保了网络在重负荷时的时延性能。另外，为了满足不同业务不同的服务要求，100VG-AnyLAN 还采用了优先级机制，因此，它适合于实时业务传输和多媒体信息传输。

100VG-AnyLAN 的不足之处是其 MAC 层与以太网不兼容，因而现有大量 10 Mbit/s 以太网的用户难于向 100VG-AnyLAN 过渡。另外，该技术虽然在初期得到 IBM、AT&T 和 HP 等公司的推动和支持，但目前只有 HP 等少数公司提供有关产品。

2. 光纤分布式数据接口(FDDI)

光纤分布数据接口(FDDI)是美国 ANSI X3T9.5 委员会与 1982 年制定的网络标准。它是中反向双环结构的网络体系，传输媒体为光纤，以增加一条光纤链路为代价，提高了网络系统的整体的可靠性;用改进的令牌技术,能够同时进行多数据帧的传输,提高了带宽利用率,达到大容量数据传输的目的。FDDI 的主要特性有:

1）较长的传输距离,相邻站间的最大长度可达 2 km,环路长度为 100 km。

2）具有较大的带宽,FDDI 的设计带宽为 100 Mbit/s。

3）采用 802. 2LLC 协议,因而与 IEEE 802. 3 局域网兼容。

4）采用多模光纤进行传输,采用具有容错能力的双环拓扑结构。

5）支持 1000 个物理连接,若都是双连接站,可以连接 500 个站。

6）分组长度最大为 4500 B。

由光纤构成的 FDDI,其基本结构为逆向双环,如图 4-8 所示。一个环为主环,另一个环为备用环。当主环上的设备失效或光缆发生故障时,通过从主环向备用环的切换可继续维持 FDDI 的正常工作。这种故障容错能力是其他网络所没有的。

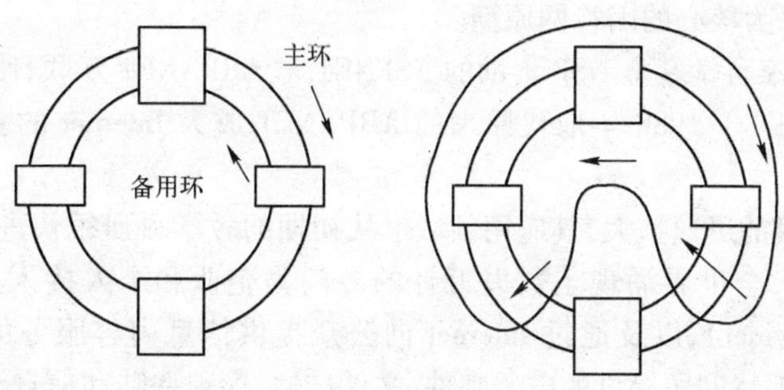

图 4-8　FDDI 的自愈环原理

3. 分布式队列双总线(DQDB)

分布式队列双总线(Distributed Queue Dual Bus,DQDB)是 IEEE 802. 6 标准中定义的城域网(MAN)数据链路层通信协议,主要应用于城域网(MAN)。DQDB 被设计来用于数据,还有语音和视频的传输。它基于信元交换技术(类似于 ATM)。此外,DQDB 是开放标准,其设计与载波传输标准(如 SMDS)相兼容,使用两根单向逻辑总线进行多路系统的相互连接。

DQDB 具有以下特点:

1）双总线结构,站点同时接入两条总线。

2）使用 IEEE802. 2 LLC,与其他 IEEE802 的 LAN 兼容.

3）支持多种传输媒体(同轴电缆、微波、光纤),数据传输速率为 34 ~ 155 Mbit/s,传输距离大于 50 km。

4）网络运行与工作站数目无关。

5）各站点按请求顺序排队,按 FIFO 发送数据。

6）同时支持电路交换和分组交换。

4. 交换式多兆位数据服务

交换式多兆位数据服务(Switched Multimegabit Data Service,SMDS)是由 Bellcore 公司开发的一种基于 IEEE 802. 6 DQDB 的 MAN 技术。

作为交换技术,SMDS 优于用专用数字线路建造专用网(如 T1)的技术。客户愿意建立一条适当带宽的线路到本地交换电信局的 SMDS 网,而不愿意在他们所有需要互连的站点间建立多条线路。SMDS 是一种无连接、基于信元的传送服务,它能在许多站点之间提供任何点对点的联系,而无需呼叫建立和撤消过程。所以 SMDS 具有在大都市区扩展 LAN 类型通信技术的能力。一旦信息传到了 SMDS 交换网,它就可以连接到网中任何站点。

SMDS 所采用的传输介质可以是光纤也可以是铜缆。在 DS-1 下,其传输速率为 1.544 Mbit/s;在 DS-3 下,其传输速率为 44.736 Mbit/s。另外,SMDS 数据单元较大,足够封装整个 IEEE 802.3、IEEE 802.5 以及 FDDI 帧。SMDS 可以操作处理多至 9188 B 的高速分组客户数据,它们被分成较小的 53 B 的单元在服务供应商网络上传输。在接收端,分组信元又被重新组装成客户数据。

4.6.4 因特网

因特网(Internet)的起源可追溯到它的前身 ARPANET。自从 1983 年 TCP/IP 成为 ARPANET 上唯一的正式标准之后,ARPANET 上连接的计算机数量迅速增加,逐渐形成了以 ARPANET 为主干,TCP/IP 为核心的因特网原型。

此后,由美国国家科学基金 NSF 资助的 NSFNET 与 ARPANET 互联,使接入用户数以指数级速率增长。NSFNET 于 1988 年取代原来的 ARPANET 成为 Internet 的主干网,至 1990 年,ARPANET 正式关闭。

随着因特网规模的迅速扩大,其应用领域也从初期的教学科研很快进入到政治、经济、文化等领域,近十年来,全世界涌现了数以万计的专门为企业和个人接入 Internet 的公司 ISP (Internet Service Provider),以及通过 Internet 向公众提供信息内容服务的公司 ICP(Internet Content Provider)。因特网所提供的电子邮件、文件传输、远程登陆和信息浏览等功能,已经成为了人们不可或缺的信息获取和交流的重要手段。

4.6.5 网络安全与防火墙简介

网络安全从其本质上来看就是网络上的信息安全。随着电子商务和其他网络应用的迅速发展,网络安全问题成为一道网络应用发展的障碍。从更广泛的意义上来看,在未来信息社会,网络安全关系着国家的安全。

网络安全是指网络系统的硬件、软件及其系统中的数据的安全,它体现在网络信息的存储,传输和使用过程中。所以网络安全可以定义为:网络系统的硬件、软件及其系统中的数据受到保护,不受偶然的或者恶意的原因而遭到破坏、更改、泄漏,系统连续可靠正常地运行,网络服务不中断。网络安全模型如图 4-9 所示。

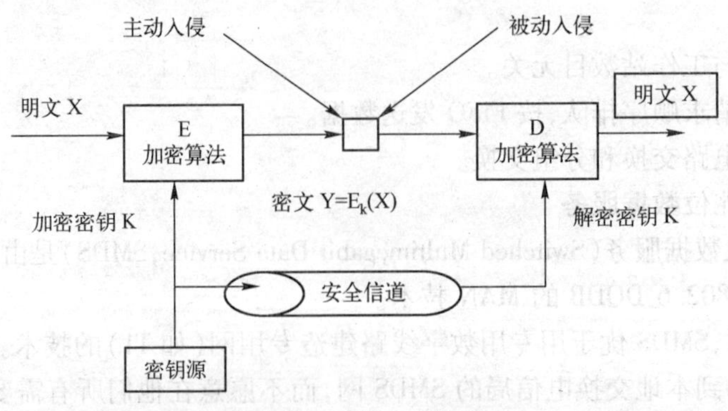

图 4-9 网络安全模型

1. 网络安全的特点

按照网络安全的定义，网络安全的特点主要有：

1）保密性。信息不泄漏给非授权的用户、实体或过程，以及供非授权的用户、实体或过程利用。

2）完整性。数据未经授权不能进行改变，即信息在存储或传输过程中保持不被修改、不被破坏和丢失。

3）可用性。可被授权实体访问并按需求使用，典型的可用性的破坏手段是拒绝服务（DoS）攻击。

4）可控性。对信息的传播及其内容具有控制能力，可以控制授权范围内的信息流向及行为方式。

5）可审查性。对出现的安全问题提供调查的依据和手段，用户不能抵赖曾作出的行为，也不能否认曾经接到对方的信息。

6）可保护性。保护软、硬件资源不被非法占用，免受病毒的侵害。

2. 网络安全的主要危害方式

网络安全主要指信息存储安全和信息传输安全，根据信息在存储和传输的途径，网络安全的危害方式如图 4-10 所示，主要有以下几种方式：

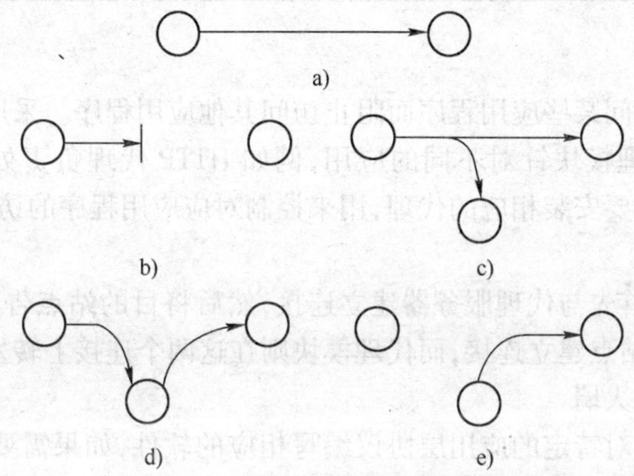

图 4-10　网络安全的危害方式

a）正常的数据流　b）中断　c）截获　d）篡改　e）伪造

1）截获。未授权的实体得到了资源的访问权，这是对保密性的攻击。例如为了捕获网络数据的窃听行为，以及在未授权的情况下复制文件或程序的行为。

2）伪造。未授权的实体向其他用户或系统发布伪造的信息，这是对真实性的攻击。例如向文件中插入额外的记录。

3）篡改。未授权的实体不仅得到了访问权，而且还篡改了资源，这是对完整性的攻击。例如在数据文件中改变数值，改动程序使它按照不同的方式运行等。

4）中断。使系统资源遭到破坏或变得不能使用，这是对可用性的攻击。例如对一些硬件进行破坏、切断通信线路等。

3. 防火墙控制

防火墙是近年来发展起来的一种保护计算机网络安全的技术性措施，它是在网络内部和

外部之间建立了一道安全屏障,用来控制网络内部和外部的信息交换。当前主流的防火墙主要有以下几类:

(1) 包过滤防火墙

包过滤防火墙通过检测通过路由器的分组(包)决定哪些分组允许通过,哪些分组拒绝通过。

包过滤防火墙通过检查每个数据包的包头中的字段实现。管理员可以配置过滤器检查哪些字段以及对于指定的值执行何种操作。在每个路由器中都可以按照表 4-1 的格式配置包过滤规则。

- 规则 1:阻止外部特定主机 HOST1 上的分组通过。
- 规则 2:允许本地的邮件服务器接收来自其他主机的访问。
- 规则 3:拒绝所有其他访问。

表 4-1 包过滤规则表

规则号	动作	本地主机	外部主机	本地端口	外部端口
1	阻止	*	HOST1	*	*
2	通过	Mail_Server	*	25	*
3	阻止	*	*	*	*

(2) 代理防火墙

代理防火墙允许访问某些应用程序而阻止访问其他应用程序。采用的方法是在防火墙上安装代理软件,每个代理模块针对不同的应用,例如 HTTP 代理负责处理与 HTTP 相关的访问。管理员可以根据需要安装相应的代理,用来控制对应应用程序的访问,各个代理模块之间相互无关。

代理工作时,用户首先与代理服务器建立连接,然后将目的站点告知代理,对于合法的请求,代理服务器与目的站点建立连接,而代理模块则在这两个连接上转发数据。

(3) 电路层网关防火墙

由于代理防火墙针对特定的应用层协议编写相应的软件,如果需要其他的协议通过防火墙,则需要编写相应的协议代理软件,这给使用带来了不少麻烦。电路层网关不关心任何应用层协议,它只根据规则建立一个网络到另一个网络的连接,不做任何审查、过滤或协议管理,就像在内部和外部之间建立了一个虚拟的传输通道。所以电路层网关能将任何协议的数据透明的传输到目的地。

当网络管理员对内部用户信任时,电路层网关常用于对外连接;而使用其他类型的防火墙处理外部对内部的访问,这种混合即方便了内部用户,又能保证内部网络免受外部的攻击。

4.7 小结

本章主要探讨了数据通信网相关的理论,如网络体系结构、协议规范、流量控制和拥塞控制原理,并介绍了具体的 OSI 网络体系结构及其各层的功能。介绍了目前主要流行的数据通信网:分组交换网、帧中继网络和 DDN 以及计算机通信网。在计算机通信网中重点了解了计算机局域网和高速网络技术等。随着网络的应用越来越广泛,网络安全也得到了足够的重视,所以本章对网络安全的基本概念和模型进行了介绍，最后引入了防火墙技术，防火墙在应付网络内外的攻击中起到了强大的作用。

4.8 思考题

1. 什么是数据通信？数据通信的特点有哪些？
2. 为什么需要使用比特填充方法？
3. 网络安全的特点和网络安全威胁有哪些？
4. 试解释下列名词：分组交换、拥塞控制、FDDI、SMDS、包过滤防火墙。

第 5 章 宽带综合业务数字网

N-ISDN 虽然能够提供端到端的数字连接,提供包括语音和非语音在内的多种电信业务,但具有传送速率低、业务综合能力差、对未来的新业务适应性差的局限性。基于 ATM 的 B-ISDN 则克服了 N-ISDN 的缺点,可以实现网络业务完全综合化,并支持可达 155 Mbit/s 或 622 Mbit/s的高速的信息传输,但系统较为复杂。本章在扼要介绍 N-ISDN 的基础上,较详细讲述了 B-ISDN 的概念、B-IDSN/ATM 协议结构、ATM 交换原理和 ATM 网络以及流量控制等基本原理及应用。

5.1 ISDN 的基本概念

20 世纪 60 年代,数字技术应用到了通信当中,实现了语音数字化,产生了数字传输与数字交换。数字传输与数字交换的综合称为综合数字网(Integrated Digital Network,IDN)。但是直到 20 世纪 80 年代为止,语音业务和数据业务还是分别在公用电话交换网(Public Switched Telephone Network,PSTN)和公用交换分组数据网(PSPDN,Pubic Switched Packet Data Network)两张网络上传送。由于 PSTN 网中终端到交换机的接入段传送的还是模拟信号,PSTN 不能有效提供数字业务。这时希望能在一个统一的网络上提供语音、数据、图像、视频等各种类型的业务。因此提出了综合业务数字网(Integrated Service Digital Network,ISDN)的概念。

ISDN 分为窄带综合业务数字网(N-ISDN)和宽带业务数字网(B-ISDN),N-ISDN 即对用户提供业务一般为 64 kbit/s,或者说户/网接口处速率不高于 PCM 一次群(2.048 bit/s)。

ISDN(指的是 N-ISDN,下同)是以电话 IDN 为基础发展演变而成的通信网,能够提供端到端的数字连接,提供包括语音和非语音在内的多种电信业务,用户能够通过一组有限的、标准的多用途用户/网络接口接入网内,并按统一的规程进行通信。

5.1.1 ISDN 的网络结构

ISDN 不是一个新建的网络,是在电话 IDN 的基础上增加一些 ISDN 功能部件构成的,依靠电话 IDN 的 64 kbit/s 电话交换及接续功能提供电话及各种非语音业务。为了使 ISDN 用户不仅能够利用已有的通信业务,而且能和其他网的用户通信,就必须使 ISDN 能和现有的各种通信网互联。发展初期的 ISDN 是通过网间互联,使 ISDN 用户与分组交换网中的分组终端及电话网中的电话用户相连的。

随着 ISDN 的不断发展,除提供电路交换业务(包括 64 kbit/s 的电路连接和 N×64 kbit/s 的选路与连接)之外,还要提供分组交换业务,并逐步实现传真、数据、图像及可视图文等各种非语音业务的综合接入,并逐步具有智能功能,以便提供各种新业务。图 5-1 是发展到最终状态的 ISDN 的网络形式。

ISDN 包含了 5 个主要功能,其网络功能体系结构如图 5-2 所示。

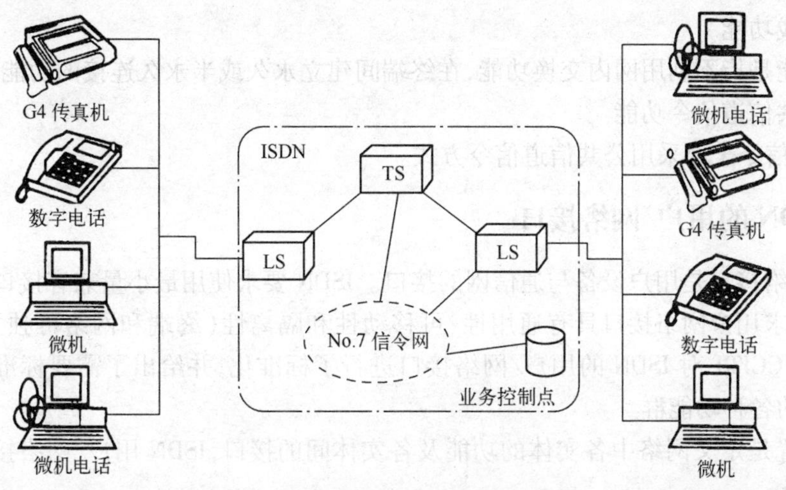

LS: 市内交换机　LS: 长途交换机

图 5-1　ISDN 的最终模式

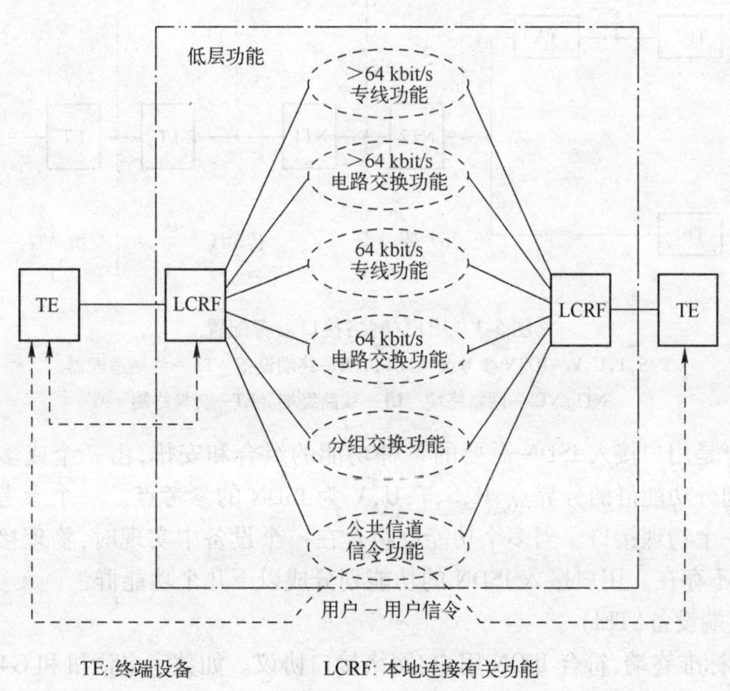

TE: 终端设备　LCRF: 本地连接有关功能

图 5-2　ISDN 的网络功能体系结构

（1）本地连接功能

本地连接功能是对应于本地交换机或其他类似设备的功能。

（2）电路交换功能

电路交换功能提供 64 kbit/s 和大于 64 kbit/s 的电路交换连接。

（3）分组交换功能

通过 ISDN 和分组交换公用数据网的网间互联，由分组交换数据网提供 ISDN 的分组交换功能。目前，ISDN 的分组交换功能大多采用这种方法提供。

(4) 专线功能

专线功能是指不利用网内交换功能，在终端间建立永久或半永久连接的功能。

(5) 公共信道信令功能

ISDN 的信令全部采用公共信道信令方式。

5.1.2 ISDN 的用户/网络接口

用户/网络接口是用户设备与通信网的接口。ISDN 要求使用最小量兼容接口来实现大量的应用，即要求用户网络接口具有通用性、可移动性和隔离性(终端和网络可独立开发，不受对方限制)。CCITT 对 ISDN 的用户/网络接口进行了标准化，并给出了需要标准化的参考点和与之相关的各种功能群。

参考配置是定义网络中各实体的功能及各实体间的接口，ISDN 用户/网络接口的参考配置图 5-3 所示。

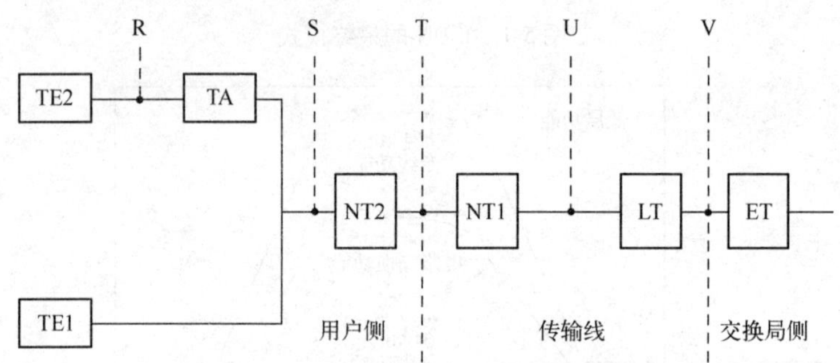

图 5-3 用户/网络接口参考配置

P,S,T,U,V—IDSN 参考点 TE1,TE2—终端设备 TA—终端适配器

NT1,NT2—网络终端 LT—线路终端 ET—交换终端

所谓功能群是用户接入 ISDN 需要的各种功能的组合和安排，由一个或多个物理设备实现。参考点是划分功能群的分界点，R,S,T,U,V 为 ISDN 的参考点。一个参考点可以对应也可以不对应于一个物理接口。当多个功能群组合在一个设备中实现时，物理接口只在概念上存在，而实际上不存在。用户接入 ISDN 的功能划分成以下几个功能群：

(1) 1 类终端设备(TEl)

是 ISDN 的标准终端，符合 ISDN 用户/网络接口协议。如数字电话机和 G4 传真机等。

(2) 2 类终端设备(TE2)

非 ISDN 的标准终端，不遵循 ISDN 用户/网络接口规定，如 X.25 协议的分组型终端、模拟话机等。

(3) 终端适配器(TA)

完成适配功能，使 TE2 能接入 ISDN 的标准接口，具有速率适配、协议转换和模数变换等接口特性转换功能。

(4) 网络终端 1(NTl)

完成用户/网络接口功能的主要部件，主要功能是把用户终端设备连接到用户线，为用户信息和信令信息提供透明的传输通道。

(5) 网络终端(NT2)

NT2 完成用户/网络接口处的交换和集中功能(包含 OSI 1-3 层全部功能),物理上可以是 ISDN 用户交换机、集线器或局域网。

(6) 线路终端设备(LT)

是用户环路和交换局端的接口设备,实现交换设备和线路传输端接的接口功能。

(7) 交换终端(ET)

交换局端的交换终端。

5.1.3 ISDN 的信道与接口

ISDN 用户/网络接口中有两个重要因素,即信道类型和接口结构。信道类型表示信息的出送能力。接口结构是信道类型的组合,定义在该结构上最大的数字信息传送能力。

1. 信道类型

信道是提供业务用的,具有标准传输速率的传输信道。在用户/网络接口处向用户提供的信道有以下类型:

(1) B 信道

速率为 64 kbit/s,用来传送用户的语音、数据等信息。

(2) D 信道

速率是 16 kbit/s 或 64 kbit/s,传送公共信道信令或分组数据、低速的遥控、遥测数据。

(3) H 信道

传送高速的用户信息,如高速传真、图像、高速数据、高质量音响及分组交换信息等。H 信道有 3 种标准速率:

- H0 信道:384 kbit/s
- H11 信道:1536 kbit/s
- H12 信道:1920 kbit/s

2. 接口结构

ISDN 的用户/网络接口有两种接口结构:一类是基本速率接口,另一类是基群速率接口。

(1) ISDN 基本速率接口(ISDN-BRI)

在现有的电话网普通用户线作为 ISDN 用户线而定义的接口,是 ISDN 最基本的用户/网络接口。由两个 B 信道和一个 D 信道(即 2B + D)构成。这里 D 信道的速率为 16 kbit/s。用户可用的最高速率为 144 kbit/s,通过该接口,用户可以获得各种 ISDN 的基本业务和补充业务。

(2) ISDN 基群速率接口(ISDN-PRI)

基群速率接口也称一次群速率接口,有两种类型,分别为 30B + D 和 23B + D,对应的速率分别为 2048 kbit/s 和 1544 kbit/s。这里的 D 信道的速率是 64 kbit/s。因速率较高,可满足用户高速通信的需求。

5.1.4 ISDN 业务

ISDN 的业务就是 ISDN 网络能够向用户提供的通信能力。ISDN 业务可以分为提供基本传输功能的承载业务和包含终端功能的用户终端业务。除了这两种基本业务外,还规定了变更和补充基本业务的补充业务。

1. 承载业务

单纯的信息传送业务，将信息不做任何处理地由一个地方传送到另一个地方。承载业务只说明通信网的通信能力，与终端类型无关，各种不同类型的终端可以利用相同的承载业务。这类业务包含了 OSI 模型 1 ~ 3 层的功能。

承载业务分为电路交换承载业务、分组交换承载业务和帧方式承载业务三种。

2. 用户终端业务

指所有各种面向用户的应用业务，既包含了网络的功能，也包含了终端设备的功能。用户终端业务是在承载业务所提供的 1 ~ 3 层功能之上，选择各种不同 4 ~ 7 层服务来满足不同用户的不用的应用的要求。

CCITT 在 I. 120 中定义了数字电话、4 类传真、智能用户电报、可视图文、视频、数据通信等几种用户终端业务。

3. 补充业务

是对电信业务的补充，也叫附加业务或增值业务。补充业务总是和承载业务或用户终端业务一起提供，它不能单独存在。CCITT 在 I. 251 ~ I. 257 建议中定义了一批补充业务，如：直接拨入、主叫线识别提供、主叫线识别限制和会议呼叫等。

5.2 B-ISDN 概述

ISDN 信道是以 64 kbit/s 语音信道为基础构建的，不能满足以图像为代表的高带宽业务的需求。随着宽带通信目标的提出，ITU 于 20 世纪 80 年代末提出了 B-ISDN 的概念。B-ISDN 以异步转移模式（ATM）作为网络的传送模式，采用 ATM 交换机作为网络节点，以光纤作为传输媒介，实现了真正意义上的同一网络和综合业务。

B-ISDN 也称 ATM 网，它能够提供高于 PCM 一次群（2.048 Mbit/s）以上的传输信息以至于更高达 155 Mbit/s、622 Mbit/s，甚至更高到几千兆比特/秒，它能支持或提高的业务有交互型业务、消息型、会话型、检索型、分配型以及控制型等多种业务，能兼容 N-ISDN 的窄带语音和非语音业务及宽带用户业务如高清晰度电视 HDTV（100-150 Mbit/s）等多种宽带多媒体业务。B-ISDN 支持的业务与网络本身无关，使网络运行、维护、管理复杂程度降低，从而大大提高了网络的效率和资源利用率。

5.2.1 从 N-ISDN 到 B-ISDN

目前 N-ISDN 已经实用化，虽然具有相当的经济意义和实用价值，但是，N-ISDN 没有达到人们所预期的效果，其局限性主要有：

1）传送速率低。只具有处理速率在 1.5 ~ 2 Mbit/s 以内业务的能力，很难利用它进行图像通信和传送高速数据。

2）业务综合能力差。虽然也综合了分组交换，但这种综合仅在用户入网接口上实现，在网络内部仍由分开的电路交换和分组交换实体来提供不同的业务服务，未能达到真正的业务综合。

3）对未来的新业务适应性差。对于高于 64 kbit/s 的传输速率只支持电路交换模式，这种模式在收发端之间提供传输速率固定的信道,并且它的速率只能取有限几个特定的数值,这就给各种不同速率的新业务的导入增加了困难。

为了克服 N-ISDN 的局限性,人们从 20 世纪 80 年代初就开始寻找一种更新的网络,这种网络应能够提供高于 2 Mbit/s 速率的传输通道;能够适应全部现有的和将来可能的业务,从速率最低的遥控遥测(几比特每秒)到高清晰度电视 HDTV(100 ~ 150 Mbit/s)都应能以同样的方式在网络中传送和交换,共享网络资源。因此,这种网络是一种"全能"的电信网。CCITT 于 1990 年定义这种全新的通信网称为宽带综合业务数字网,简称 B-ISDN。

B-ISDN 的业务分为交互型和分配型业务。交互型业务是在用户之间或用户与主机之间提供双向信息交换的业务,交互型业务又可分为会话型业务、消息型业务和检索型业务。分配型的业务是由网络的一个给定点向其他多个位置传送单向信息流的业务。分配型的业务又分为不由用户控制的分配型业务和由用户控制的分配型业务。

1) 会话型业务。向用户提供双向会话通信手段,所提供的典型业务有可视电话、会议电视、Internet 接入、高速数据传送等。

2) 消息型业务。通过具有存储转发和消息处理功能的存储单元,提供用户对用户的非实时通信。所提供的典型业务有电子信箱、语音信箱、视频邮件、文件传递等。

3) 检索型业务。用户根据需要随时检索信息中心提供的各种信息,典型的检索型业务包括:宽带可视图文、图像检索业务、文件检索业务、数据检索业务。

4) 不由用户控制的分配型业务。用户只能接收信息中心发送来的消息,不能控制信息发送的起始时间和顺序,也不能改变信息流向。典型的业务有:常规电视分配型业务、数字电视分配型业务、音乐节目分配型业务等。

5) 用户控制的分配型业务。信息流从信息中心分配至用户,用户可以控制节目的起停和顺序。这类业务有用于远程教学的影视片,新闻检索和节目点播等。

由于各种业务通信速率相差悬殊,同一业务也可能有多种不同的速率需求,所以 B-ISDN 的实现需要一种新型的交换传输模式。CCITT 于 1990 年正式建议以 ATM 作为 B-ISDN 网络中信息表示、传送和交换的基本方式,并称之为异步转移模式。

5.2.2 B-ISDN 用户/网络接口的参考配置

B-ISDN 的用户/网络接口参考配置与 N-ISDN 的基本相同,如图 5-4 所示。

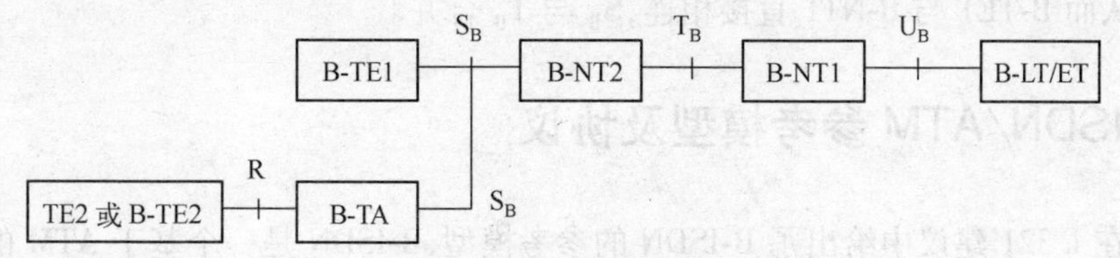

图 5-4 B-ISDN 参考配置

1. 功能群

B-ISDN 的参考配置中也定义了 B-TE1, B-TE2, B-TA, B-NT1, B-NT2 这几个功能群。

(1) B-NT1

是 B-ISDN 的第一类网络终端、主要完成低层功能,具有线路传输终端、传输接口处理和

OAM 等功能。

(2) B-NT2

是 B-ISDN 的第二类网络终端，作用类似于电话网中的用户的交换机，它完成适配和较小容量的 ATM 交换，无需支持公用 NNI 信令和复杂的计算等功能。

(3) B-TE1

为标准的 ATM 终端，支持 ATM 的 UNI 接口，执行从低层到高层的各层终端协议。

(4) B-TE2

为非标准的 ATM 终端，比如现有的各种终端，它们不支持 ISDN 的标准接口，需经终端适配器(TA)适配才能接入 ATM 网。

(5) B-TA

终端适配器，一端为 B-TE2 有关的接口，另一端为标准的 ATM UNI 接口。对 B-TE2 提供协议转换功能。将 B-TE2 的输出适配成 ATM 信元，并将相关的信令转换成 B-ISDN UNI 信令。

2. 参考点

B-ISDN 的参考配置中定义了以下几个参考点：

(1) S_B 参考点

是网络终端 B-NT2 和终端 B-TE1，终端适配器 B-TA 之间的接口，属于专用网 UNI 接口，采用专用网 UNI 接口定义的各种传输线路和接口速率。

(2) T_B 参考点

是网络终端 B-NT1 和 B-NT2 之间的接口，是公用 UNI 接口，可采用公用 UNI 物理层定义的各种接口形式，并支持公用网的 UNI 信令。

(3) U_B 参考点

是网络终端 B-NT1 和公用 ATM 网之间的接口，也称公用 UNI 接口，主要采用基于 SDH STM-1 的 155 Mbit/s 接口速率和 STM-4 的 622 Mbit/s 接口速率。

(4) R 参考点

是 B-TE2 和 B-TA 之间的接口，该接口的特性与 B-TE2 的类型有关，当接入以太网时，R 接口为 IEEE802.3；接入 N-ISDN 终端时，接口为 I.430 或 I.431。

图 5-4 只是对 B-ISDN 各种参考点和功能群的逻辑描述，在具体实现可以有各种配置形式，如 B-NT2 和 B-NT1 可以在一个设备中，这样，T_B 参考点变为不可见；B-NT2 也可以是一段物理线路，从而 B-TE1 与 B-NT1 直接相连，S_B 与 T_B 合并。

5.3 B-ISDN/ATM 参考模型及协议

ITU-T 在 I.321 建议中给出了 B-ISDN 的参考模型，B-ISDN 是一个基于 ATM 的网络，这个参考模型也是唯一的关于 ATM 的规程的参考模型。

在 OSI 模型中，将通信网的功能和协议分成七层，下三层(物理层、数据链路层和网络层)是为系统传输建立可靠的传送链路而设置的；而上三层(会话层、表示层和应用层)主要完成用户信息处理和通信功能；第四层传输层是为联接上、下层而设置的。现有的许多通信网络的节点都较多地参与了 OSI 的下三层的功能，例如，分组交换网交换节点参与了 OSI 1 ~ 3 层的全部功能，帧中继网节点参与了 1 ~ 2 层的主要功能。而 ATM 进一步简化了网络功能，除了

OSI 第一层功能外,ATM 网节点不参与任何工作,而将数据链路层和网络层功能都交给终端去做。这样,ATM 网就变得十分单纯了,只存在和 OSI 参考模型第一层相对应的物理层和 ATM 层,而与其他高层无关,ATM 协议就清楚地反映了这一特点。

5.3.1 B-ISDN 参考模型

图 5-5 为 B-ISDN 协议参考模型,它是一个立体分层模型,从纵向看由三个功能面。用户面(U 平面)采用了分层结构,负责用户信息传送、流量控制和恢复操作;控制面(C 平面)负责呼叫和连接的控制功能,涉及的主要是信令功能,也采用分层结构;管理面(M 平面)有面管理和层管理两个功能。面管理不分层,负责所有平面的协调。层管理负责各层中的实体,执行运行、监控和维护(OAM)功能。

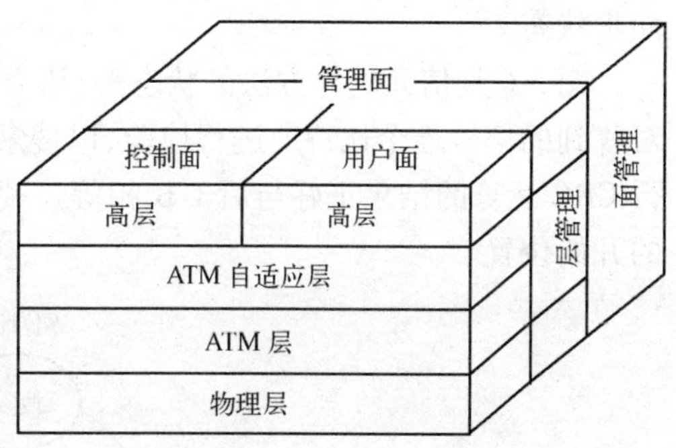

图 5-5 B-ISDN/ATM 协议参考模型

从横向看,ATM 协议模型的功能又可分成四层:物理层、ATM 层、ATM 自适应层(ATM Adaptation Layer,AAL)和高层。物理层负责通过物理媒介正确、有效地传送信元;ATM 层主要负责信元的交换、选路和复用;AAL 层主要将高层业务信息或信令信息适配成 ATM 信元流;高层则相当于各种业务的应用层或信令的高层处理。

分层结构中的某层通过下一层的业务接入点(Service Access Point,SAP)获得下一层的服务。相邻层之间采用原语调用。在相邻层之间传送的用户数据称为业务数据单元(Service Data Unit,SDU),在对等层之间交换的数据称为协议数据单元(Protocol Data Unit,PDU),本层的 SDU 与本层的协议控制信息合成为本层的 PDU。

5.3.2 物理层

物理层利用通信线路的比特流传送功能实现传送 ATM 信元的功能。物理层又分为二个子层:物理媒介子层(Physical Medium sublayer,PM)和传输会聚子层(Transmission Convergence sublayer,TC)。

1. 物理媒介子层

PM 的主要任务是在物理媒介上有效可靠地传送和接收信息,如线路编码、光电转换和比特定时等。也规定了多种接入速率:1.5 Mbit/s、2 Mbit/s、51.84 Mbit/s、155.520 Mbit/s 和 622.080 Mbit/s,接入可以是对称的;也可以是非对称的。

2. 传输会聚子层

TC 功能有下面五个方面:

(1) 传输帧生成与恢复

将信元流封装成适合传输的帧(例如 SDH 所要求的帧)送到 PM 子层,以及将 PM 子层送来的传输帧恢复成信元流。

(2) 传输帧自适应

ITU-T 规范定义了两种 ATM 信元流在媒介上的传送方式,即基于信元方式和基于 SDH 方式。TC 完成信元流与传输帧转换时的格式适配功能。

(3) 信头差错控制(Header Error Control,HEC)

由于信元的信头中含有控制选路及其他的重要信息,必须对信头信息进行差错控制。因此对信头前4 B作循环冗余校验(CRC)。发送端按CRC算法生成1 B的HEC码,接收端按同样算法进行检验。HEC可以检测并校正单个比特错误或检测出多个比特错误。

(4) 信元定界

TC子层按照一定的算法去搜索确定信元流的边界(信元流的起始位置),以便系统进入同步状态。

图5-6是信元定界方法的状态图,该方法是基于正确的HEC的搜索。处于搜索状态时要对收到的信号逐个比特地进行检验,以搜索正确的HEC。正确的HEC就是接收端对前4 B进行CRC运算的结果正好与后1 B相等。搜索到正确的HEC就是找到了信元的边界,即信元的开始位置。

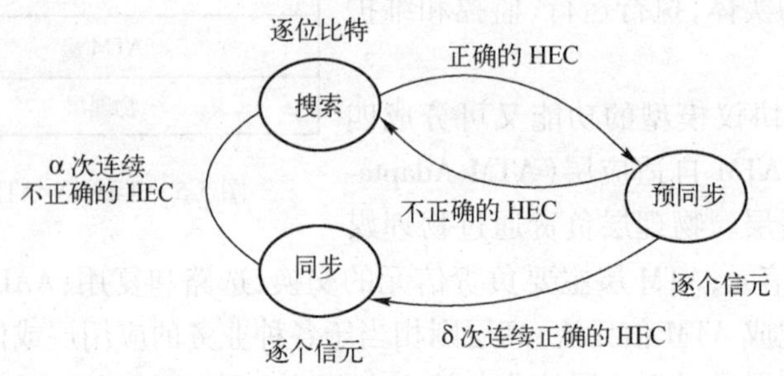

图5-6　信元定界的状态图

搜索到正确的HEC就转到预同步状态。在预同步状态只要逐个信元核对HEC,当连续收到δ个含有正确HEC的信元时,才转到同步状态。在同步状态,仍然要逐个信元进行HEC检查,如果发现连续α个信元中的HEC不正确时,就认为丢失同步,又转入到搜索状态。基于SDH接口方式,建议α值为7,δ值为6;基于纯信元接口,建议α值为7,δ值为8。

(5) 信元速率解耦

通过插入一些有特殊信头的空闲信元,使ATM信元流的速率与传输媒介的速率适配,从而使ATM层的信元速率不受传输媒介的限制。

5.3.3 ATM层协议

ATM层是ATM协议模型的核心,它提供的基本服务是完成ATM网上用户和设备之间的信息传输。主要任务是处理信元,包括连接建立、流量控制、交换节点的选路和转发表的修改等。

1. ATM信元结构

ATM信元结构和信元编码在I.361建议中规定的,ATM信元由53 B固定长度数据块组成,其中前5 B是信头,后48 B是与用户数据相关的信息净负荷。信元组成结构如图5-6所示。

ATM中有二种信头格式:一种用于用户-网络接口,称为UNI信元;另一种用在网络-网络接口,简称NNI信元。它们二者间有微小差异,信头格式如图5-7所示。

各字段的含义如下:

GFC:一般流量控制,4 bit,解决多终端争用情况下接入资源的分配。

VPI:虚路径标识,在 UNI 中为 8 bit,NNI 中为 12 bit;

VCI:虚信道标识,16 bit;

VPI 和 VCI 用来标识路由信息;

PT:净荷类型,3 bit,可以表示 8 种净荷类型,其中 4 种为用户数据信息类型,3 种为网络管理信息,还有 1 种尚未定义;

CLP:信元丢弃优先权,当网络发生拥塞时,首先丢弃 CLP = 1 的信元;

HEC:信元差错控制码,用来检验信头的错误。

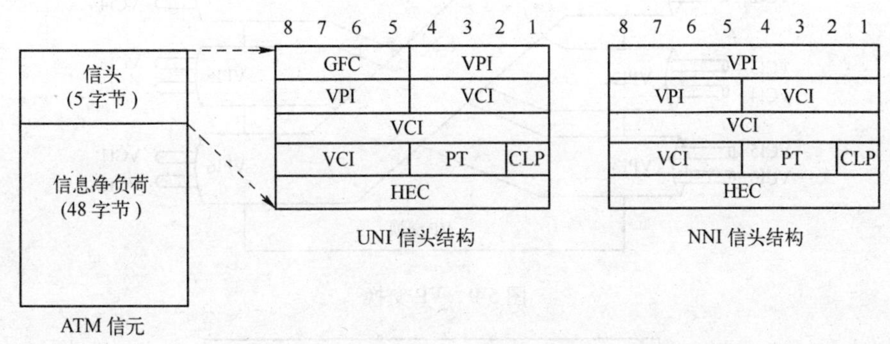

图 5-7 ATM 信元格式

2. 虚信道和虚路径

虚信道(Virtual Channel,VC)和虚路径(Virtual Path,VP)是用来描述 ATM 信元单向传输路由概念的。虚信道是一个逻辑信道,所有在这个信道上传送的 ATM 信头具有相同的 VCI。即具有相同的 VCI 的信元流构成了 VC。虚路径由一束具有相同通道端点的 VC 组成,由信头中 VPI 来识别,每个 VP 可以用复用方式容纳多达 2^{16} 个 VC,属于同一 VP 的不同的 VC 拥有相同的 VPI。传输通道、虚路径和虚信道是 ATM 中的三个重要概念,它们三者之间的关系可由图 5-8 说明。

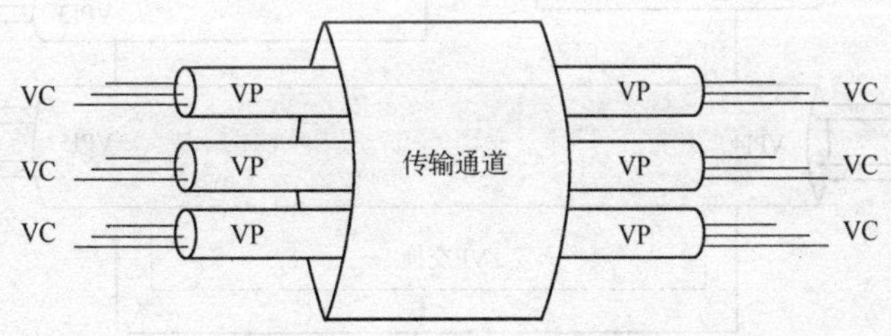

图 5-8 传输通道、VP 和 VC 的关系

3. VP 交换和 VC 交换

ATM 是一种面向连接的技术,当发送端要求通信时,通过网络向接收端发出要求建立连接的控制信号,接收端同意建立连接后,网络建立一个用 VCI/VPI 表示的虚电路,同时,虚电路上所有中继节点都会建立虚电路接续表。ATM 信元在虚电路上传送时,相邻两个交换节点间信元的 VCI/VPI 值保持不变。

ATM 交换可以分成二类:VP 交换和 VC 交换。VP 交换时,节点根据 VP 连接的目的地,将输入信元的 VPI 值改为可将信元导向接收端的新 VPI 值赋予信头并输出,在 VP 交换过程中 VCI 值不变,VP 交换的原理如图 5-9 所示。VP 交换可以单独进行,物理实现比较简单,通常只是传输通道中某个等级数字复用线的交叉连接。而 VC 交换需要与 VP 交换同时进行,在交换时,节点终止 VC 连接和 VP 连接,信元中的 VCI 和 VPI 将同时被改为新值,其原理如图 5-10 所示,当一个 VC 连接终止时,相应的 VP 连接也就终止了,在这个 VP 连接上的 VC 连接可以各奔东西,加入到不同方向的新的 VP 连接中去。

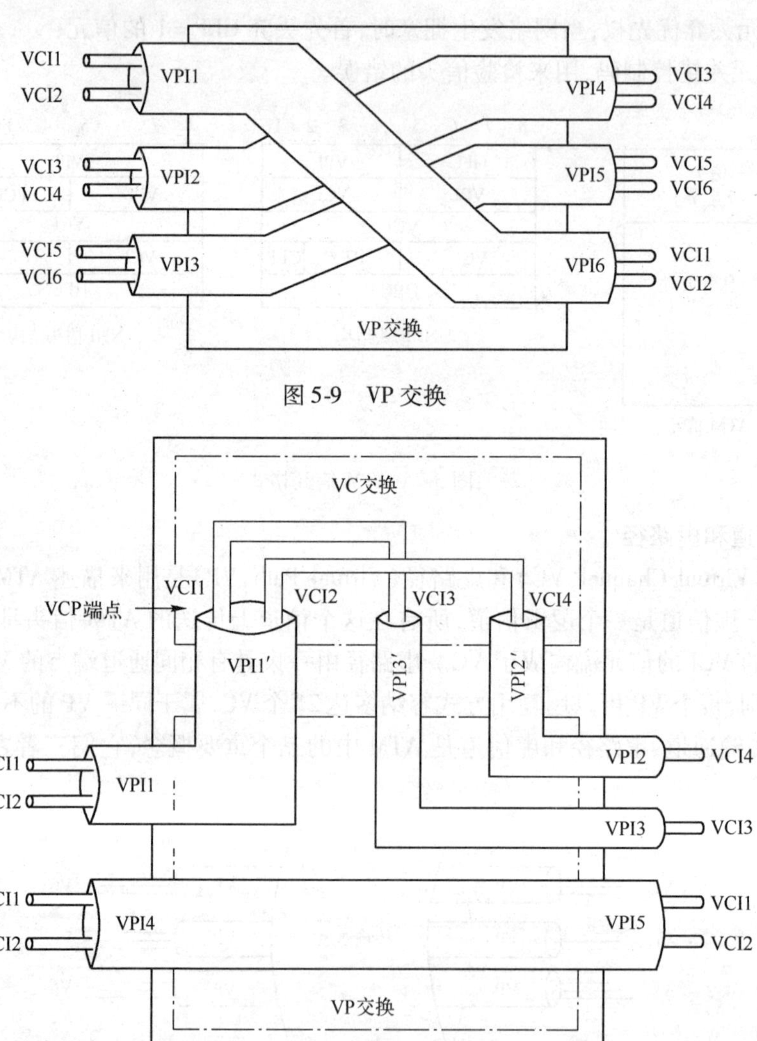

图 5-9　VP 交换

图 5-10　VC 交换

4. 虚信道连接和虚路径连接

在一条通信线路上具有相同的 VPI 值的信元所占用的子通路(逻辑信道)称为一个 VP 链路。多个 VP 链路可以通过 VP 交叉连接设备或 VP 交换设备串接起来。多个串接的 VP 链路构成一个虚路径连接(Virtual Channel Connection,VPC)。

一个 VP 连接中传送的具有相同 VCI 的信元所占用的子信道称为一个 VC 链路,多个 VC 链路可以通过 VC 交叉连接设备或 VC 交换设备串接起来。多个串接的 VC 链路构成一个虚信道连接(Virtual Path Connection,VCC)。

注意:在组成一个 VP 连接的各个 VP 链路上,ATM 信元的 VPI 不必相同。同样,在组成一个 VC 连接的各个 VC 链路上,ATM 信元的 VCI 也不必相同。

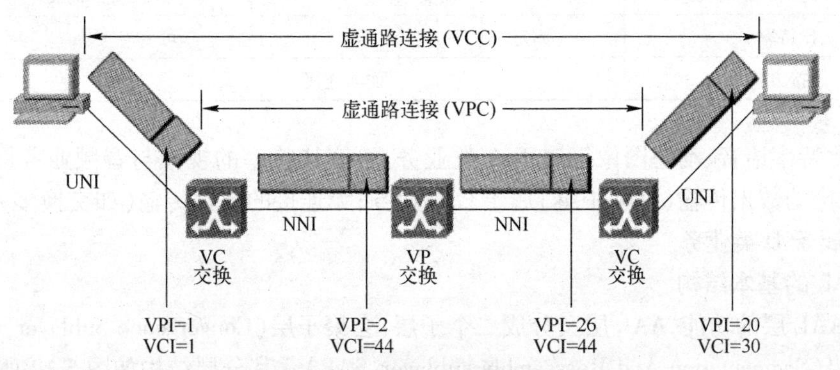

图 5-11　VP 和 VC 连接

5. 信头的处理

发送端 ATM 层将 AAL 来的信息作为信息净负荷封装在信元内,根据 AAL 提供的信息加上相应的信头形成信元,交给物理层传送;中继节点的 ATM 层根据提取信头中的 VPI/VCI 值进行选路和交换,并可能修改 VPI/VCI 值。接收端 ATM 层接收物理层来的信元,去掉信头,把信息净负荷送往 AAL 层。

6. 信元的识别和丢弃

ATM 层根据信元头中的净荷类型指示(PT)区分信元类型。区分是用户信息还是维护管理信息,并根据信元的类型进行不同的处理。根据信元丢弃优先级(CLP),选择性地丢弃信元。

7. 一般流量控制

在 UNI 接口上,通过信头上的 GFC 码,ATM 层可做一些流量控制工作,以便减轻瞬间的业务量过载。

5.3.4　ATM 适配层协议

AAL 介于 ATM 层和高层之间,其设置的目的是为了使 ATM 层能适应不同类型的业务。AAL 不仅支持用户面的高层功能,也支持控制面和管理面的高层功能。此外还支持 ATM 网与非 ATM 网之间的连接。

1. 针对 AAL 的业务分类

AAL 的功能和应用业务直接相关,不同的业务需要不同的 AAL 功能,为了减少 AAL 的类别,将业务按照以下 3 个特性的组合进行分类:

- 收发端间是否要求定时关系;
- 业务比特速率是否固定;
- 高层是否建立连接。

目前并不存在以上特性参数的所有组合,表 5-1 表示了 4 类 AAL 业务。

表 5-1　AAL 业务类型

业务特性＼类别	A 类	B 类	C 类	D 类
源与终点之间的定时关系	需要		需要	
比特率	固定	可变		
连接方式	面向连接			无连接

固定比特率语音、动态图像等属于 A 类业务；可变比特率的视频与音频业务属于 B 类业务；面向连接的数据传输（如帧中继）属于 C 类业务；无连接的数据传输（如交换多兆位数据业务 SMDS）属于 D 类业务。

2. AAL 的基本结构

按照 AAL 层的功能，AAL 层又分成二个子层：会聚子层（Convergence Sublayer，CS）和分段和重装子层（Segmentation And Reassembly sublayer，SAR）。其分层结构如图 5-12 所示。

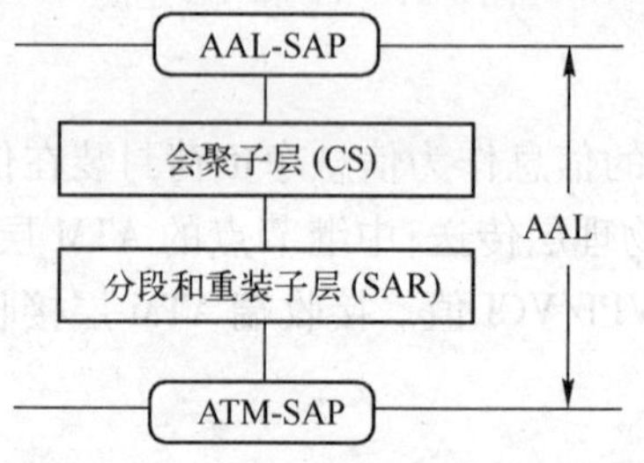

图 5-12　AAL 分层结构

CS 子层位于 AAL 的上部，与高功能层相接，在 AAL 业务接入点（SAP）对高层提供适配服务。其主要功能有消息识别、时间/时钟恢复等。

SAR 子层的主要功能是在发送侧将由 CS 子层处理后的高层数据信息进行切割，装入 ATM 信元的信息段，在接收侧将 ATM 信息段重新组装成高层信息数据单元。

不同的 CS 和 SAR 组合就构成了不同类型的 AAL。

3. AAL 类型

为了适应不同业务类型的需要，IUT-T 定义了 4 类 AAL，分别是：AAL1、AAL2、AAL3/4 和 AAL5。

AAL1 规程用于支持 A 类业务，AAL2 规程用于支持 B 类业务，适用于延时敏感的低速、可变长度的短分组的传送。AAL3 与 AAL4 原来是分开的，后来合并为一类，AAL3/4 用来支持 C/D 两类业务，即包含面向连接与无连接的数据业务。AAL5 可看成是简化的 AAL3/4，用来支持面向连接的 C 类业务，传送大的数据分组时效率较高，ATM 网络信令也采用 AAL5。

5.4　宽带 ATM 交换技术

由于 B-ISDN 中覆盖的业务范围非常广泛，为了保证各种业务的服务质量，需要找到一种新的交换方式。这种交换方式在功能上能实现多速率交换、多点交换和多种业务的交换。并在信息丢失率、交换延时、拥塞管理等性能上满足各种业务的要求。1983 年出现的快速分组交换(FPS)和异步时分(ATD)交换相结合的 ATM 交换技术能够满足宽带业务对交换的要求。

5.4.1 ATM 交换原理

ATM 采用面向连接的工作方式,即虚电路方式。ATM 连接建立的方式有两种:永久虚电路(Permanent VC,PVC)和交换虚电路(Switched VC,SVC)。PVC 是通过网管预先建立的虚电路,不论是否有业务通过或终端设备接入,PVC 一直保持直到由网管释放;SVC 是用户需要通信时,通过终端设备由信令建立的虚通道。其过程为:发送端在通信前发起呼叫请求,网络通过信令为通信双方建立起相应虚通道,ATM 信元在建立的虚电路上传送,通信完成后由信令释放 SVC。

ATM 交换是指在 ATM 网中,ATM 信元从输入端的逻辑信道到输出端的逻辑信道的消息传递。交换节点根据输入信元的输入端口号和输入的 VPI/VCI 值查找虚电路接续表,找到信元的输出端口号和输出的 VPI/VCI 值,输出信元,完成交换。

图 5-13 是一个具有 N 条输入线($I_1 \sim I_N$)和 N 条输出线($O_1 \sim O_N$)的 ATM 交换节点。每条入线和出线上传送的都是 ATM 信元,每个信元的信头值表明该信元所在的逻辑信道。不同的入线(或出线)上可以采用相同的逻辑信道值。ATM 交换的基本任务是将任一入线上任一逻辑信道中的信元交换到所需的任一出线上的任一逻辑信道上去。

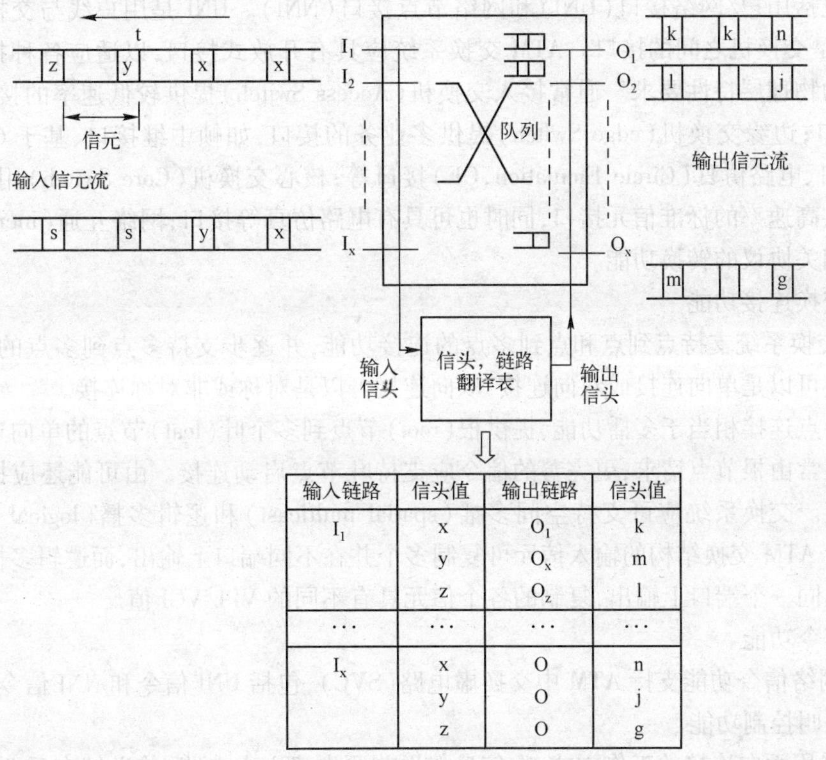

输入链路	信头值	输出链路	信头值
I_1	x y z	O_1 O_x O_z	k m l
…	…	…	…
I_x	x y z	O O O	n j g

图 5-13 ATM 交换原理示例

例如图中入线 I_1 的逻辑信道 x 被交换到出线 O_1 的逻辑信道 k 上,入线 I_N 的逻辑信道 y 被交换到出线 O_N 的逻辑信道 m 上等等。这里的交换包含了两方面的功能:一是空间交换,即将信元从一个输入端口改送到另一个编号不同的输出端口上去,这个功能又叫做路由选择;另一个功能是信头变换，也称逻辑信道的交换，即将信元从一个 VPI/VCI 改换到另一个 VPI/VCI。以上交换通过信头、链路翻译表（也称路由表）来完成的，例如 I_1 的信头值 x 被翻译成 O_1 上的 k 值。信头、链路翻译表的内容是在连接建立阶段产生的。

由于在 ATM 逻辑信道上信元的出线是随机的，因此会存在竞争（或称碰撞或冲突）。在某一个时刻，可能会发生两条或多条入线上的信元都要求交换到同一输出线上。例如 I_1 的逻辑信道 x 和 I_N 的逻辑信道 x 都要求交换到 O_1，前者使用 O_1 的逻辑信道 k，后者使用 O_1 的逻辑信道 n，虽然它们占用不同 O_1 的逻辑信道，但如果这两个信元同时到达 O_1，则在 O_1 上的当前时刻只能满足其中一个的要求，另一个必须被丢弃。为了不使在发生竞争时引起信元丢失，交换节点中必须提供一系列缓冲区，以供信元排队用。

5.4.2 ATM 交换系统

1. ATM 交换系统的基本功能

ATM 交换系统的功能与交换机类型和具体应用有关。通常 ATM 交换系统应具有的基本功能有：接口功能、交换连接功能、信令功能、呼叫控制功能、业务流管理功能及运行维护功能。下面对这些功能作简要介绍。

（1）接口功能

接口包括用户/网络接口（UNI）和网络节点接口（NNI）。UNI 是用户线与交换机之间的接口，NNI 是交换机之间的接口。ATM 交换系统应具有开放式接口，以适应各种接口速率和不同媒体的物理层特性要求。通常接入交换机（Access Switch）提供较低速率的接口，包括非 ATM 的接口；边缘交换机（edge Switch）提供多业务的接口，如帧中继接口、基于 64 kbit/s 的 N-ISDN接口、电路仿真（Circle Emulation，CE）接口等；核心交换机（Core Switch）用于骨干网，主要是提供高速率的标准信元接口，同时也可具有电路仿真等接口；网络互通（inerworking）接口应完成相关协议的转换功能。

（2）交换连接功能

ATM 交换系统支持点到点和点到多点的连接功能，并逐步支持多点到多点的连接功能。点到点连接可以是单向连接或双向连接，双向连接可以是对称或非对称连接。

点到多点连接相当于多播功能，提供根（root）节点到多个叶（leaf）节点的单向通信。点到多点连接通常由根节点请求，更完善的信令应支持叶节点启动连接。由可能还应提供双向点到多点连接。交换系统应可支持空间多播（spatial multicast）和逻辑多播（logical multicast）。空间多播指 ATM 交换结构的输入信元可复制多个并在不同端口上输出，而逻辑多播指复制的多个信元在同一个端口上输出，复制的各个信元具有不同的 VPI/VCI 值。

（3）信令功能

ATM 网络信令功能支持 ATM 中交换虚电路（SVC），包括 UNI 信令和 NNI 信令。

（4）呼叫控制功能

ATM 采用面向连接的工作方式，在信息传送前要先建立虚电路，传送结束后要释放电路。因此，ATM 交换系统必须控制各个呼叫连接的处理过程，包括寻址、选路、交换结构中的通路选择等功能。

（5）业务流管理功能

要保证具有不同业务流特性和 QoS 要求的各种业务的服务质量，ATM 交换系统必须能提供有效的业务流管理功能。其要点就是当用户建立连接时都必须与网络达成一个合约:用户受合约规定的业务流特性的约束,而网络满足用户的服务质量要求。业务流管理功能包括:连接管理功能(Connection Admission Control,CAC),用户参数控制(Usage Parameter Control,UPC)、选择性信元丢弃、业务流成形、前向显示拥塞和可用比特率流量控制。

CAC 是一种用来决定是否接受新的连接请求的网络功能,在连接建立时执行。只有当整个网络有足够的可用资源来支持连接的业务类别、特性和相应 QoS,而且已建立的连接不受影响时,连接建立才能被接受。一旦连接被接受,就意味着用户和网络达成了一个双方都必须遵守的业务合约,合约的内容包括连接业务流描述语、QoS 参数和顺从连接的定义。连接请求被接受后,CAC 要分配相应的资源,并将有关的业务流参数交给 UPC 来监视。

UPC 指的是网络对业务流的监视和控制,以保证合约的执行和已有连接的 QoS 要求。UPC 对每个 VCC 和 VPC 分别进行,包括检查信元中 VPI/VCI 的有效性,进入网络的业务流是否符合合约的要求。对于违反合约的信元,UPC 可以采取信元改签、丢弃的对策,也可以进行业务流成形,以降低突发性和峰值信元率,避免信元的丢失。信元改签是指将具有高优先级(CLP=0)的信元改为低优先级(CLP=1)。UPC 监控在 UNI 上执行,在 NNI 上的监控称为网络参数控制(NPC),两者的功能相似。

选择性信元丢弃、业务流成形、前向显示拥塞和可用比特率流量控制属于拥塞控制功能。

(6) 运行和维护(OAM)功能

OAM 功能主要包括故障管理、性能管理、配置管理、计费管理和安全管理。

2. ATM 交换系统功能结构

ATM 交换系统的基本结构可大致划分为信元传送部分与处理机控制部分。信元传送部分由交换结构和接口单元两部分组成。如图 5-14 所示。

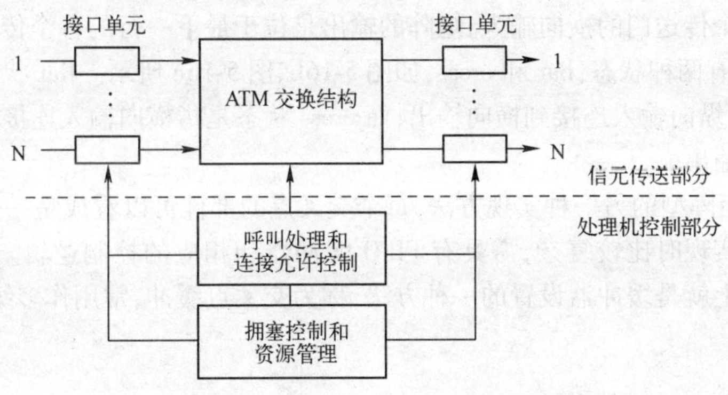

图 5-14　ATM 交换系统基本结构

(1) ATM 交换结构

ATM 交换结构是实现 ATM 关键技术之一,通过交换网络能够实现任意出、入线之间的信元交换。交换结构划分成两大类:时分交换和空分交换。

时分交换是指输入和输出端共享一条高速的信元流通道,例如共享总线、共享存储器等。根据共享的设施不同,时分交换又分为共享存储器结构和共享媒体(总线或环形)结构。时分交换的特点是:所有交换使用一个设施,同一瞬间只有一个信元进行交换,进行交换之前必须等待资源的可用性;交换容量受总线速度、存储器容量和存取速度的限制;容易实现点到多点的操作。

空分交换是指在输入线路和输出线路之间有多条通道，不同的 ATM 信元可以在不同的通道上同时通过交换矩阵进行交换。与时分交换结构不同，空分交换结构不依赖于共享设施。具有良好的硬件可扩展性。空分结构又可分为单通路与多通路两种。单通路是指任一对出入线之间只有 1 条通路，多通路则在任一对出入线之间有多条通路可以选用。单通路有两种典型结构称为基于 crossbar 的结构和基于 banyan 的结构。

下面介绍两种空分交换机结构。

① 基于 crossbar 的交换结构

图 5-15a、b 给出了 N × N 矩阵型 crossbar 交换结构的两种实现方法，下面均以 4 × 4 为例介绍它们的交换原理。

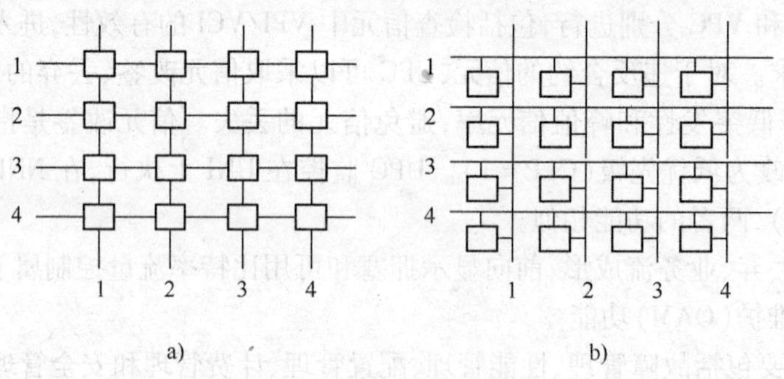

图 5-15 矩阵型 crossbar 交换结构

图 5-16a 中的交叉点是一个 2 × 2 的传送门，见图 5-16a，传送门的 2 个输入称为横向输入和纵向输入，2 个输出称为横向输出和纵向输出。从图 5-16a 可以看出，整个矩阵的输入是位于最左一列的各个传送门的横向输入，矩阵的输出是位于最下一行的各个传送门的纵向输出。

2 × 2 传送门有两种状态：bar 和 cross，如图 5-16b、图 5-16c 所示。Bar 状态，是指横向输入连接到纵向输出，纵向输入连接到横向输出；而 cross 状态是指横向输入连接到横向输出，纵向输入连接到纵向输出。

图 5-15b 为矩阵型的另一种实现方法，每个交叉点的部件可以看成是一个具有通/断功能的开关。在具体实现时比较复杂，需具有 FIFO 缓冲器和相应的控制逻辑。交叉点部件中含有缓冲器时实际上就是缓冲器设置的一种方法，称为交叉点缓冲，常用作多级交换结构中的交换单元。

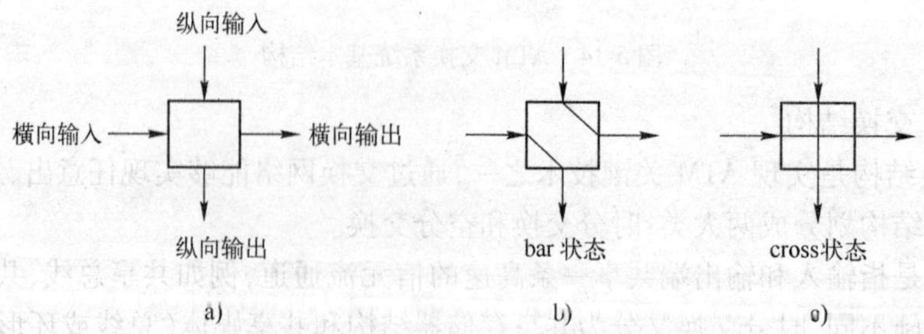

图 5-16 2 × 2 传送门

② 基于 banyan 的交换结构

banyan 网络是一种应用较广的网络结构。由若干个 2×2 交换网络单元组成的多级交换网络。1973 年即已提出，早先用于并行计算机系统中，后用于快速分组交换，目前广泛用于 ATM 交换机中。

2×2 交换单元是具有两条入线和两条出线的电子开关元件，如图 5-17 所示。

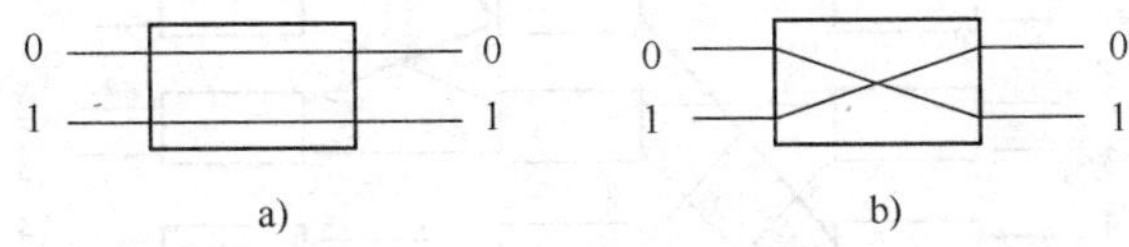

图 5-17　2×2 交换单元
a）平行连接　b）交叉连接

这种电子开关有两种状态：平行连接和交叉连接，分别完成不同编号的入线和出线间的连接，达到两条入线中的任意入线和两条出线中的任意出线可进行交换的目的。

图 5-18 是由 2×2 交换单元构成的 8×8 三级 banyan 网络。从图中可以看出，与基于矩形拓扑的 crossbar 不同，banyan 是基于树型拓扑结构。其基本特性有：

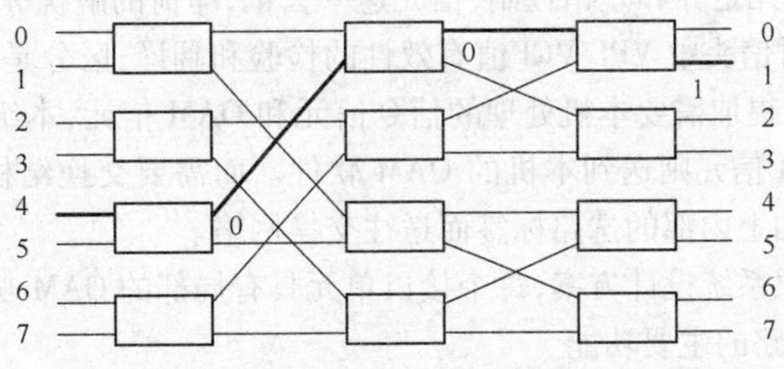

图 5-18　8×8 三级 banyan 网络

- 树型结构特性：从 banyan 的任一输入端口（或输出端口）引出的一组通路形成 2 分支树。级数越多，分支越多，级数 k 和端口数 N 的关系为 $k=\log_2 N$。
- 单通路特性：任一输入端到任一输出端之间，具有 1 条且仅有 1 条通路。
- 自选路特性：banyan 网络可以使用对应于出线编号的二进制编码的选路信息自动选择路由，将入线上的信元送到指定出线上输出。其中每一级的 2×2 交换单元都依次根据选路信息中的某一位来自选路由，该比特为 0 时，选择两条出线中上面一条出线，该比特为 1 时则选择下面一条出线。在图 5-18 中给出实例，入线 4 的信元要在出线 1 输出，“1”的二进制编码为“001”，于是第 1 至第 3 级的 2×2 交换单元依次按照 0，0，1 来选路，即可到达出线 1，如图中粗线所示。
- 阻塞特性：banyan 是一个具有内部阻塞的结构。在图 5-19 中给出了内部阻塞的示例：入线 0 与出线 3，入线 4 与出线 2 同时传送信元，在进入第 2 级交换单元时，由于同时选择该交换单元的出线 1，发生内部阻塞。内部阻塞随着级数 k 的增加而增加。因此 banyan 网络不可能做得很大，为了减小内部阻塞必须采取一些措施。
- 可扩展性：由于 banyan 网络的构成有一定的规律，可以采用有规律的扩展方法将较小容量的 banyan 网络扩展成较大规模。

（2）接口单元

前面已经介绍过接口功能，不同类型的 ATM 交换机需要有不同功能的接口。因此，ATM

交换机应具有各种接口单元。接口单元中除接口电路外，按照系统配置的需要，还可能包含有信元集中级或信元复用器等部件，其功能是使业务流集中而以较高的速率流向交换结构。ATM 交换系统的接口电路的功能如下：

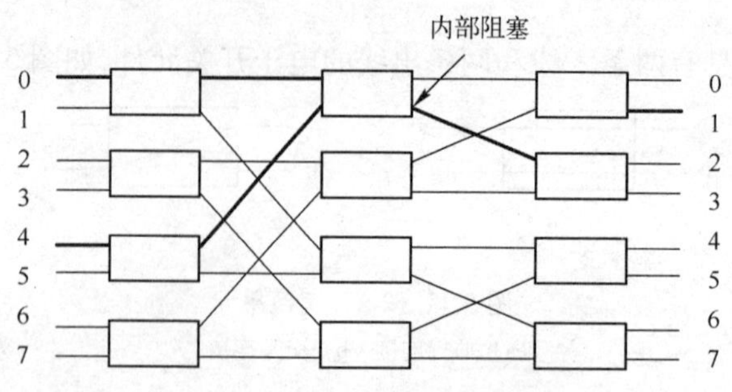

图 5-19 banyan 的内部阻塞示例

① 输入侧接口电路的主要功能

- 物理层功能：对于 SDH/SONET 接口，要有光/电转换和同步，SDH 帧定位，SDH 开销的提取和处理，信元定界和差错控制，信元速率去耦，净荷的解扰等功能。
- ATM 层功能：对信头中 VPI/VCI 值有效性的检验和翻译，区分是用户信元、信令信元还是 OAM 信元。提取需要本机处理的信令信元和 OAM 信元，本级处理的信令信元送往 CAC 软件，OAM 信元则送到本机的 OAM 软件。而需要交换结构传送的信元，在 VPI/VCI 翻译以后加上内部的选路标签而送往交换网络。
- OAM 功能：按照系统设计方案，每个接口单元具有局部的 OAM 功能。

② 输出侧接口电路的主要功能

完成与输入侧接口电路相反的处理，将经过交换网络输出的用户信元、信令信元和 OAM 信元复合，形成送往输出线的特定形式的比特流，并完成信息信元流速率和传输速率的适配。

(3) 处理机控制部分

ATM 交换系统的呼叫控制、信令、业务流管理和拥塞控制等功能中的大部分都是由处理机控制部分来实现的。

呼叫处理模块完成 VCC、VPC 的建立和拆除，并对 ATM 交换网络进行控制，处理和发送 OAM 信元，发送信令信元，保证用户/网络的操作顺利进行。

拥塞控制和资源管理模块对网络资源和网络拥塞进行控制和管理。

5.4.3 ATM 网络

ATM 技术已是一种成熟快速交换技术，以 ATM 交换机为基础的 B-ISDN 具有严格的服务质量(QoS)保障，具有支持多业务的能力，动态地分配和管理带宽的优点。因此，人们把 B-ISDN 也称为 ATM 网。ATM 网络概念性结构如图 5-20 所示，分为三个部分：公用 ATM 网、专用 ATM 网和 ATM 接入网。

1. 公用 ATM 网

公用 ATM 网络属于电信公用网，由电信部门建立、管理和经营，可以连接各种专用 ATM 网和 ATM 终端，作为骨干网使用。在公用网中，有 ATM 接入交换机、ATM 节点交换机和 ATM 交叉连接设备。

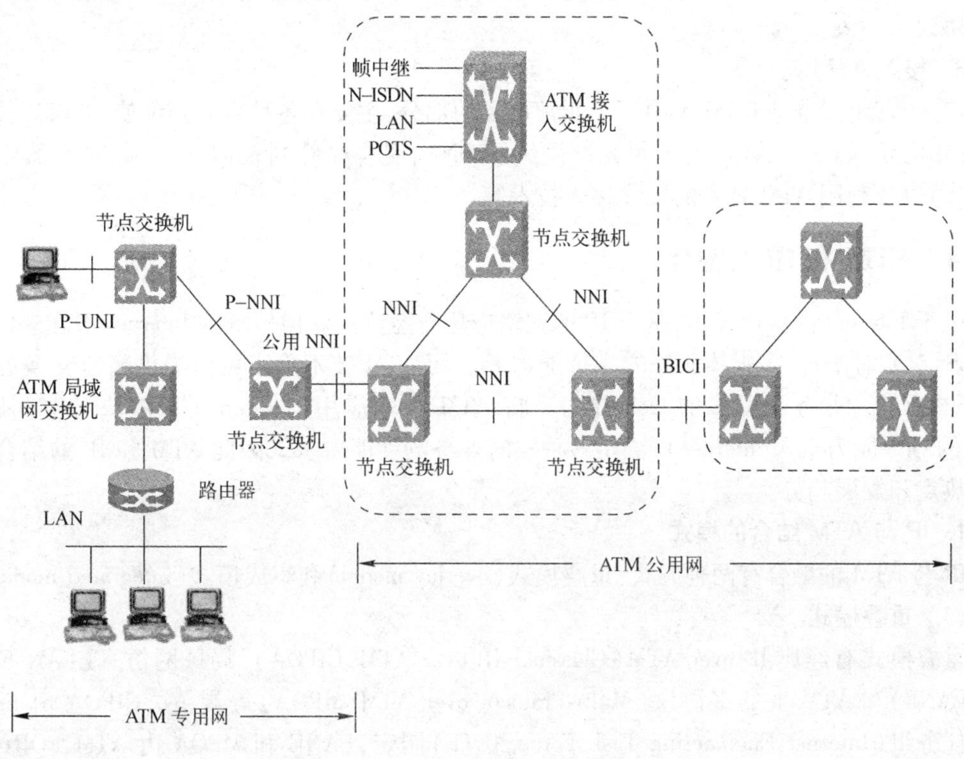

图 5-20　ATM 网络结构及接口

接入网交换机位于 ATM 网络的边缘,它在网络中的地位相当于电话网中的用户交换机,用于将各种业务终端连入 ATM 网中。接入网交换机的交换容量一般要求不高,但它完成大量与具体业务相关的工作,包括与业务相关接口的各层功能,如将业务数据适配到 ATM 信元中,完成统计复用功能,将多个低速率的信元流适配成标准速率的 ATM 信元流。另外,还需完成业务信令的处理,识别业务信令,将它转换为 ATM 信令。

节点交换机的地位类似于电话网中的局用交换机,它完成 VP/VC 交换,要求交换容量较大,但接口类型比接入交换机简单,只有标准的 ATM 接口,只要求处理 ATM 信令,另外,节点交换机要求有较强的管理和维护功能。

交叉连接设备在主干网中完成 VP 交换,不需要进行信令处理,而是通过网络管理设置 VP 之间的连接,从而实现极高速率的交换。因此 ATM 交叉连接设备的主要功能是做大容量的 VP 交换,有较简单的控制功能和强大的网络管理和维护功能。

2. 专用 ATM 网

专用 ATM 网是指一个单位或部门范围内的 ATM 网,通常用于一幢大厦或校园范围内。在 ATM 专用网中,有 ATM 专用网交换机和 ATM 局域网交换机。

专用网交换机具有专用网的 UNI 和 NNI 接口,完成 P-UNI 和 P-NNI 的信令处理,有较强的管理和维护功能。

ATM 局域网交换机是应用在局域网最广泛的一种交换机,主要功能是完成局域网业务的接入。ATM 局域网交换机具有局域网接口和 ATM 的 P-UNI 接口,以处理局域网的各层协议以及 ATM 信令,可以解决在面向连接的 ATM 网中实现无连接业务的问题,采用的协议有局域网仿真(LAN Emulation)、IPOA(IP Over ATM)以及 MPOA ATM(Multiple Protocol Over ATM)上

的多协议

3. 接入 ATM 网

接入 ATM 网也是 B-ISDN 中一个非常重要的部分，主要在各种接入网中使用 ATM 技术传输 ATM 信元，如基于 ATM 的无源光纤网络(PON)、混合光纤同轴(HFC)、非对称数字环路(ADSL)以及利用 ATM 技术的无线接入技术等。

5.4.4 ATM 和 IP 的融合

由于 Internet 的快速发展，基于 IP 的网络应用日益广泛。但传统的 Internet 不能提供可靠的 QoS，对实时语音、多媒体业务的支持能力差。而 ATM 技术除了可以提供高速交换的能力外，还具有综合业务和可靠的 QoS 能力。将 ATM 技术应用到 Internet 可解决带宽问题，将 ATM 的 QoS 能力引入 Internet 可满足各种实时业务的性能要求。因此 ATM 和 IP 的结合成为研究热点和发展趋势。

1. IP 与 ATM 结合的模式

IP 与 ATM 的融合有两种方式：重叠模式(overlay model)和集成模式(integrated model)。

(1) 重叠模式

重叠模式有经典 IP over ATM(Classical IP over ATM，CIPOA)、局域网仿真(LAN Emulation，LANE)和 ATM 上的多协议(Multi-Protocol over ATM，MPOA)等规范。CIPOA 由 Internet 工程任务组(Internet Engineering Task Force，IETF)制定，LANE 和 MPOA 由 ATM FORUM 制定。该模式的基本思想是：IP 与 ATM 各自保持原有的网络结构和协议结构不变，通过在两个不同层次的网络之间进行数据映射、地址映射和控制协议映射，来实现 IP over ATM。

在重叠模式中，从 IP 层的角度来看，ATM 层只是另一个异构的网络，它们通过 IP 协议实现网间互联，ATM 网络作为传送 IP 分组的数据链路层来使用；从 ATM 层来看，IP 层产生的业务只是它承载的一种业务类型而已，使用 AAL5 来适配 IP 分组，将其封装成 ATM 信元，使用标准的 ATM 信令建立端到端的 VC 连接，并在这个连接上传送已经封装成 ATM 信元形式的 IP 业务流。该模式的网络由运行 IP 路由协议并具有 IP 地址的 IP 设备、运行 ATM 信令及路由协议并具有 ATM 地址的 ATM 设备以及完成 IP 地址和 ATM 地址的解析工作的解析服务器组成。

重叠模式的优点是与标准的 ATM 网络及业务兼容；缺点是 IP 的传输效率低，地址解析服务器容易成为网络的瓶颈，不能发挥 ATM 在 QoS 方面的优势，因而不能用来构造大型骨干网。

(2) 集成模式

集成模式主要包括 Ipsilon 公司的 IP 交换技术(IP Switching)、Cisco 公司的标签交换技术(Tag Switching)和 IETF 制定的多协议标记交换技术(Multi-Protocol Label Switching，MPLS)。集成模式是将 IP 与 ATM 有机结合在一起。该模式的基本思想是：核心网中的 ATM 交换机直接运行 IP 路由协议，将 ATM 视为 IP 层的对等层，而不是为 IP 层提供服务的下一层设备。使用 IP 服务的用户终端只需要一个 IP 地址来标识，网络无需再进行 IP 地址到 ATM 地址的解析处理，也不再使用 ATM 信令建立端到端的 VC。

在集成模式中，ATM 交换机还是基于 VPI/VCI 实现分组转发的。一般纯 ATM 网络和重叠模式中的 ATM 交换机的 VPI/VCI 表是由 ATM 信令建立和维护的，而集成模式中的 ATM 交换机中的 VPI/VCI 是由 IP 路由协议和基于 TCP/IP 的其他标记分发控制协议创建和维护的。因此，也把集成模式中的ATM交换机称为多协议标签交换路由器（Label Switching Router，LSR）。

集成模式的优点是综合了第三层路由的灵活性和第二层交换的高效性，IP分组的传输效率高，可以发挥ATM面向连接的全部优点，适合组建大型IP骨干网；缺点是协议较复杂，与标准的ATM技术不兼容。

2. IP与ATM结合的驱动方式

驱动方式就是何时用何种方式来建立虚连接。IP与ATM结合的驱动方式有两种：数据流驱动和控制驱动。这里的“流”指的是在一定的源端和目的地之间传送的一系列的IP包。

数据流驱动就是在数据流到来时，临时判定流的性质，如有必要就建立ATM的虚连接来传送这一数据流。为此，要选定VC，并将流的标识与VCI相关联。

控制驱动就是将用控制协议预先生成和保持的IP路由映射到ATM的虚连接VC。

数据流驱动与控制驱动的不同之处主要体现在通路是否预先建立。数据流驱动是由用户数据流来临时驱动的，要通过数据流的分类功能来判别需要建立ATM连接的流。例如，文件传送适合于建立ATM连接，短的域名服务器查询消息适合无连接的传送。在流的判别和ATM连接的建立过程中，该数据流的分组仍然由第三层选路，ATM连接建立后分组才通过已建立的虚连接传送。这样，一方面产生延时，另一方面可能导致数据流中各个分组的失序。由于是临时驱动，要用周期刷新的方法来控制ATM连接释放，刷新意味着继续保持连接，不进行刷新时连接自动释放。

控制驱动是用协议控制在网络的入口、出口预先建立好虚连接，当数据到达网络入口时，数据沿着已经建立好的通路传送，通常没有建立时延，不会产生失序，也不需要周期刷新。

归纳上面的讨论，IP与ATM结合技术分类如图5-21所示。目前主流的IP与ATM结合技术是MPLS，分类图中的tag和Label意为标签或标记，其含义是一样的，可都称为标记，因此，标记交换是IP和ATM结合技术的核心。下面分别介绍两种IP与ATM结合技术。

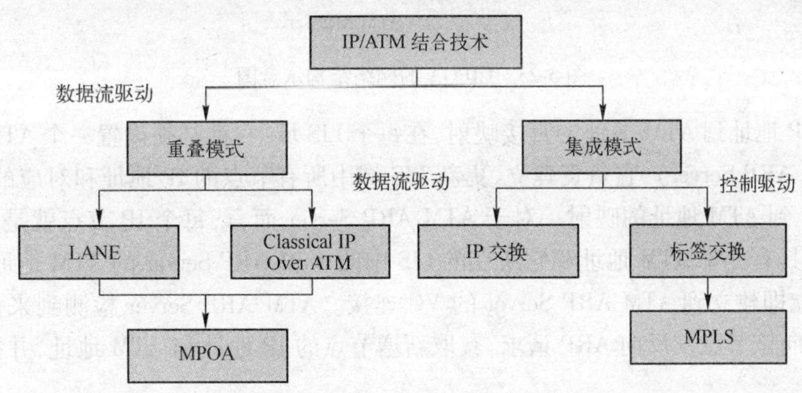

图5-21　IP与ATM结合技术分类

3. 经典的IP over ATM

CIPOA是IETF制定和发布的解决方案。其基本思想是：将ATM网络当作局域网来处理，即在传输IP分组时把ATM网络看作是另一种异型网络，与在以太网、令牌环网以及X. 25分组交换网等物理网络上传输IP分组的情况类似。CIPOA从IP层直接映射到ATM上，解决QoS问题，分层结构如图5-22所示。

(1) 网络结构

在 CIPOA 中引入了逻辑 IP 子网(Logical IP Subnetwork,LIS)的概念。LIS 是根据用户和网络管理者的要求,对连接到同一 ATM 网络的任意 IP 节点(IP 主机或路由器)进行组合而形成的逻辑 IP 子网。一个 LIS 中的所有 IP 节点都必须和 ATM 网络直接相连,并且共享一个 IP 网络地址,从而构成一个独立的 IP 子网。

高层
TCP/UDP
IPOA
AAL5
ATM 层
物理层

图 5-22 CIPOA 分层结构

LIS 中的 IP 节点与它们的物理位置无关,不同的 LIS 之间相互独立。属于同一 LIS 的 IP 节点可以建立点到点的 ATM VC,并在其上直接通信;不同 LIS 的 IP 节点之间则必须通过互连两个 LIS 的路由器进行通信。在 IPOA 中,VC 不能穿越 LIS 的边界建立,但在 IP 层看来,一个 LIS 只相当于一跳,而不管其中经过了几个 ATM 交换机。图 5-23 描述了 CIPOA 的网络结构。

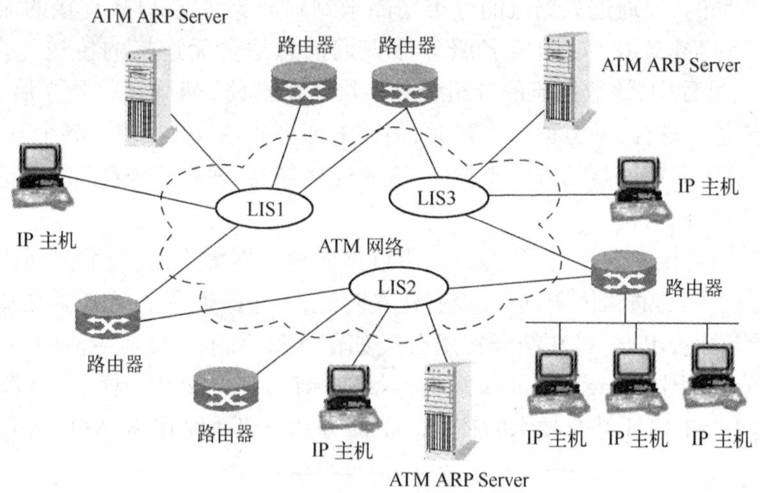

图 5-23 CIPOA 的网络结构示意图

为解决 IP 地址到 ATM 地址的直接映射,在每个 LIS 域内,都必须设置一个 ATM 地址解析服务器(ATM ARP Server),它负责建立、更新 LIS 域中所有节点的 IP 地址和对应的 ATM 地址表,并完成 IP 到 ATM 地址的映射。对于 ATM ARP Server 而言,每个 IP 节点就是一个 LIS 客户机,它必须具有一个 ATM 地址和它所在的 LIS 中的 ATM ARP Server 的 ATM 地址,只要一接入 LIS,它就立即建立到 ATM ARP Server 的 VC 连接。ATM ARP Server 检测到来自一个新主机的连接,就向该节点发反向 ARP 请求,获取新增节点的 IP 地址和 ATM 地址,并登记到映射表中。

(2) CIPOA 的工作过程

一个 IP 节点在发送数据之前,由于它只知道目的 IP 节点的 IP 地址,而不知其 ATM 地址,所以它首先必须通过 ATM ARP 协议获取目的 IP 节点的 ATM 地址,然后才能建立 ATM VC 连接,并在其上传送数据。其过程如图 5-24 所示。

① 源客户向 ATMARP 服务器发送一个 ATM ARP 请求,服务器根据目的客户的地址信息,完成目的客户的 IP 地址与 ATM 地址间的映射。

② 服务器将映射后的 ATM 地址返还给源客户。

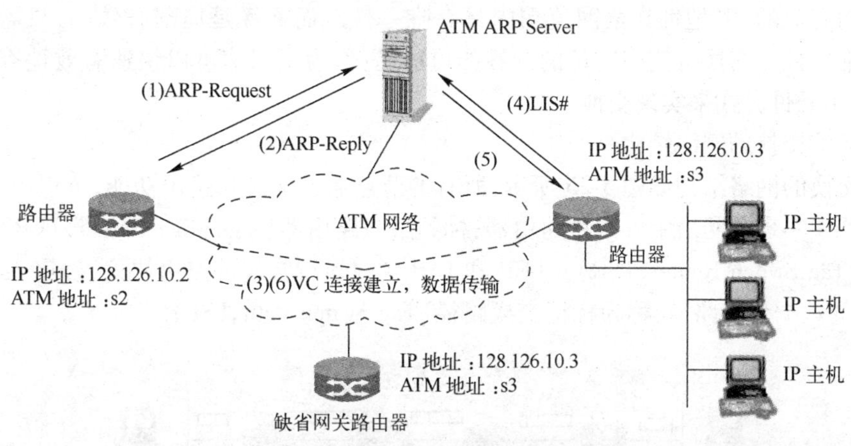

图 5-24　CIPOA 工作过程示意图

③ 源客户与目的客户建立连接。

④ 当目的客户收到源客户的第一个数据包时,目的客户向 ATM ARP 服务器发送请求,以确定源客户的地址。

⑤ 服务器将源客户的 ATM 地址返还给目的客户。

⑥ 目的客户与源客户建立连接。

(3) CIPOA 的优缺点

CIPOA 的优点主要有:

① 可以利用 ATM 网络的业务质量 QoS,能够支持多媒体业务。

② 在 IP 层将传统局域网接入 ATM 网,地址解析实现了 IP 地址与 ATM 地址的直接映射,映射简单,而且时延小。

③ 支持的 MTU(最大传输单元)较大,提高了网络的性能。

CIPOA 的缺点主要有:

① 只支持 IP 网络,其他网络层协议,如 IPX、DECnet 等得不到支持,应用受到限制。

② IP 广播和点多播地址无法映射到 ATM 地址上,因此 CIPOA 不支持局域网的广播和多播业务。

③ CIPOA 在地址解析、路由选择和连接建立未完成时,不存在默认的数据路由,仍存在进行连接建立的延时问题。

④ CIPOA 没有解决 LIS 网间通信问题,不同 LIS 的主机通信必须采用外部路由器转接,因此外部路由器成了通信的瓶颈,从而也无法满足不同 LIS 中两个节点间建立具有 QoS 要求的连接。

4. 标签交换

标签交换(Tag Switching)是 Cisco 公司 1996 年提出的一种多层交换技术。它兼容了传统的 IP 路由协议,在一定程度上将数据的传递从路由变为交换,提高了传送效率。标签交换的基本目标是提高骨干路由器的转发性能,通过使用简单的定长标签,把不同的网络层选路服务与标签替换转发的机制联系起来,同时保持与介质无关。

这里的标签是分组头中的一个固定长度的短的字段。每个标签与第三层的路由信息直接关联，通过标签将 IP 分组或 ATM 信元传送到网络的目的地。标签与 IP 地址是不一样的，IP 地址是全网有效的，IP 地址在全网范围内具有唯一性。而标签是局部有效的，只需在任一交换点具有唯一性。交换机使用定长的标签的目的是：作为索引值可以快速有效地查找分组转发表，适合用硬件方式来实现交换。

(1) 标签交换的网络结构

标签交换的网络结构如图 5-25 所示，所有的节点兼具交换和路由功能，可以由 ATM 交换机或路由器来实现。网络中有两种路由器：标签边缘路由器(Tag Edge Router，TER)和标签交换路由器(Tag Switch Router，TSR)。LER 和 LSR 通过运行常规的路由协议，确定入口 LER 至出口 LER 的数据传送路径，称为标记交换路径(Tag Switch Path，LSP)。

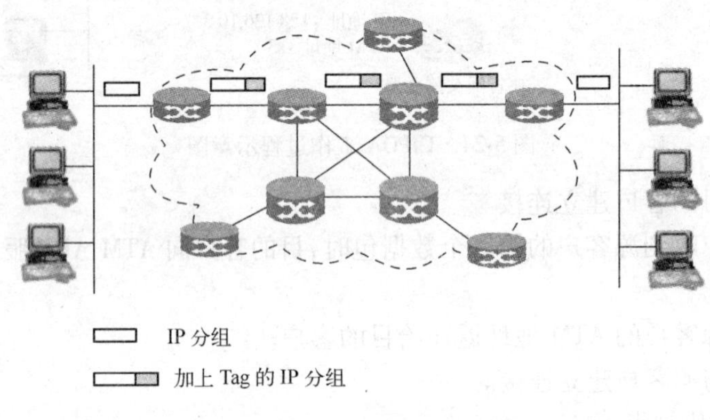

图 5-25　标签交换网络结构

LER 负责输入数据包的分类、整形和流量控制，根据分类结果对数据包赋予初始标记，并查询转发表找到输出链路，将其传送到相邻的 LSR。

LSR 的任务是根据转发表的规定，将输入标记替换为输出标记，将其传送至下一跳。完成这样的数据交换功能称为"标记替换"。对于 IP/ATM 集成的交换机来说，标记就是 ATM 的 VPI/VCI，标记替换就是 ATM 中的 VP 交换和 VC 交换。

因此在标签交换网中，对数据的处理功能都集中在网络边缘的 LER，位于网络核心的 LSR 的任务很简单，这样可以确保核心网络具有很高的吞吐量和较低的传送时延。标签交换的工作过程可简单用四个步骤来描述：

① 所有 LSR 和 LER 运行路由协议(如 OSPF，BGP 等)，建立到目的网络的路由表。根据已建路由表，运行标签分配协议(TDP)，在 TER 和 TSR 间建立标签转发表，由转发表中的输入/输出标签构成 LSP。

② IP 数据包进入入口 LER，LER 分析数据包头部，确定其所需的第三层服务(如 QoS、带宽管理等)，根据策略和路由要求确定其初始标签，将标记添加在数据包的头部，查询转发表将数据包转发给 LSR。

③ LSR 读出数据包的标记，根据转发表将其替换成新的标记，转发给下一个 LSR。这个过程沿着 LSP 在每个 LSR 重复执行。

④ 数据包到达出口 LER，LER 剥离标签，根据数据包头部将其转发至最终目的地。

需要说明的是，LER 和 LSR 中的转发表是根据选路结果预先计算确定的，转发表中规定的标签替换规则确保数据包沿着预定的 LSP 转送至出口 LER。因此，LSP 是预先建立好的，数据包到达入口 LER 时无需临时建立连接。LSP 的建立不是采用复杂的标准 ATM 信令,而是采用简单的标签分配协议自动分配标签实现的。

(2) 标签交换的工作原理

标签交换机有两种组件:转发组件和控制组件。转发组件根据分组中携带的标签信息和交换机中的转发表完成分组的转发。控制组件主要负责维护交换机之间的标签转发信息。

在标签交换机中,标签转发表信息库(Tag Fowarding Information Base,TFIB)用于存放标签转发的相关信息,TFIB 由一系列表项组成,每个表项由一个输入标签和若干个子表项构成,每个子表项包括一个输出标签、一个输出接口和一个下一跳地址,如图 5-26 所示。如果是单播数据流,每个表项只包含一个子表项。如果是多播数据流,每个表项包含多个子表项,而每个子表项的输出标记可能相同也可能不同。

输入标记	第 1 子表项	第 2 子表项
输入标签	输出标签	输出标签
	输出接口	输出接口
	下一跳地址	下一跳地址

图 5-26　TFIB 结构

① 转发组件

当 LSR 收到一个携带标签的分组时,转发组件的工作流程为:先从分组中提取标签,此为索引检索转发表。找到匹配表项后,对于每个子表项,LSR 用子表项指定的输出标签替换原来的标签,再将分组从指定的输出接口发出至指定的下一跳。

ATM 交换也属于标签替换技术,其标签即为 VPI 或 VCI,而转发组件由 ATM 交换结构来实现。

② 控制组件

控制组件完成标签的分配和标签的维护工作,也就是负责 TFIB 的标签信息的生成和维护。标签的生成和维护主要用标签分配协议(Tag Distributed Protocol,TDP)来实现。

③ TDP

TDP 与标准的网络层 IP 路由协议(如 OSPF、BGP 等)配合,在标签交换网络中的相邻各设备之间分发标签信息,TDP 提供了 TSR 与 TER 以及 TSR 与 TSR 之间进行标签信息交换的方式。TER 和 TSR 使用标准的 IP 路由协议来建立它们的转发信息库,获取目的地的可达性信息。在转发信息库的基础上,相邻 TSP 和 TER 使用 TDP 相互分发标签值,创建标签交换需要的 TFIB。TSR 将依据 TFIB 进行标签交换。TDP 规定了三种标签分配方式:下游节点标签分配、下游节点按需分配标签和上游节点标签分配。所谓上游和下游是从某个路由器的角度考虑的,指向某个目的地址的路由方向称为下游,反之称为上游。

(3) 多协议标记交换技术-MPLS

IETF 在 1997 年提出的 MPLS 是一种效率更高的交换式路由技术。它解决了各种交换式路由技术不兼容的问题,也融合了各种交换式路由技术的优点。

在 MPLS 中,数据分组携带的标记有两种实现方法。一种是利用链路层头部的一部分作为标记。如 ATM 的标记为 VCI 或 VPI、帧中继的标记为数据链路连接标识(Data Link Connection Identffier,DLCI)。但是在某些链路层技术中,如以太网或点到点链路,其链路层头部没有可作为标记的合适的标识符，为此专门定义了一个 32 bit 的“薄片式”标记头部插在链路层头部和网络层头部之间。这种“薄片式”的结构如图 5-27 所示，其中，标记为 20 bit；TTL 占用 8bit，意义同 IP 协议；1 bit 的 S 为栈底指示位，指示该标记是否为标记栈中的最后一个标记，以支持多域 MPLS 网络；3 bit 的 EXP 为“实验”字段，用于支持 QoS，指示该转发等价类（Forwarding Equivalence Class，FEC）的服务类别。FEC 代表了有相同服务需求的分组的子集。对于该子集中的所有分组，路由器采用相同的处理方式转发。

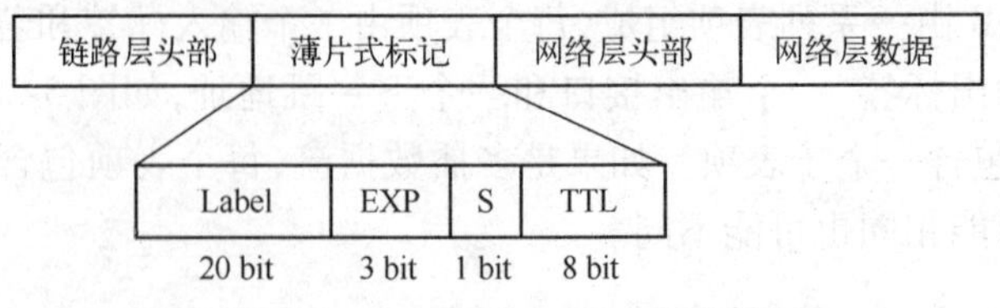

图 5-27　薄片式标记结构

MPLS 中的标记交换采用单一转发算法，即无论是单播、多播还是带服务类别（Type of Service，TOS）的单播，均采用统一的标记替换。标记交换的转发部件不限于任何特定的网络层。例如同样的转发技术既可以用于 IP 数据包的标记交换，也可以用于的 IPX 的数据包的标记交换。因此，就网络层协议而言，标记交换是一种支持多协议的解决方案。其次在任何链路层技术上都可以定义相应的标记，按同样的算法进行标记替换，因此，就链路层的协议而言，标记交换也是一种支持多协议的解决方案。正因为如此，IETF 取名为 MPLS，反映了该技术的广泛应用。

① 标记分配

MPLS 采用下游标记分配方式，该分配方式有两种分配方法。一是自发下游分配法，每个 LSR 可以自行决定为所选的 FEC 分配标记。二是按需下游分配法，每个 LSR 只有在收到上游 LSR 发来的请求时才为该 FEC 分配标记。自发分配速度快，而按需分配有利于路由信息和标记绑定的同步。

采用按需下游标记分配方法时，标记分配从出口 LER 向入口 LER 的方向顺序进行，各个 LSR 依次分配并分发该 FEC 的标记，最后建立起 LSP。其过程如图 5-28 所示。设 FEC 对应目的网络地址前缀为 192.6/16 的分组，D 为出口 LER。LSP 的建立由 D 发起，它为 FEC 分配标记值为 6，并将此通告邻接 LSR C。C 收到此绑定信息后，为此 FEC 分配标记值 14，并通告邻接 LSR A 和 B。依次类推，一直到入口 LER 为止。

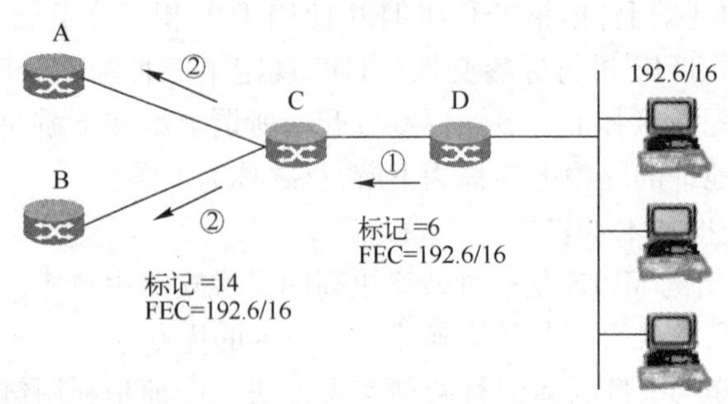

图 5-28　按需下游标记分配法

标记绑定信息可以使用标签分配协议 TDP 传送，也可以借助 BGP、RSVP 或 OSPF 等路由协议捎带传送。

② 标记交换传送过程

以图 5-29 为例，说明 MPLS 网络中基于标记交换的数据传送过程。

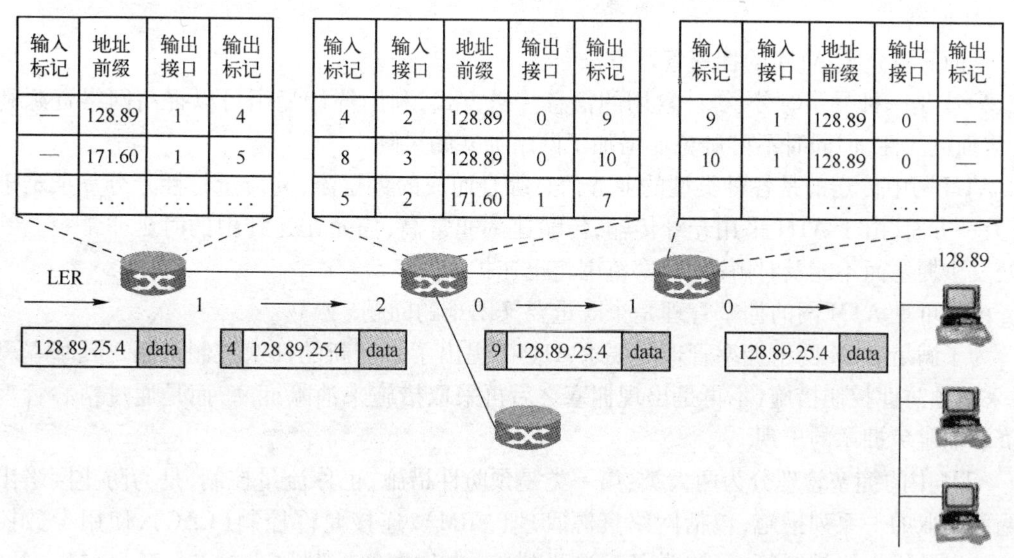

输入标记	地址前缀	输出接口	输出标记
—	128.89	1	4
—	171.60	1	5
	…	…	…

输入标记	输入接口	地址前缀	输出接口	输出标记
4	2	128.89	0	9
8	3	128.89	0	10
5	2	171.60	1	7

输入标记	输入接口	地址前缀	输出接口	输出标记
9	1	128.89	0	—
10	1	128.89	0	—
		…	…	

图 5-29　标记交换过程示例

- 输入数据包到达入口 LER，LER 读出其目的地址前缀为 128. 89，查询转发表，得到输出标记为 4，将其出入数据包头部，由接口 1 转发输出。
- 核心网中的 LSR 读出标记，查询转发表的匹配表项，得到输出标记为 9，将标记替换为 9 后，将数据包由接口 0 转发输出。
- 出口 LER 读出标记，查询转发表的匹配表项，获知已达到 LSP 的终点，去除标记，将原始数据包由接口 0 转发至目的地。

这个例子当中，假设底层传送是通过路由网络，并按照 IP 地址前缀划分 FEC，IP 地址只在网络边缘供 LER 确定 LSP，在核心网络中并不参与数据包的转发。如果底层是通过 ATM 网络传送，传送过程与上相同，只是 IP 数据包需在入口 LER 分拆成信元，在出口 LER 需将这些信元组装恢复成原始数据包。而网络则以 VPI/VCI 作为 MPLS 标记。

5.5　拥塞控制与流量控制

任何一个电信网都需要解决网络拥塞的管理问题，也就是解决有限的网络资源与用户需求之间的矛盾。在满足用户对服务质量要求的前提下，尽可能地充分利用网络资源。

网络出现拥塞的原因有两方面：一是由于网络中流量强度不可预测地随机波动而造成网络负荷过重；二是由于网络本身出现故障。

在电路交换网（如电话网）中，拥塞管理的基本思想是资源预分配与即时拒绝。交换机对用户的呼叫请求需预先建立一条连接，为这条连接分配所独占的资源。当同时呼叫的用户数超过限定值时，交换机则拒绝接收呼叫，产生呼损。

在分组交换网中,使用 X.25 协议中的窗口流量控制技术来控制拥塞,其基本思想是通过反馈的方法来限制发送端发出过多的流量。

电路交换和分组交换拥塞控制方法不适合 ATM 网络,电路交换的拥塞控制方法缺乏灵活性,与 ATM 动态分配资源的特性相矛盾;而分组交换拥塞控制方法速度较慢,不适合用于高速的 ATM 网络。

下面简要介绍 ATM 的拥塞管理方法。

ATM 是一种异步时分、统计复用的信息传送方式,利用统计复用可以提高网络资源利用率,增强灵活性,但同时不可避免地增加了网络拥塞的风险。

ATM 网中传送的是各种类型的业务信息综合而成的数据流,其流量特性十分复杂难于控制;另一方面,由于 ATM 采用光纤传输,传输速率非常高,信元在光纤中的时延非常短。一旦某处发生拥塞而不能及时解决,拥塞范围将迅速扩大。

由此可见 ATM 网的拥塞管理是个既重要又困难的问题。

为了满足 ATM 网中拥塞管理的要求,ITU-T 提出了一套新的拥塞控制机制。其基本思想是:采取预防性控制措施,不再是出现拥塞之后再采取措施来消除拥塞,而是通过精心管理网络资源而避免拥塞的出现。

ATM 中的拥塞管理分为两大类:第一类是预防性措施,也称流量控制,是为防止网络出现拥塞而采取的一系列措施,包括网络资源管理(NRM)、连接允许控制(CAC),使用参数控制(UPC)以及优先级控制等;第二类是反应性措施,也称拥塞控制(Congestion Control),当网络出现拥塞后,为了把拥塞的强度、影响范围、持续时间减到最小而采取的一系列措施,包括信元选择性丢弃与拥塞指示等。

ATM 网中拥塞控制由流量控制与拥塞控制功能配合完成。用户向网络发出呼叫请求时需要向网络提交即将发送的流量特性,以及对服务质量的要求,网络此时执行连接允许控制 CAC 功能,确定网络是否有足够的资源来支持这一新的呼叫请求。如果能支持就建立相应的虚电路连接,并同用户协商允许通过这条虚电路输入网络的流量的特性参数。只有用户实际输入网络的流量特性满足协定的特性参数时,网络才保证对它的服务质量。在通信过程中执行使用参数控制 UPC 功能,监测每条虚电路中实际输入网络的流量,一旦发现超越了协定参数就采取措施加以限制。以上这些功能的目的都在于防止拥塞的出现,属于流量控制范围。

ATM 网一旦检测到出现拥塞状况,则启动拥塞控制功能,首先是有选择地丢弃掉重要程度相对低的信元以缓解拥塞,同时进行拥塞状态信息的前向、反向指示,当这些措施仍不能很好地控制住拥塞时,网络将进行释放连接或重选路由。

由此可见 ATM 网的流量管理机制可分成如下几个阶段:

- 呼叫请求建立连接阶段,其关键技术是连接允许控制;
- 通信过程中对入网流量的监测与控制,关键技术是使用参数控制;
- 拥塞控制阶段,关键技术是选择信元丢弃与拥塞指示;

5.6 小结

综合业务数字网 ISDN 能在同一个网络上提供语音、数据、图像、视频等各种类型的业务。ISDN 又分为窄带综合业务数字网(N-ISDN)和宽带业务数字网(B-ISDN),N-ISDN 是以电话

IDN 为基础发展演变而成的通信网，提供端到端的数字连接，提供语音和非语音在内的多种电信业务，用户能够通过一组有限的、标准的多用途用户/网络接口接入网内，并按统一的规程进行通信。

B-ISDN 也称 ATM 网，能支持交互型和分配型业务，能兼容 N-ISDN 的窄带语音、非语音业务及多种宽带多媒体业务。B-ISDN 是一个立体分层的协议参考模型，有三个功能面：用户面、控制面和管理面。功能面（除管理面的面管理）又分成四层：物理层、ATM 层、ATM 自适应层（ATM Adaptation Layer，AAL）和高层。物理层负责通过物理媒介正确、有效地传送信元；ATM 层主要负责信元的交换、选路和复用；AAL 层主要将高层业务信息或信令信息适配成 ATM 信元流；高层则相当于各种业务的应用层或信令的高层处理。

ATM 交换是指 ATM 信元从输入端的逻辑信道到输出端的逻辑信道的消息传递。交换节点根据输入信元的输入端口号和输入的 VPI/VCI 值查找虚电路接续表，找到信元的输出端口号和输出的 VPI/VCI 值，输出信元，完成交换。ATM 交换系统具有接口功能、交换连接功能、信令功能、呼叫控制功能、业务流管理及运行维护功能。

IP 与 ATM 的融合重叠模式和集成模式两种方式，IETF 在 1997 年提出的 MPLS 是一种高效的交换式路由技术。它融合了各种交换式路由技术的优点，解决了宽带应用问题，可提供基于 IP 的实时多媒体业务。

ITU-T 针对 ATM 网特性，提出了新的拥塞控制机制。分为两大类：预防性措施和反应性措施。在满足用户对服务质量要求的前提下，充分利用网络资源。

5.7 思考题

1. IDN 与 ISDN 的定义是什么？
2. ISDN 是在电路交换网基础上发展起来的，它是如何实现分组交换功能的？
3. 画图说明 ISDN 的用户/网络接口的参考配置，并简要说明各部分的功能。
4. B-ISDN 支持的业务有哪些？
5. ATM 参考模型中，用户平面、控制平面和管理平面的功能分别是什么？
6. 画出 ATM 信元的组成格式，并说明在 UNI 和 NNI 信头格式有何不同？
7. ATM 信元定界的方法是什么？
8. VP 与 VC 的概念是什么？简述 VP 交换和 VC 交换的基本原理。
9. 简述 ATM 业务的分类及各类业务的基本特点。
10. ATM 交换机由哪几部分组成？分别完成什么功能？
11. 业务流管理主要包括哪些功能？
12. Banyan 网络具有自选择功能，对照图 5-18，画出 010 从 5 号输入端到输出端选路过程。
13. 说明以下术语的含义：LSR、LER、LSP、FEC、TDP。
14. 为什么说 MPLS 是一种支持多协议的技术？
15. ATM 网络中拥塞管理方法有哪些？

第6章　接　入　网

随着通信技术的发展,通信网提供的业务种类不断增加,而传统的从交换机到用户终端的用户环路却越来越无法适应当前以及未来通信发展的需要。各种复用设备、数字交叉连接设备、用户环路传输系统、无源光网络等技术的引入,使得用户环路具有交叉连接、传输、管理的功能和能力,逐步形成了"网"的雏形。为了将用户环路推向数字化、宽带化、综合化,ITU-T 在 G. 902 建议中提出了"接入网"的概念,使不同类型的用户、不同类型的业务都能通过接入网接入电信网,并能提供数字、宽带接入网。本章从接入网的基本概念入手,重点介绍和分析现有和未来会出现的各种宽带接入技术。

6.1　接入网的基本概念

接入网(Access Network,AN)是电信网重要组成部分。位于电信网的最低层,是电信网向用户提供业务的窗口,其在电信网中的位置如图 6-1 所示。

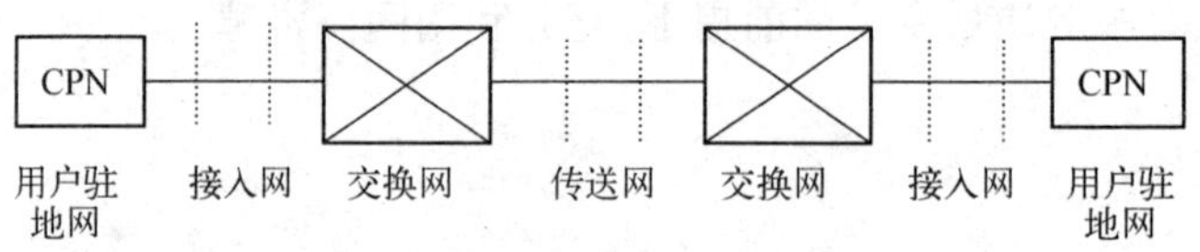

图 6-1　接入网在电信网的位置

早期的电信网只能提供话音业务,交换局到每个用户必须用一对金属线相连接。如果一个交换局为 10000 个用户提供电话服务,这个局的出局电缆至少需要 10000 对。其用户接入网的典型结构如图 6-2 所示,这种交换机到用户终端设备之间的用户环路结构自从电话机发明以来大约一百年时间里都没有发生重大的变化。

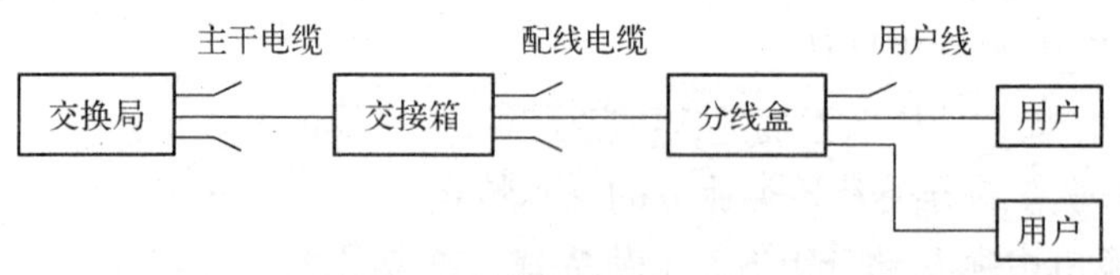

图 6-2　传统用户接入网典型结构

这种接入网由主干电缆、配线电缆和用户线组成。在实际应用和设计中,为了提高通信的可靠性,防止因电缆线对的损坏而影响通信,在配置这三种电缆时应使主干电缆的线对数大于配线电缆的线对数,配线电缆的线对数大于用户电缆线对数,用户电缆的线对数大于实际的用户数。

随着 Internet 业务的爆炸式增长和多媒体通信技术的进步,通信网在数字化、IP 化、宽带化、智能化和个人化等方面飞速发展。电信网中的传输网已经数字化和光纤化。交换网中也实现了数字化和程控化,而以铜缆为主的用户接入网发展缓慢,直接影响了电信网所提供的业务的容量、质量、速度以及网络资源的开发利用,成为制约全网发展的瓶颈。

传统由铜线组成的简单的用户环路结构已经不能适应当前网络发展和用户业务的需要,各种以接入综合业务为目标的新技术、新思想不断涌现,这些技术增强了传统用户环路的功能,也使之变得更加复杂。用户环路渐渐失去了原来点到点的线路特性,开始表现出交叉连接、复用、传输和管理等网络特征。基于电信网的这种发展演变趋势,ITU-T 提出了用户接入网(简称接入网)的概念,严格规定并描述了接入网的概念、网络结构、功能、接入类型和管理功能。

6.1.1 接入网的定义和定界

ITU-T 在 G.902 建议中对接入网做出如下定义:接入网(AN)是指由业务节点接口(Service Node Interface,SNI)和相关用户网络接口(User Node Interface,UNI)之间的一系列传送实体(如线路设施和传输设施)所组成,为传送电信业务提供所需传送承载能力的现代通信系统,可以经由 Q3 接口进行配置和管理。通常接入网对用户信令是透明的,不作解释和处理。它可以被看作与业务和应用无关的传送网,主要完成交叉连接、复用和传输功能,一般不包括交换功能,而且独立于交换机。

如图 6-3 所示,接入网所覆盖的范围可由三个接口来标志,即网络侧经业务节点接口(SNI)与业务节点(SN)相连,用户侧经用户网络接口(UNI)与用户终端设备相连,管理侧则经 Q3 接口与电信管理网(TMN)相连,并由电信管理网进行配置和管理。这里的 SN 是提供业务的实体,是一种可以接入各种交换型或永久连接型电信业务的网络单元,如本地交换机、IP 选路器、租用线业务节点、视频点播和广播电视业务节点等。

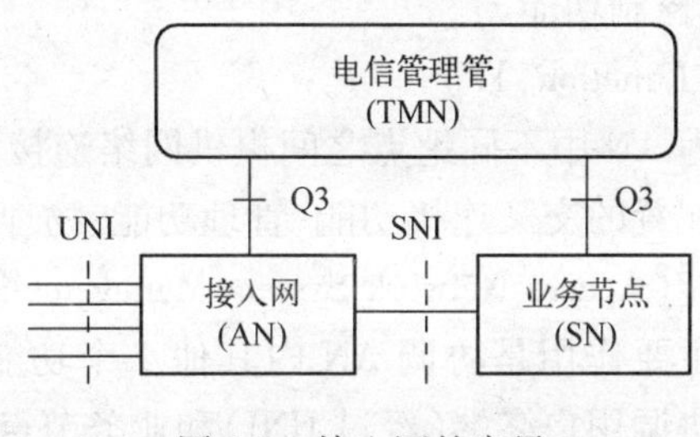

图 6-3 接入网的定界

6.1.2 接入网的功能结构和分层模型

1. 接入网的功能结构

接入网的功能结构如图 6-4 所示,它主要完成用户端口功能(UPF)、业务端口功能(SPF)、核心功能(CF)、传送功能(TF)和 AN 系统管理功能(SMF)。

(1) 用户端口功能(User Port Function,UPF)

用户端口功能的主要作用是将特定的 UNI 要求与核心功能和管理功能相适配。接入网可以支持多种不同的接入业务并要求特定功能的用户网络接口。具体的 UNI 要根据相应接口规定和接入承载能力的要求,即传送信息和协议的承载来确定。具体功能包括:与 UNI 功能的终端相连接、A/D 转换、信令转换、UNI 的激活/去激活、UNI 承载通路/能力处理、UNI 的测试和控制功能。

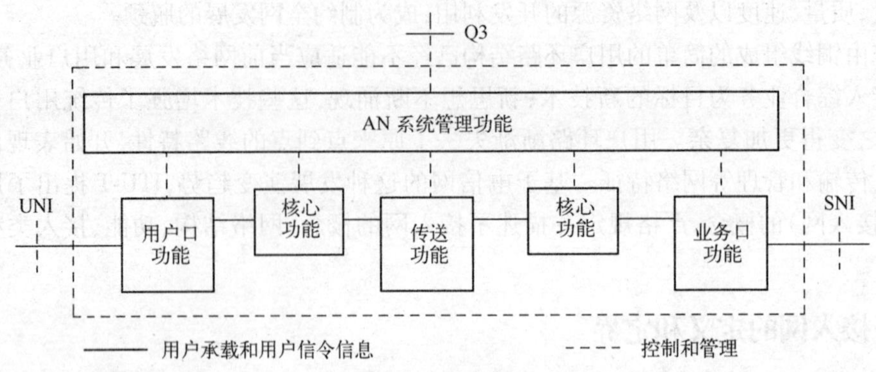

图 6-4 接入网的功能结构

(2) 业务端口功能(Service Port Function,SPF)

业务端口功能直接与业务节点接口相连,主要作用是将特定的 SNI 要求与公用承载通路相适配,以便核心功能处理,同时还负责选择收集有关的信息,以便在 AN 系统管理功能中进行处理。具体功能包括:终结 SNI 功能、将承载通路的需要和即时的管理及操作映射进核心功能、特殊 SNI 所需的协议映射、SNI 测试和 SPF 的维护、管理和控制功能。

(3) 核心功能(Core Function,CF)

核心功能处于 UPF 和 SPF 之间,主要作用是将个别用户口承载通路或业务口承载通路的要求与公用承载通路相适配,另外还负责对协议承载通路的处理。核心功能可以分散在 AN 之中。其具体的功能包括:接入的承载处理、承载通路集中、信令和分组信息的复用、对 ATM 传送承载的电路模拟、管理和控制功能。

(4) 传送功能(Transport Function,TF)

传送功能的主要作用是为 AN 中不同地点之间提供网络连接和传输媒质适配。具体功能包括:复用功能、业务疏导和配置的交叉连接功能、管理功能、物理媒质功能。

(5) 接入网系统管理功能(Access Network-System Management Function,AN-SMF)

接入网系统管理功能的主要作用是协调 AN 内其他 4 个功能(UPF,SPF,CF 和 TF)的指配、操作和维护,同时也负责协调用户终端(经过 UNI)和业务节点(经过 SNI)的操作功能。具体功能包括:配置和控制、指配协调、故障检测和指示、使用信息和性能数据收集、安全控制、对 UPF 及经 SNI 的 SN 的即时管理及操作请求的协调、资源管理。

AN-SMF 经 Q3 接口与 TMN 通信以便接受监视和/或接受控制,同时为了实施控制的需要也经 SNI 与 SN-SMF 进行通信。

2. 接入网的分层模型

接入网的分层模型用来定义接入网中各实体间的互连关系,该模型由接入系统处理功能(AF)、电路层(CL)、传输通道层(TP)、传输媒质层(TM)以及层管理和系统管理组成。如图 6-5 所示,其中接入承载处理功能层是接入网所特有的,这种分层模型对于简化系统设计、规定接入网 Q3 接口的管理目标是非常有用的。

接入网中各层对应的内容如下:

接入承载处理功能层:用户承载体、用户信令、控制、管理。

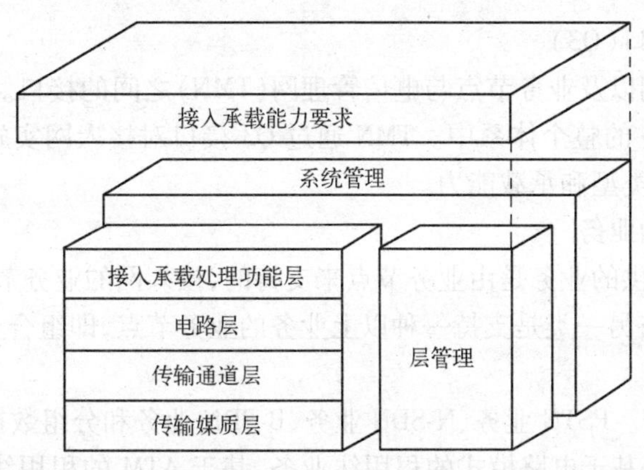

图 6-5　接入网的分层模型

电路层:电路模式、分组模式、帧中继模式、ATM 模式。

传输通道层:PDH、SDH、ATM 及其他。

传输媒质层:双绞电缆系统(HDSL/ADSL 等)、同轴电缆系统、光纤接入系统、无线接入系统、混合接入系统。

6.1.3　接入网的接口与业务

1. 接入网的接口

从 ITU-T 关于接入网的定义可知,在接入网中具有三种接口,即用户网络接口、业务节点接口和维护管理接口。接入网通过这些接口连接到其他网络实体。为了支持不同的业务,接入网可能需要不同的接口。

(1) 用户网络接口(UNI)

UNI 是用户和网络之间的接口,位于接入网的用户侧,支持多种业务的接入,如模拟电话接入(PSTN)、N-ISDN 业务接入、B-ISDN 业务接入以及数字或模拟租用线业务的接入等。不同的业务,采用不同的接入方式,对应不同的接口类型。

UNI 分为两种类型,即独立式 UNI 和共享式 UNI。独立式 UNI 指一个 UNI 仅能支持一个业务节点,共享式 UNI 是指一个 UNI 可以支持多个业务节点的接入。

UNI 的主要接口形式有:模拟二线音频接口(POTS)、模拟四线接口、E&M 模拟接口、ISDN 基本速率接口、ISDN 基本速率接口(BRI、2B + D)、ISDN 基群速率接口(PRI,30B + D)、E1 数字接口、n × 64 kbit/s 的 V. 35 接口等。

(2) 业务节点接口(SNI)

SNI 是 AN 和一个 SN 之间的接口,位于接入网的业务侧。可分为支持单一接入的 SNI 和综合接入的 SNI。目前支持单一接入的 SNI 主要有模拟 Z 接口和数字 V 接口两大类,其中 Z 接口对应于 UNI 的模拟二线音频接口,可提供模拟电话业务或模拟租用线业务;数字 V 接口主要包括 ITU-T 定义的 V1 ~ V4 接口,其中 V1、V3、和 V4 仅用于 N-ISDN,V2 接口虽然可以连接本地或远端的数字通信业务,但在具体的使用中其通路类型、通路分配方式和信令规范也难以达到标准化程度,因此影响了应用的经济性。支持综合接入的标准化接口目前有 V5 接口和以 ATM 为基础的支持宽带综合接入的 VB5 接口。

(3) 维护管理接口(Q3)

Q3 接口是接入网以及业务节点与电信管理网(TMN)之间的接口。通过 Q3 接口,将接入网的管理纳入到 TMN 的整个体系中。TMN 通过 Q3 接口对接入网实施管理、配置等操作,为用户体统所需的接入类型和承载能力。

2. 接入网支持的业务

接入网为用户提供的业务是由业务节点来支持的,接入网的业务节点有两类:一类是支持单一业务的业务节点;另一类是支持一种以上业务的业务节点,即组合业务节点。业务节点提供的业务有:

① 本地交换业务。PSTN 业务、N-SDN 业务、B-SDN 业务和分组数据业务。

② 租用线业务。基于电路模式的租用线业务、基于 ATM 的租用线业务和基于分组模式的租用线业务。

③ 按需的数字视频和音频业务。

④ 广播的视频和音频业务,包括数字业务和模拟业务。

6.1.4 接入网的接入技术分类

目前接入网主要分为有线接入网和无线接入网,有线接入网包括铜线接入网、光纤接入网和混合光纤/同轴电缆接入网;无线接入网包括固定无线接入网和移动接入网。目前的各种接入技术如表 6-1 所示。

表 6-1 接入网接入技术分类

<table>
<tr><td rowspan="20">接入网</td><td rowspan="8">有线接入网</td><td rowspan="4">铜线接入网</td><td>数字线对增容(DPC)</td></tr>
<tr><td>甚高速数字用户线(VDSL)</td></tr>
<tr><td>高比特数字用户线(HDSL)</td></tr>
<tr><td>非对称数字用户线(ADSL)</td></tr>
<tr><td rowspan="3">光纤接入网</td><td>光纤到路边(FTTC)</td></tr>
<tr><td>光纤到大楼(FTTB)</td></tr>
<tr><td>光纤到家(FTTH)</td></tr>
<tr><td colspan="2">混合光纤/同轴电缆接入网</td></tr>
<tr><td rowspan="10">无线接入网</td><td rowspan="6">固定无线接入网</td><td>微波一点多址(DRMA)</td></tr>
<tr><td>固定蜂窝/无绳</td></tr>
<tr><td>直播卫星(DBS)</td></tr>
<tr><td>多点多路分配业务(MMDS)</td></tr>
<tr><td>甚小型天线地球站(VSAT)</td></tr>
<tr><td>本地多点分配业务(LMDS)</td></tr>
<tr><td rowspan="4">移动接入网</td><td>蜂窝移动通信</td></tr>
<tr><td>无绳通信</td></tr>
<tr><td>无线寻呼</td></tr>
<tr><td>集群调度</td></tr>
<tr><td></td><td></td><td>卫星移动通信</td></tr>
</table>

有线接入主要采取如下措施：

① 在原有铜质导线的基础上通过采用先进的数字信号处理技术来提高双绞铜线对的传输容量，提供多种业务的接入。

② 以光纤为主，实现光纤到路边、光纤到大楼和光纤到家庭等多种形式的接入。

③ 在原有 CATV 的基础上，以光纤为主干传输，经同轴电缆分配给用户的光纤/同轴混合接入。

无线接入技术主要采取固定接入和移动接入两种形式，涉及微波一点多址、蜂窝和卫星等多种技术。另外有线和无线相结合的综合接入方式也在研究之列。

由于光纤具有容量大、速率高、损耗小的优点，因此从长远来看，光纤到户是接入网的最理想选择。但考虑到价格、技术以及目前已有的接入网（如双绞线铜缆网），接入网在未来很长时间内应该是多种接入技术共存的局面。

从目前通信网的发展和社会需求可以看出，未来接入网的发展趋势是网络数字化、业务综合化和 IP 化、传输宽带化和光纤化，在此基础上，实现对网络的资源共享、灵活配置和统一管理。

6.2 V 接口

本地交换机（LE）通常以 Z 接口连接模拟用户线，随着光纤和数字用户传输系统的引入，如果继续使用 Z 接口，将增加 A/D 变换次数，这样既带来传输损伤又很不经济。另外，数据业务的发展要求从用户终端到本地交换机之间实现透明的数字连接，这些都要求交换机提供数字用户线的接入能力。为此开发了本地交换机用户侧的数字接口，统称为 V 接口。

ITU-T 早期所开发的 V1 ~ V4 接口，都没有形成国际标准化。为了适应在 AN 范围内有多种传输媒介，多种接入配置和业务，希望有标准化的 V 接口能同时支持多种类型的用户接入。1994 年，ITU-T 通过了 V5 接口规范，制定了 V5.1 和 V5.2 接口的标准，并进一步开始了速率为 STM-1 支持 B-ISDN 的 VB5 接口的研究工作。

6.2.1 V5 接口

V5 接口建立在交换终端（ET）接口基础上，是一种标准化的、完全开放的接口。V5 接口可支持利用各种不同传输媒质的接入类型和业务。

1. V5.1 接口和 V5.2 接口

V5.1 接口由一个 2048 kbit/s 链路构成，交换机与接入网之间可以配置多个 V5.1 接口，如图 6-6a 所示。V5.1 接口支持下列接入类型：模拟电话接入、基于 64 kbit/s 的综合业务数字网基本接入和用于半永久连接的、不加带外信令信息的其他模拟接入或数字接入。这些接入类型都具有分配的承载通路，即用户端口与 V5.1 接口内承载通路有固定的对应关系，在 AN 内无集线能力。V5.1 接口使用一个 64 kbit/s 的时隙传送公共控制信号，其他时隙传送语音信号。

V5.2 接口根据需要可以由 1 ~ 16 条 2048 kbit/s 链路构成，如图 6-6b 所示，除了支持 V5.1 接口提供的接入类型外，还可支持 ISDN 一次群速率接入（即 30B + D 或支持 H_0、H_{12} 和 $n \times 64$ kbit/s 业务）。这些接入类型都具有灵活的、基于呼叫的承载通路分配，并且在 AN 内和

V5.2 接口上具有集线能力。对于模拟电话接入，既支持单个用户接入，也支持 PABX 的接入，其中用户线信令可以是 DTMF 或线路状态信令，并且对用户的补充（附加）业务没有任何影响。在 PABX 接入的情况下，也可以支持 PABX 的直接拨入（DDI）功能。对于 ISDN 接入，B 通路上的承载业务、用户终端业务以及补充业务均不受限制，同时也支持 D 通路和 B 通路中的分组数据业务。

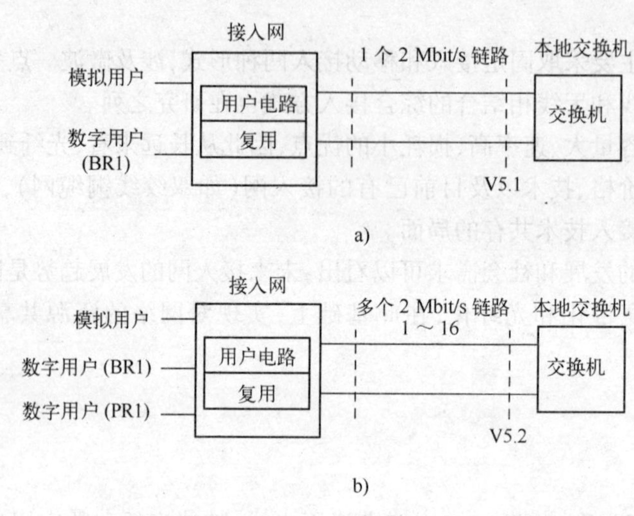

图 6-6　V5 接口

a）V5.1 接口　b）V5.2 接口

一个接入网可以有一个或多个 V5 接口，每一个 V5 接口可以连到一个本地交换机（LE）或通过重新配置与另一个 LE 相连，也就是说它不止连到一个 LE 上。属于同一个用户的不同用户端口可以用同一个或不同的 V5 接口来配置，但一个用户端口侧只能由一个 V5 接口来服务。

2. V5 接口的功能描述

图 6-7 给出了 V5 接口的功能描述，它表示了 V5 接口需要传递的信息以及所实现的控制功能。

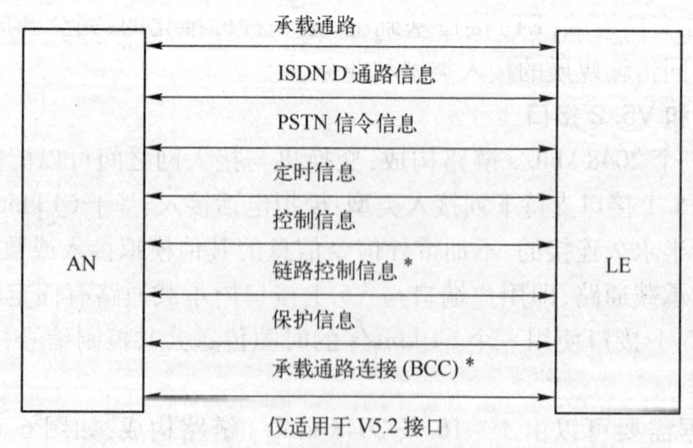

图 6-7　V5 接口功能描述

（1）承载通路

该通路为 ISDN 基本速率接入（ISDN-BRA）或 ISDN 基群速率接入（ISDN-PRA）用户端口已分配的 B 通路或 PSTN 用户端口的 64 kbit/s 通路提供双向传输能力。

（2）ISDN D 通路信息

该信息为 ISDN-BRA 或 ISDN-PRA 用户端口的 D 通路信息提供双向传输能力。

（3）PSTN 信令信息

为 PSTN 用户端口的信令信息提供双向传输能力。

（4）定时信息

该信息提供比特传输、字节识别和帧同步必需的定时信息。

（5）用户端口控制

该功能提供每一用户端口状态和控制信息的双向传输能力。

（6）2048 kbit/s 链路的控制

该功能对 2048 kbit/s 链路的帧定位、复帧定位、告警指示和循环冗余校验 CRC 信息进行管理控制。

（7）第 2 层链路控制

该功能为控制协议和 PSTN 信令信息提供双向传输能力。

（8）用于支持公共功能的控制

该控制提供指配数据的同步应用和重启动能力。

（9）BCC 协议

用于在 LE 控制下分配承载通路。

（10）业务所需的多时隙连接

在 V5.2 接口内的一个 2048 kbit/s 的链路上提供，在这种情况下，应总能提供 8 kHz 和时隙序列的完整性。

（11）链路控制协议

支持 V5.2 接口的 2048 kbit/s 链路的管理能力。

（12）保护协议

它支持逻辑 C 通路与物理 C 通路之间的适当的倒换。

总之，V5 接口可支持多种接入类型，包括：模拟电话、ISDN 基本速率接口、ISDN 基群速率接口（仅 V5.2）即半永久连接租用线路（包括模拟和数字）。

3. 与 V5 接口相关的网管功能要求

与 V5 接口相关的网管功能主要是指配功能，通过接入网的 Q 接口具体实施，相关功能要求如下：

1）与 V5 接口及用户端口都相关的配置要求，如确定用户端口与 V5 接口的关联，规定当前指配的变量等。

2）与 V5 接口相关的配置要求，如规定 V5 接口身份标识和链路身份标识等。

3）与用户端口相关的配置要求，如分配用户端口地址和用户端口类型等。

4）激活/去激活线路测试和测量。

5）检测、定位、报告和为改正用户端口和 AN 接口故障。

6）监视和报告用户端口和 AN 接口的性能。

6.2.2 VB5 接口

ITU-T 制定的 V5.1 和 V5.2 标准接口,获得了成功运用,促进了接入网的发展。随着宽带信息业务迅速发展,宽带综合接入网的实施和应用,V5 接口已不能满足宽带业务对 SNI 的要求。ITU-T 对宽带综合接入网结构的各类接口(如:UNI、Q3、SNI 等)进行定义,其中 SNI 被定义为 VB5 接口,该接口在接入网参考点上应用 ATM 复用/交叉连接。1998 年 6 月,ITU-T 正式通过了关于宽带综合接入网业务接点侧的 VB5.1 接口规范,1999 年 2 月又通过 VB5.2 接口规范。VB5.1 支持通过网管进行资源的分配,而 VB5.2 还增加了在 SN 控制下的对 AN 资源的分配,实现 AN 中呼叫到呼叫的集线功能。

1. VB5 接口业务体系

VB5 接口作为宽带接入网的 SNI,按照 ITU-T 的 B-ISDN 体系,采用以 ATM 为基础的信元方式传递信息并实现相应的业务接入。

VB5 接口规定了接入网(AN)与业务节点(SN)之间的物理接口、程序及协议要求。VB5 接口可以支持 B-ISDN 以及非 B-ISDN 用户接入、基于 SDH/PDH 和基于信元的各种速率 UNI 的 B-ISDN 接入、V5 接口接入、不对称/多媒体业务的接入、广播业务的接入、LAN 互连功能的接入、通过 VP 交叉连接可以支持的接入等。如图 6-8 所示,ATM 接入与窄带接入通过 VB5 接口与业务节点相连接,完成宽带和窄带业务的处理。

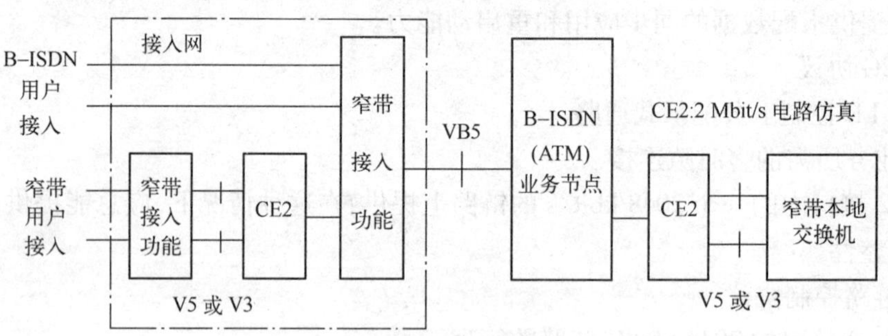

图 6-8 VB5 接口

用户侧的 UNI 应是 ATM 信元格式的接口,UNI 速率有 2 Mbit/s,25 Mbit/s,51 Mbit/s,155 Mbit/s 和622 Mbit/s 等,采用 2 号数字用户信令(DSS2)作用户网络信令,如果为非 B-ISDN 的 UNI 则需要加入适配功能变换成标准格式。

2. VB5 规则及功能描述

VB5 是基于 ATM 接口的,VB5 有 VB5.1 和 VB5.2 两种类型。

(1) VB5 接口的规则

- B-ISDN 信令由接入网透明处理;
- 本地交换机生成双音多频信号和脉冲信号;
- 接入网不进行本地交换;
- VB5.2 支持集中控制;
- 本地交换机进行所有呼叫记录和计费;
- 接入网进行用户参数控制,确保错误的用户在 VB5 接口不会误操作影响其他用户;

• 通过提供宽带用户网络接口(UNI)虚拟路径到不同的交换机,实现用户网络接口配置到不同的交换机。

为使接入网能连接到多厂商的设备环境中,以便设计最为经济有效的网络方案,VB5 允许任何类型的物理接口(SDH 和 PDH),但需指出带宽的上下边界,因为这将影响到 VB5 的协议支持的地址范围。VB5 支持的数据速率为 1.5 Mbit/s ~ 2.488 Gbit/s。

VB5 没有建立保护机制,该功能由物理接口提供,例如,如果置于接入网与交换网间的多路复用传输设备使用 SDH 环,则保护控制由 SDH 路径保护和路径追踪特性提供。

(2) VB5 提供的主要协议

• VB5.1 控制协议:用于用户口虚拟路径连接的同步和控制;
• VB5.2 控制协议:用于用户口虚拟信道连接的同步和控制;
• VB5.2 承载信道控制:用于动态信令带宽配置,承载信道带宽配置和宽带服务。

可见,VB5.1 相对简单,允许灵活的虚路径连接,但没有集中和动态交换功能。VB5.2 支持灵活的虚拟路径连接和动态的虚拟信道连接,且提供在虚拟信道水平的集中控制。VB5 支持由 V5.1 和 V5.2 支持的传统的窄带服务(如传统电话业务,ISDN 基本速率接入和 ISDN 基群速率接入)及新出现的对称或非对称宽带服务。

6.3 数字用户线接入

数字用户线(Digital Subscriber Line,DSL)是一项利用双绞铜缆电话线路,将高带宽信息传送到用户终端的技术。由于使用双绞铜缆的用户线占整个通信网投资的 1/4,如何利用这些宝贵的资源,提供宽带接入,满足现阶段的宽带用户需求,是电信运营商努力最求的目标。xDSL 是 DSL 的统称,xDSL 接入也称铜缆接入,它解决了在网络服务供应商和最终用户间的“最后一公里”的传输瓶颈问题,被称为通过铜质双绞线实现高速接入成本最小、最现实的宽带接入网解决方案,目前 DSL 技术已非常成熟,在一些国家和地区得到大量应用。

6.3.1 xDSL 概述

xDSL 的实质是在交换局和用户之间通过调制解调器实现综合业务的接入,其中 x 表示 A/H/I/M/RA/S/V 等多种不同的数据调制实现方式。xDSL 技术采用先进的数字信号自适应均衡技术、回波抵消技术和高效的编码调制技术,在不同程度上提高了双绞铜线对的传输能力,为用户提供了一种低成本的综合业务接入方式。下面将简单介绍常用的 HDSL,ADSL 和 VDSL 技术。

1. 高速数字用户线(HDSL/SHDSL)技术

HDSL 技术是美国 Bellcore 于 1988 年提出的,它是一种对称的数字用户线,上下行通道通过传统的铜线可以实现 2 Mbit/s 的数字信号传输。使用 1 或 2 对双绞线,在 0.4 mm 线径上传送距离可达 3 ~ 5 km。HDSL 的传输距离会受到线路环阻、线路质量和环境干扰的限制。这些都是由 HDSL 传输系统的不同的编码方法决定的。HDSL 系统线路编码方法有多种,如 2B1Q、2B2T、4B3T、QAM 和 CAPD 等,目前常用的有两种,即 2B1Q 编码和 CAP 编码。两者都符合欧洲电信标准协会(ETST)的 ETR152 建议(即 E1 HDSL 的技术规范)。

SHDSL 由于采用了 TC-PAM 的编码方式,传输距离比 HDSL 产品要提高 10% 左右。可以采用1对或2对双绞线传输，有很强的频谱兼容性和抗干扰性能，并具有速率自适应等传输特性。目前主要设备厂家的HDSL设备和SHDSL设备都可以实现1对线或2对线应用，2对线应用相比1对线应用，可以提供更远的传输距离和更稳定的信号质量。

HDSL/SHDSL满足了运营商和高端企业用户的对称性业务需求，适合于电信运营商和企业宽带接入。优点是双向对称，速率比较高；缺点是没有标准、费用高。

2. 非对称数字用户线(ADSL)技术

ADSL技术主要是针对因特网和视频点播(VOD)等业务的上下行不对称性而提出的。能够在现有的一对电话线上实现1.5~8 Mbit/s下行信号传输和16~640 Kbit/s的上行信号传送。可以为用户提供多种宽带业务，非常适合用做家庭和个人用户的互联网接入。关于ADSL技术的详细内容，在6.3.2节中着重介绍。

3. 甚高速数字用户线(VDSL)技术

VDSL是在ADSL基础上发展起来的，也是一种非对称的数字用户环路，能够实现更高速率的接入。上行速率可达1.7~7 Mbit/s以上，下行速率可达13~55.2 Mbit/s，但传输距离较短，一般为0.3~1.3 km。由于VDSL的传输距离比较短，因此特别适合于光纤接入网中与用户相连接的最后“一公里”，并且要求光网络单元(ONU)尽量与用户接近，当ONU离终端用户很近时，可与FTTC、FTTB等结合使用。VDSL可同时传送多种宽带业务，如高清晰度电视(HDTV)、清晰度图像通信等。

6.3.2 ADSL接入技术

ADSL接入技术最初是用于视频点播，后来由于因特网的兴起而广泛运用于高速因特的接入。ADSL最大的特点是上下行速率的不对称性，下行速率比上行速率大，因此特别适于Web浏览等因特网业务。ADSL最早由美国Bellcore在20世纪80年代末首次提出，1989年以后得到很大的发展，可以在一对电话线上提供多种宽带接入。

1. ADSL系统结构

ADSL系统的典型结构如图6-9所示，它主要由局端设备和远端设备组成，其中局端设备包括ATU-C(ADSL Termination Unit Central)、数字用户线路接入复用器(DSL Access Multplexer, DSLAM)和POTS分离器。远端设备包括ATU-R(ADSL Termination Unit Remote)和POTS分离器。

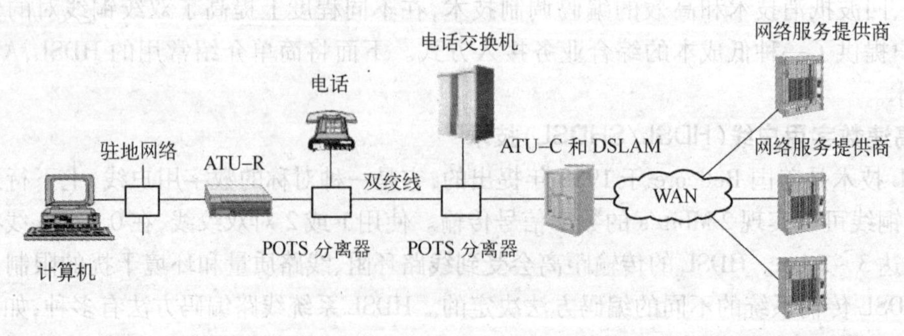

图6-9 ADSL系统结构

(1) 用户接口

用户接口有多种不同的选择方案，常见的接口有 10Base-T 和 25.6 Mbit/s 的 ATM 接口两种，其他的如通用串行接口总线（USB）和用于机顶盒的 V.35 接口也可以作用户接口。

(2) POTS 分离器

POTS 分离器使得 ADSL 信号能与普通电话信号共用一对双绞线，在局端和远端都有一个 POTS 分离器，它在一个方向组合两种信号，在相反方向将这两种信号分离。

(3) ATU-R

ATU-R 指的是远端的 ADSL 收发单元，放置在用户端，主要完成接口适配、调制解调以及桥接等功能，从实现形式上看，ATU-R 可以是外置的 Modem，例如插在 PC 机中的一块板卡，在某些情况下，也可以是大型网络设备（如路由器）的一部分。

(4) ATU-C

ATU-C 指的是局端的 ADSL 收发单元，放置在局端，主要完成接口适配、调制解调以及桥接等功能。一般来说，ATU-C 是网络接入设备的一部分，由接入架上的多块插卡组成。一块卡板上可以有多个 Modem，也可以是几块卡共同完成一个 Modem 的功能，但在同一时刻，一个 ATU-C 只能与一个 ATU-R 连接。

(5) DSLAM

DSLAM 是指数字用户线接入复用器，可以将用户线路上的业务流整合汇聚到与骨干网交换设备相连的高速数据链路上。

(6) NSP

网络服务提供商（NSP）是泛因特网服务提供商、娱乐服务提供商、公司网络或用户通过 xDSL 技术继而的任何一种类型的服务提供商。

ADSL 接入的优点是可以利用现有的市内电话网，降低施工和维护成本。缺点是对线路质量要求较高，线路质量不高时推广使用有困难。由于带宽可扩展的潜力不大，ADSL 不能满足今后日益增长的接入速率需求，只能是不长的一段时期的过渡性产品。

2. 频谱安排

ADSL 系统采用频分复用（FDM）方式将整个频带分为三个部分，如图 6-10 所示，三个部分分别支持不同的业务应用：一是普通电话业务（POTS）信号，它占据基带，并通过 POTS 分离器与 ADSL 数字数据分开，保证二者共用一对电话线传输；二是上行数字信道，它占据 10～50 kHz 之间的带宽，速率一般是 144 kbit/s 或 384 kbit/s。三是下行数字信道，它占据 50 kHz 以上的带宽，传输速率可以是 1.5 Mbit/s、3 Mbit/s、6 Mbit/s 和 9 Mbit/s。

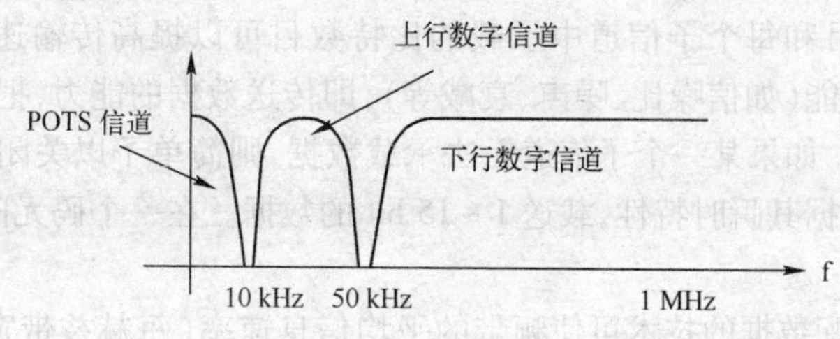

图 6-10　ADSL 频谱划分

3. 传输能力

一个 ADSL 系统可以同时传送 6 个承载通路:3 个独立下行单工承载通路,3 个双工承载通路。上行和下行承载通路速率无需匹配。

ADSL 系统应可以有选择地传送下述规定的下行比特流:

- 2.048 Mbit/s
- 2 ×2.048 Mbit/s
- 4 ×2.048 Mbit/s

6.3.3 ADSL 采用的调制技术

ADSL 采用的调制技术有 3 种:正交幅度调制(QAM),无载波幅度/相位调制(CAP),离散多音频调制(DMT)。

1. QAM 调制技术

QAM 是基于正交载波的抑制载波振幅调制,每个载波之间相差 90°。QAM 调制器的工作原理是:将发送的数据在比特/符号编码器内被分成两路(速率各为原来的 1/2),分别与一对正交调制分量相乘,求和后输出。与其他调制技术相比,QAM 编码具有能充分利用带宽、抗噪声能力强等优点。

QAM 用于 ADSL 的主要问题是如何适应不同电话线路之间性能较大的差异性。要取得较为理想的工作特性,QAM 接收器需要一个和发送端具有相同的频谱和相位特性的输入信号用于解码,QAM 接收器利用自适应均衡器来补偿传输过程中信号产生的失真,因此采用 QAM 的 ADSL 系统的复杂性主要来自于它的自适应均衡器。

2. CAP 调制技术

CAP 调制技术是以 QAM 调制技术为基础发展而来的,它采用无载波幅度相位调制方式,同相分量和相位正交分量分别有 8 个幅值,每个码元含有 4bit 信息。CAP 调制技术的基本原理是将输入码流经串并变换分为两路,分别通过两个幅度特性相同、相频特性相差 90°的数字带通滤波器,输出相加后送入 D/A 转换器,最后经低通滤波器将信号发送出去。

CAP 技术用于 ADSL 的主要技术难点是要克服近端串音对信号的干扰。一般可通过使用近端串音抵消器或近端串音均衡器来解决这一问题。

CAP 是基于 QAM 的调制方式。上、下行信号调制在不同的载波上,速率对称型和非对称型的 xDSL 均可采用。

3. DMT 调制技术

DMT 技术是一种多载波调制技术,在 ADSL 应用中,它将 POTS 以外的可用频带(10 kHz ~1 MHz)划分为多个带宽为 4 kHz 的子信道(通常为 255 个子信道)。各个子信道完全独立,通过增加子信道的数目和每个子信道中承载的比特数目可以提高传输速率。在 ADSL 系统中,通常根据信道的性能(如信噪比、噪声、衰减等),即传送数据的能力,把输入数据自适应的分配到每个子信道上。如果某一个子信道无法承载数据,则简单予以关闭。对于那些能够载送数据的子信道,则根据其瞬时特性,载送 1 ~15 bit 的数据。在一个码元间隔内,相邻子信道的载波相位正交。

DMT 这种动态分配数据的技术可使频带的平均信息速率(每赫兹带宽的比特率)大大提高,从而利用现有的普通电话线即可向用户提供宽带业务。

6.4 光纤接入网

光纤接入是指局端与用户之间完全以光纤作为传输媒质,来实现用户信息传送的应用形式。光纤接入网(OAN)也称光纤用户环路(FITL),就是采用光纤传输技术的接入网,泛指本地交换机或远端模块与用户之间采用光纤通信或部分采用光纤通信的系统。通常,OAN 指采用基带数字传输技术,并以传输双向交互式业务为目的的接入传输系统,将来应能以数字或模拟技术升级传输宽带广播式和交互式业务。

光纤具有频带宽、容量大、损耗小、不易受电磁干扰等突出优点,已成为骨干网的主要传输手段。随着技术的发展和光缆、器件成本的下降,光纤技术逐渐渗透到接入网应用中,并在 IP 网络业务和各类多媒体业务的需求推动之下,得到了极为迅速的发展。

我国接入网当前发展的战略重点,已经转向能满足未来宽带多媒体需求的宽带接入领域。而在实现宽带接入的各种技术手段中,光纤接入网是最能适应未来发展的解决方案,特别是 ATM 无源光网络(ATM-PON)几乎是综合宽带接入的一种经济有效的方式。

6.4.1 光纤接入网的基本结构

光纤接入网与传统意义上的光纤传输系统不同,它是一种针对接入网环境所设计的特殊光纤传输网络。ITU-T G.982 建议提出了一个与具体业务应用无关的光纤接入网的功能参考配置,如图 6-11 所示。

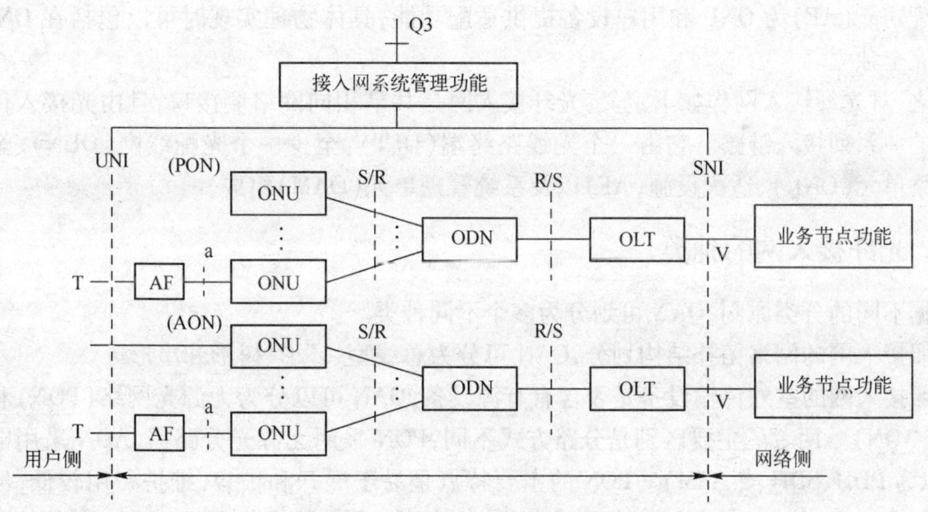

图 6-11 光纤接入网的参考配置

从图中可以看到,光纤接入网的范围是从业务节点接口(SNI)到用户网络接口(UNI)。图中的结构包含 4 种基本功能模块,即光线路终端(OLT)、光分配网络(ODN)、光网络单元(ONU)、适配功能块(AF)及系统管理单元(OAM);

有 5 个主要参考点:光发送参考点 S、光接收参考点 R 与业务节点间参考点 V、用户终端间参考点 T 以及 AF 与 ONU 间参考点 a。

有 3 个接口:维护管理接口 Q3、用户网络接口 UNI 和业务节点接口。其中,OLT 与 ONU

之间的传输连接既可以是一点对一点的方式,也可以是一点对多点的方式。

由于交换机的信号和用户发送接收的信号均为电信号,因此光纤接入网的网络侧和用户侧都要进行光/电和电/光转换。

1. 光线路终端

光线路终端(OLT)为光纤接入网提供网络侧与本地交换机之间的接口,它通过 ODN 与用户侧的一个或多个 ONU 通信。OLT 的任务是分离交换和非交换业务,管理来自 ONU 的信令和监控信号,为 ONU 和自身提供维护和指配功能。

OLT 通常位于本地交换机接口处,也可设置在远端。在物理上它可以是独立的设备,也可以和其他功能集成在一个设备内。

2. 光网络单元

光网络单元(ONU)位于 ODN 和用户设备之间,提供与 ODN 的光接口和与用户侧的电接口。ONU 的位置有很大的灵活性,目前大多设置在分配点(DP)或灵活点(FP)处,最终的目标是放置在用户家里或办公室内。根据 ONU 的具体位置,可将光纤接入网分为不同的应用类型。

3. 光纤分配网络

光纤分配网(ODN)位于 OLT 与 ONU 之间的无源光分配网络,通常采用树型分支结构,由若干段光纤、光纤接头、活动连接器和光分路器等组成,其主要功能是完成 OLT 与 ONU 之间光信号的传输和功率分配,同时提供光路监控等功能。

4. 适配功能

适配功能(AF)为 ONU 和用户设备提供适配功能,具体物理实现时可以包括在 ONU 内,也可以完全独立。

总之,对光纤接入网作如下定义:光纤接入网是共享相同网络侧接口,且由光接入传输系统支持的一系列接入链路。它由一个光线路终端(OLT),至少一个光配线网(ODN)、至少一个光网络单元(ONU)、适配设施(AF)以及系统管理单元(OAM)组成。

6.4.2 光纤接入网的种类

根据不同的分类原则,OAN 可划分为多个不同种类。

按照接入网的网络拓扑结构划分,OAN 可分为总线型、环形、树形和星形等。

按照接入网的室外传输设备是否含有有源设备,OAN 可以分为无源光网络(PON)和有源光网络(AON)。两者的主要区别是分路方式不同,PON 采用无源光分路器,AON 采用电复用器(可以为 PDH、SDH 或 ATM)。PON 的主要特点是易于展开和扩容,维护费用较低,但对光器件的要求较高。AON 的主要特点是对光器件的要求不高,但在供电及远端电器件的运行维护和操作上有一些困难,并且网络的初期投资较大。

按照接入网能够承载的业务带宽来划分,OAN 可分为窄带 OAN 和宽带 OAN 两类。窄带和宽带的划分以 2.048 Mbit/s 速率为界线,速率低于 2.048 Mbit/s 的业务称为窄带业务,速率高于 2.048 Mbit/s 的业务为宽带业务。

按照光网络单元(ONU)在光接入网中所处的具体位置不同,OAN 可分为光纤到路边(FTTC)、光纤到大楼(FTTB)、光纤到家(FTTH)和光纤到办公室(FTTO)三种不同的应用类型。如图 6-12 所示。

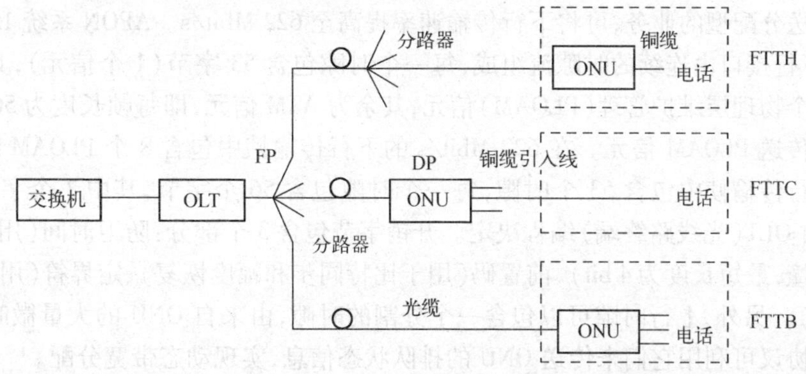

图 6-12　光纤接入网的应用类型

（1）光纤到路边（FTTC）

在 FTTC 结构中，ONU 设置在路边的人孔或电线杆上的分线盒处，有时也可能设置在交接箱处。此时从 ONU 到各个用户之间的部分仍为双绞线铜缆。若要传送宽带图像业务，则除了距离很短的情况外，这一部分可能会需要同轴电缆。这样 FTTC 将比传统的数字环路载波（DLC）系统的光纤化程度更靠近用户，增加了更多的光缆共享部分。

（2）光纤到大楼（FTTB）

FTTB 也可以看作是 FTTC 的一种变形，不同之处在于将 ONU 直接放到楼内（通常为居民住宅公寓或小企事业单位办公楼），再经多对双绞线将业务分送给各个用户。FTTB 是一种点到多点结构，通常不用于点到点结构。FTTB 的光纤化程度比 FTTC 更进一步，光纤已敷到楼，因而更适用于高密度区，也更接近于长远发展目标。

（3）光纤到家（FTTH）和光纤到办公室（FTTO）

在原来的 FTTC 结构中，如果将设置在路边的 ONU 换成无源光分路器，然后将 ONU 移到用户房间内即为 FTTH 结构。如果将 ONU 放在办公大楼的终端设备处并能提供一定范围的灵活的业务，则构成所谓的光纤到办公室（FTTO）结构。FTTO 主要用于企事业单位的用户，业务量需求大，因而结构上适用于点到点或环型结构。而 FTTH 用于居民住宅用户，业务量较小，因而经济的结构必须是点到多点方式。总的看来 FTTH 结构是一种全光纤网，即从本地交换机到用户全部为光连接，中间没有任何铜缆，也没有有源电子设备，是真正全透明的网络。

6.4.3　ATM 无源光网络

在无源光网络上实现基于 ATM 的信元传输的技术，即 ATM-PON（简称 APON）技术。在 APON 系统中，为加强其高可靠性，ITU-T 提出采用一对光纤进行全双工传输，系统带宽采用 TDM 方式，进一步可考虑采用 WDM 技术。这种点到多点的多分支结构特别适合于未来将大量出现的下行分配型数字视频业务，如 MPEG-2、JPEG 视频流等。ATM 信元通过信头的 VPI/VCI 进行二级寻址，并根据不同业务的 QoS 进行不同的转接处理。例如：对于语音业务，要保证时延不超过规定的范围。而对于视频业务（有线电视或 VOD），不仅对时延有严格要求，而且对传输带宽有很高的要求。为此 APON 系统中采用永久性 VP 连接，以简化连接信令和呼叫处理过程。

APON 下行传输速率一般可达 155 Mbit/s，足以满足视频或 VOD 业务所需要的带宽。如果还需要传送分配型的业务，可将下行传输速率提高至 622 Mbit/s。APON 系统 155 Mbit/s 的传输帧中，下行接口由连续的时隙流组成，每一个时隙包含 53 字节（1 个信元），其中每 28 个时隙插入一个物理层维护管理（PLOAM）信元，其余为 ATM 信元，即每帧长度为 56 个时隙，其中两个时隙传送 PLOAM 信元。在 622 Mbit/s 的下行传输帧中包含 8 个 PLOAM 时隙，共 224 个时隙。上行传输帧中包含 53 个时隙，每一个时隙包含 56 个字节，其中 3 个字节是开销字节，其内容由 OLT（光线路终端）编程决定。开销字节包含 3 个部分：防卫时间（用来防止上行信元间的碰撞，最短长度为 4 bit）、前置码（用于比特同步和幅度恢复）、定界符（用于标识 ATM 信元的开始）。另外，上行时隙可以包含一个分割的时隙，由来自 ONU 的大量微时隙组成，媒介访问控制协议可利用它们来传送 ONU 的排队状态信息，实现动态带宽分配。

APON 的结构如图 6-13 所示，系统工作时，对于上行信道，来自各个网络终端的用户数据由相应的 AAL 适配成 ATM 格式，然后进入传输系统；对于下行信道，从传输系统接收到的 ATM 信元根据它们的 ATM 信头值进行分路，然后再转换成原数据格式送往用户。

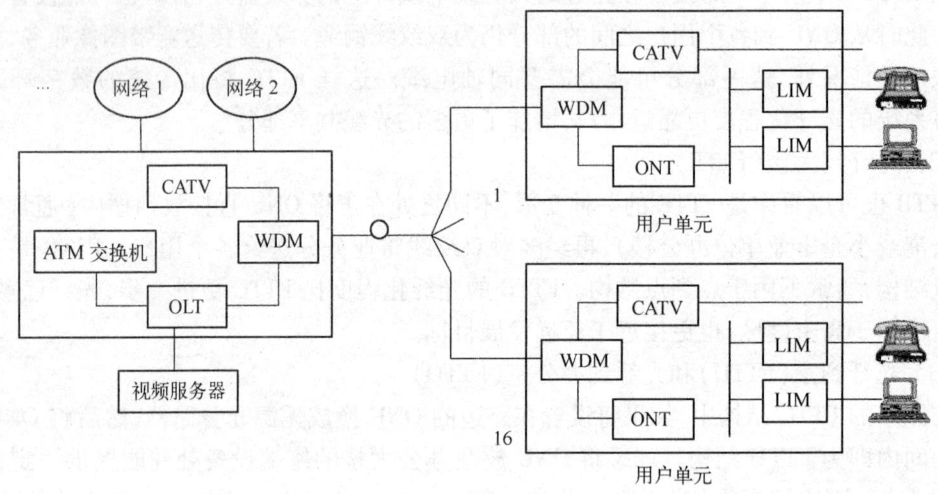

图 6-13 APON 系统结构

CATV—有线电视 LIM—线路接口模块 ONT—光网络终端 WDM—波分复用 OLT—光线路线端

为了最大限度地利用带宽，APON 给每个 ONU 都分配相同的频带。并在上行信道中采用 TDMA 方式来解决多个 ONU 同时往上行信道发送信息时可能产生的冲突。

6.5 混合光纤同轴接入网

混合光纤同轴接入网（HFC）是 1994 年 AT&T 公司提出的一种宽带接入方式。这种方式将光纤用于干线部分来传输高质量的信号，配线网部分基本保留原有的树型 - 分支型模拟同轴电缆网。HFC 接入技术是宽带接入中技术最先成熟也是最先进入市场的，由于有带宽宽，经济性较好所优点，在同轴电缆网络完善的国家和地区有着广阔的应用前景。

6.5.1 HFC 的系统结构

HFC 接入网是一种以模拟频分复用技术为基础，综合应用模拟和数字传输技术、光纤和同轴电缆技术、射频技术以及高度分布式智能技术的宽带接入网络,是 CATV 网和电信网结合的产物,也是将光纤逐渐推向用户的一种新的经济的演进策略。它实际上是将现有光纤/同轴电缆混合组成的单向模拟 CATV 网改为双向网络,除了提供原有的模拟广播电视业务外,利用频分复用技术和专用电缆调制解调技术(Cable Modem)实现语音、数据和交互式视频等宽带双向业务的接入和应用。

HFC 的系统结构如图 6-14 所示。它由馈线网、配线网和用户引入线三部分组成。

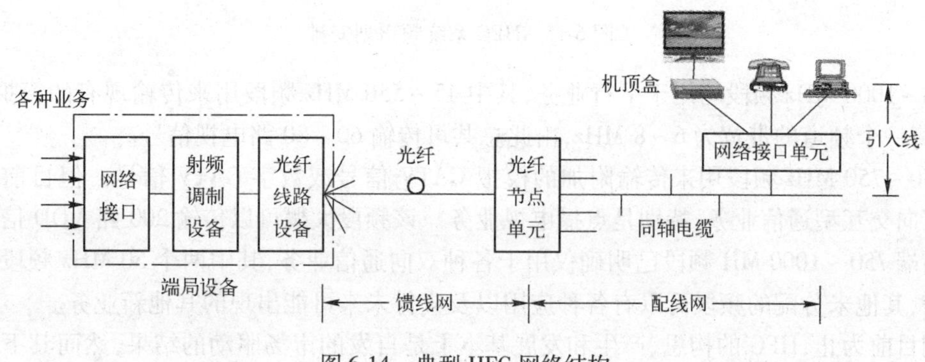

图 6-14　典型 HFC 网络结构

与传统 CATV 网相比,HFC 网络结构无论从物理上还是逻辑拓扑上都有重要变化。现代 HFC 网大多采用星型/总线结构。

馈线网是指前端机至服务区光纤节点之间的部分,大致相当于 CATV 的干线段。由光缆线路组成,多采用星型结构。

配线网是指服务区光纤节点与分支点之间的部分,类似于 CATV 网中的树型同轴电缆网。在一般光纤网络中服务区越小,各个用户可用的双向通信带宽越宽,通信质量也越好。但是,服务区小意味着光纤靠近用户,即成本上升。HFC 采用的是光纤和同轴电缆的混合接入,因此要选择一个最佳点。

引入线是指分支点至用户之间的部分,因而与传统的 CATV 网相同。

目前较为适宜的是在配线部分和引入线部分采用同轴电缆,光纤主要用于干线段。

HFC 采用副载波调制进行传输,以频分复用方式实现语音、数据和视频图像的一体化传输,其最大的特点是技术上比较成熟,价格比较低廉同时可实现宽带传输,能适应今后一段时间内的业务需求而逐步向 FTTH(光纤到用户)过渡。无论是数字信号还是模拟信号,只要经过适当的调制和解调,都可以在该透明通道中传输,有很好的兼容性。

6.5.2　HFC 的频谱安排

由于要实现语音、数据和视频图像信号通过调制后同时在线路上传输,因此合理的频率安排非常重要。实际 HFC 系统所用标称频率为 750 MHz,860 MHz 和 1000 MHz,目前用得最多的是 750 MHz 系统。HFC 的一种经典的频谱安排如图 6-15 所示。

从图中可以看出,低频段 5 ~ 30 MHz 频段用于上行电信业务,主要用于电话信号,其带宽为 25 MHz。近年来,由于视频点播(VOD)的信令和监视信号以及电话和数据等其他应用的需要,并由于滤波器质量的提高,上行通道的频段倾向于扩展为 5 ~ 42 MHz,共 37 MHz。其中 5 ~ 8 MHz 用来传送状态监视信号;8 ~ 12 MHz 用来传送 VOD 信令;15 ~ 40 MHZ 用来传送电话信号，其带宽仍是25 MHz。

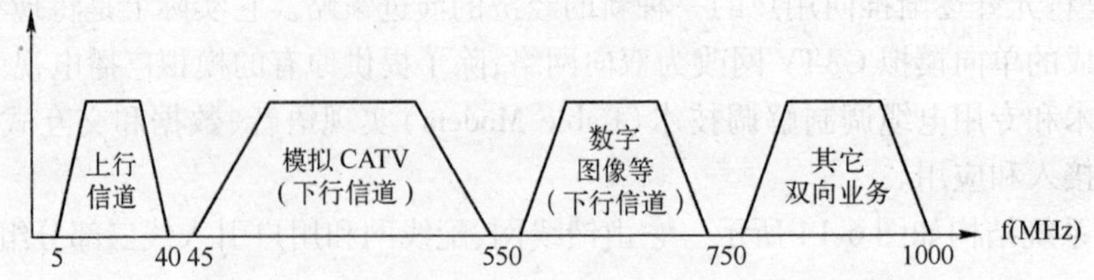

图6-15　HFC系统频谱划安排

45~1000 MHz频段均用于下行业务，其中45~550 MHz频段用来传输现有的模拟CATV信号，每一个频道的带宽为6~8 MHz，由此总共可传输60~80路电视信号。

550~750 MHz频段用来传输附加的模拟CATV信号或数字CATV信号。但目前倾向于传输双向交互型通信业务，特别是点播电视业务。该频段大概可以传输200路VOD信号。

高端750~1000 MH频段已明确仅用于各种双向通信业务，其中两个50 MHz频段用于个人通信，其他未分配的频段可以有各种应用以及应付未来可能出现的其他新业务。

到目前为止，HFC的构思、产生和发展基本上是自发的市场驱动的结果，然而其下一步的发展正开始纳入标准化的发展轨道，并与MPEG-2和ATM等最新技术发展方向接轨。

6.5.3　HFC的特点与应用

1. HFC的特点

HFC系统的传输频带较宽，这是铜线接入无法比拟的。它能适应未来一段时间内的业务需求，并利于向光纤接入网发展。

与现有的用户设备兼容。HFC系统的最后一段是同轴电缆，视频信号可以直接进入用户的电视机，从而保证了现有大量模拟终端的使用。

HFC系统成本较低。HFC网络的建设可以在原有网络基础上改造。如在CATV业务基础上增设电话业务，只需安装一个设备前端，以分离CATV和电话信号，而且安装十分方便、简捷。据有关分析HFC与OAN相比仅线路设备就可以省20%左右。

2. HFC系统的应用

HFC系统主要是为住宅用户提供各种宽带业务，特别是视像业务（其中又以模拟视像业务为主）而提出的一种接入网方案。相对来说，HFC方案更适合有线电视公司，因为有线电视公司的同轴电缆网已经建好，所以应用起来十分方便。

6.6　无线接入技术

无线接入技术是指从业务节点接口到用户终端部分全部或部分采用无线方式，即利用卫星、微波等传输手段向用户提供各种业务的一种接入技术。由于其开通方便，使用灵活，得到广泛的应用。另外，未来个人通信的目标是实现任何人在任何时候、任何地方能够以任何方式与任何人通信，而无线接入技术是实现这一目标的关键技术之一，因此越来越受到人们的重视。

无线接入技术经历了从模拟到数字，从低频到高频，从窄带到宽带的发展过程，其种类很多,应用形式多种多样。但总的来说,可大致分为固定无线接入和移动接入两大类。

6.6.1 固定无线接入技术

固定无线接入(Fixed Wireless Access,FWA)主要是为固定位置的用户(如住宅用户、企业用户)或仅在小范围区域内移动(如大楼内、厂区内,无需越区切换的区域)的用户提供通信服务,其用户终端包括电话机、传真机或计算机等。目前FWA连接的骨干网络主要是PSTN,因此也可以说FWA是PSTN的无线延伸,其目的是为用户提供透明的PSIN业务。

1. 固定无线接入技术的应用方式

按照无线传输技术在接入网中的应用位置,FWA主要有以下三种应用方式,馈线、配线和引入线的位置如图6-16所示。

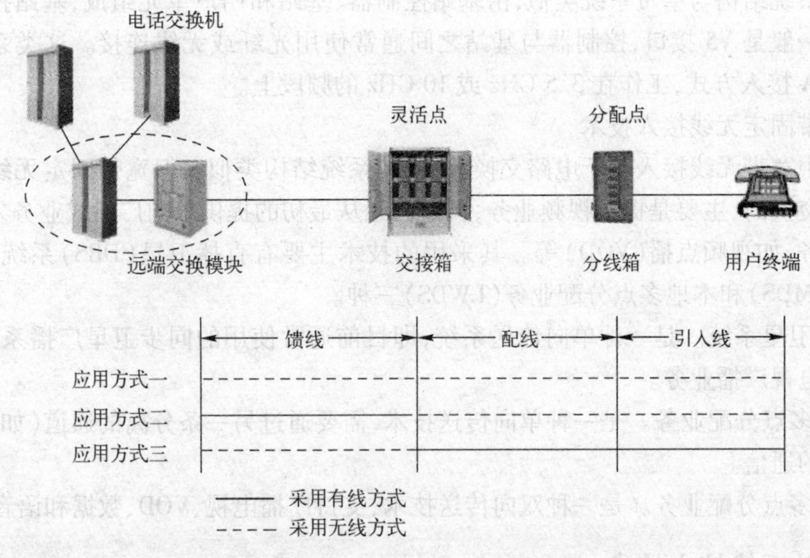

图6-16 固定无线接入的主要应用形式

① 全无线本地环路。从本地交换机到用户端全部采用无线传输方式,即用无线代替了铜缆的馈线、配线和引入线。

② 无线配引线/用入线本地环路。从本地交换机到灵活点或分配点采用有线传输方式,再采用无线方式连接至用户,即用无线替代了配线和引入线或引入线。

③ 无线馈线/馈配线本地环路。从本地交换机到灵活点或分配点采用无线传输方式。从灵活点到各用户使用光缆、铜缆等有线方式。

目前,我国规定固定无线接入系统可以工作在450 MHz、1.8/1.9 GHz和3 GHz等4个频段。

2. 固定无线接入的实现方式

按照向用户提供的传输速率来划分,固定无线接入技术的实现方式可分为窄带无线接入(小于64 kbit/s)、中宽带无线接入(64~2048 kbit/s)和宽带无线接入(大于2048 kbit/s)。

(1) 窄带固定无线接入技术

窄带固定无线接入以低速电路交换业务为特征,其数据传送速率一般小于或等于64 kbit/s。使用较多的技术如下:

① 微波点对点系统。采用地面微波视距传输系统实现接入网中点到点的信号传送。这种方式主要用于将远端集中器或用户复用器与交换机相连。

② 微波点对多点系统。以微波方式作为连接用户终端和交换机的传输手段。目前大多数实用系统采用 TDMA 多址技术实现一点到多点的连接。

③ 固定蜂窝系统。由移动蜂窝系统改造而成,去掉了移动蜂窝系统中的移动交换机和用户手机,保留其中的基站设备,并增加固定用户终端。这类系统的用户多采用 TDMA 或 CDMA 以及它们的混合方式接入到基站上,适用于在紧急情况下迅速开通的无线接入业务。

④ 固定无绳系统。由移动无绳系统改造而成,只需将全向天线改为高增益扇形天线即可。

(2) 中宽带固定无线接入技术

中宽带固定无线系统可以为用户提供 64 ~ 2048 kbit/s 的无线接入速率,开通 ISDN 等接入业务。其系统结构与窄带系统类似,由基站控制器、基站和用户单元组成,基站控制器和交换机的接口一般是 V5 接口,控制器与基站之间通常使用光纤或无线连接。这类系统的用户多采用 TDMA 接入方式,工作在 3.5 GHz 或 10 GHz 的频段上。

(3) 宽带固定无线接入技术

窄带和中宽带无线接入基于电路交换技术,其系统结构类似。但宽带固定无线接入系统是基于分组交换的,主要是提供视频业务,目前已经从最初的提供单向广播式业务发展到提供双向视频业务,如视频点播(VOD)等。其采用的技术主要有直播卫星(DBS)系统、多路多点分配业务(MMDS)和本地多点分配业务(LWDS)三种。

① 直播卫星系统。是一种单向传送系统,即目前通常使用的同步卫星广播系统,主要传送单向模拟电视广播业务。

② 多路多点分配业务。是一种单向传送技术,需要通过另一条分离的通道(如电话线路)实现与前端的通信。

③ 本地多点分配业务。是一种双向传送技术,支持广播电视、VOD、数据和语音等业务。

6.6.2 移动无线接入技术

移动接入主要是为移动用户和固定用户以及在移动用户之间提供通信服务。其移动用户终端主要包括手持式、便携式和车载式电话等,具体实现方式有蜂窝移动通信系统、无绳通信系统、卫星通信系统、无线寻呼、集群调度等多种方式,相关技术在第 3 章中已有讲述。这里简要介绍蓝牙技术和无线市话(Personal Access Phone System,PAS)的一些基本概念。

1. 蓝牙技术

所谓蓝牙技术,实际上就是一种短距离(10 ~ 100 m)的无线连接技术,把一种微型、廉价的蓝牙芯片嵌入各类信息设备中,实现这些设备的无线互联,实现语音、数据的无线传输。它采用全世界统一的开放性规范,使不同厂家的移动电话、计算机、信息家电互联互通成为可能。这些基本要求如能实现,蓝牙产品将会在许多领域得到应用,会有巨大的市场。

1994 年,瑞典爱立信公司移动通信部的一个研究小组组建了一种短距离无线通信技术的规范草案,目的是通过无线电射频传送来实现移动电话与周边部件之间的互连,并将它命名为 Bluetooth(意为蓝牙)。1998 年,世界九大信息电子产业巨头:爱立信、诺基亚、IBM、3COM、因特尔、朗讯、摩托罗拉、微软和东芝共同发起成立的蓝牙特殊利益集团(SIG),致力于推动蓝牙技术的发展和拓展产品的市场。SIG 于 1999 年 7 月公布了正式规范 1.0 版,2001 年 2 月推出了 1.1 版协议。蓝牙主要技术参数如下：

1）工作频段。蓝牙产品使用无需申请许可证的工业、医学、科学自由频段（ISM），频率为 2.402 GHz ~ 2.480 GHz，此频段可以在全世界通用，产品兼容性良好，能大大减少建网的困难，有利于推广使用。各国无线电管理机构只是规定该频段的带外辐射和最大发射功率，产品只需满足此规定，无需申请，便可使用。

2）工作方式。采用时分双工跳频方式，信道分成若干个长为 625 μs 的时隙，每个时隙交替进行发射和接收实现时分双工。每个时隙对应不同的跳频频率，在 2.402 ~ 2.480 GHz 频段内含有间隔为 1 MHz 的 79 个跳频载频及一系列的跳频序列。跳频速率为 1600 跳/秒，每个时隙传送一个分组数据。由于采用了时分双工，可以防止收发信机之间的串扰。由于采用跳频技术提高了设备抗干扰能力，便于叠区组网。

3）分组传输方式。蓝牙系统基于分组传输信息流被分成多个小组，每一个小组由地址、分组头、有效数据组成，具有同一结构地址码为随机编码，具有随机特性，只有地址码相同的设备才可通信。分组报头用 8 bit 的差错校验码（HFC）。支持 1/3 速率、2/3 速率的前向纠错（FEC）和自动重传请求（ARQ），此两种措施均能有效防止报头出错。

4）基带协议。蓝牙基带协议包含电路交换和分组交换支持电路交换方式和分组交换方式，支持同步语音、异步对称数据传送和异步不对称数据传送三种通信信道。

5）输出功率。发射输出功率分为三类不同设备可选择不同类型。第一类最大输出功率为 100 mW、最大距离约为 100 m。第二类输出功率为 2.5 mW。第三类输出功率为 1 mW。

6）安全技术。蓝牙技术是无线电技术，各类蓝牙设备联网通信时，必需有避免误传或不被滥用的措施，因此，安全问题十分重要。蓝牙支持三种安全模式，第一种是设备设有任何安全措施的“无安全操作”模式。第二种是信道建立之前不需启动安全协议的“业务级安全模式”。第三种是要求终端在链路建立前就需启动安全协议的“链路级安全模式”。安全性能分别按次序由低至高。

7）网络连接。一般采用微微网结构（10 ~ 100 m），每一微微网由一个主设备和多个辅助设备组成。两个以上微微网可组成所谓“散射网”，相邻之间的两个微微网允许有重叠区域。

2. 无线市话

无线市话（Personal Access Phone System，PAS）又名小灵通，是一种新型的个人无线接入系统，它采用先进的微蜂窝技术，以无线方式接入固定电话网，使电话在无线网络覆盖的范围内可随身携带使用，随时随地接听、拨打市内、本地网和国内、国际电话，也可方便地拨打寻呼和移动电话，是市内电话的延伸和补充。其收费标准与固定电话相近。随身携带，覆盖范围内自动漫游通话，清晰的音质，绿色环保的特点，以及经济实用的特征，使小灵通成为真正属于每个人的小灵通。

无线市话是一种国际先进的个人通信技术。无线市话采用先进的数字技术，能提供高质量的传输和通话音质。保密性能好，安全可靠。其次，无线市话业务处理能力强，系统完全建成后，能提供固定电话所具有的各种功能。另外，无线市话能支持一定速率的数据传输业务，且充分利用了现有固定电话网资源，无需重复投资建网。

小灵通的特点：

（1）语音清晰

由于系统采用数字编码方式，通话质量接近于普通固定电话。

(2) 发射功率级低

小灵通手机发射功率仅为 10 mW,是真正的绿色手机,长时间使用也不会对人体产生任何影响。

(3) 待机时间长

小灵通手机使用的电池一般为锂电池,待机时间可达 500-800 h,连续通话时间可达 8 h。

(4) 多功能

无线市话系统可以为用户提供主叫号码显示、呼叫转移、呼叫等待、三方通话等固定电话所具有的新功能,方便用户使用。未来还可提供多种增值服务,如:高速数据上网,110 报警和 120 急救系统定位功能,多媒体业务,短消息服务等。

6.7 本地多点分配业务

无线接入网是以无线电技术(包括微波、VSAT、蜂窝移动通信、无绳电话等)为传输手段向用户提供各种电信业务,它可以全部或部分地替代有线接入网。无线接入网分为固定无线接入网和移动接入网两大类。

固定无线接入网是为固定用户(如住宅用户、企业用户)或仅在小区域移动(如大楼内、村庄内、厂区内移动,因而无需越区切换)的用户提供电信业务,目前主要有一点多址、甚小天线地球站(VSAT)、直播卫星(DBS)、本地多点分配业务(LMDS)、固定无线接入(FRA)等几种技术。

移动接入网是为行进中的用户提供各种电信业务。由于移动接入网服务的用户是“移动”的,因而其网路组成要比固定网复杂,需要增加相应的设备和软件。移动接入网按业务性质分为电话业务和数据、传真等非话业务;按服务对象分为公用移动通信、专用移动通信;按移动台活动范围分为陆地移动通信、海上移动通信和航空移动通信;按使用情况分,常用的有移动电话、无线寻呼、集群调度系统、无绳电话、卫星移动通信系统和个人通信。

6.7.1 LMDS 概述

本地多点分配业务(Local Multipoint Distribution service,LMDS)是一种固定、双向无线宽带接入技术,用于综合的视频、语音和高速数据业务的传送,在未来网络融合、宽带接入中将发挥重要作用。LMDS 可提供以下一些业务的接入:

① 高速因特网接入。

② 实时多媒体文件传送。

③ 企业局域网远程接入。

④ 交互视频和 VOD。

⑤ 电话与视频会议。

LMDS 工作于 27.5 ~ 28.35 GHz 和 29.1 ~ 29.25 GHz 毫米波段(通常说成是 25 ~ 31 GHz),以大约 1 ~ 1.5 GHz 带宽传送信号。它最初作为一种与 CATV 竞争的娱乐视频分配技术,容量大、不需布线,且有一定的灵活性,但由于在此频段损耗较高以及终端相对较贵,目前持有 LMDS 运营执照的公司多集中于企、事业的业务接入。

从概念上来说,LMDS 网由类似于蜂窝配置的多个基站和以各基站为中心并经点到多点无线链路与其服务区内固定用户设备连接构成的。每个基站(中心站)服务半径不超过 5 km

(视距),具体还取决于地形、植被、发送功率和天线高度。

LMDS 具有巨大的容量,采用 TDM/TDMA 或 FDM/FDMA 传输方式,中心的一个无线集线器可为成千上万个终端用户提供双向无线链路。每个蜂窝小区又可划分为多个扇区,根据具体的用户需要,可在扇区内提供特定的业务。LMDS 采用 QPSK 调制时典型的频谱分配量可承载 1~1.5 Gbit/s 的数据。即 1 GHz 的频谱可承载 288 个视频信道,或在语音与视频“平均混合”的情况下,一个小区可提供约 156 个视频信道和 6992 个语音信道。LMDS 可对多种语音和数据业务进行混合和匹配,以提供多种类型的窄带和宽带应用能力。例如,一个运行在 28 GHz、占用 1300 MHz 带宽的 LMDS 系统,在业务量集中的地区内和最好的情况下,可向多达 8 万个用户提供语音/视频和数据。

6.7.2 LMDS 系统结构

LMDS 接入系统一般包括基站、远端站和网管系统三大部分,如图 6-17 所示。基站和远端站又分别由室内单元(IDU)和室外单元(ODU)两部分组成,IDU 提供业务相关的部分,如业务的适配和汇聚;ODU 提供基站和远端站之间的射频传输功能,一般安置在建筑物的屋顶上。

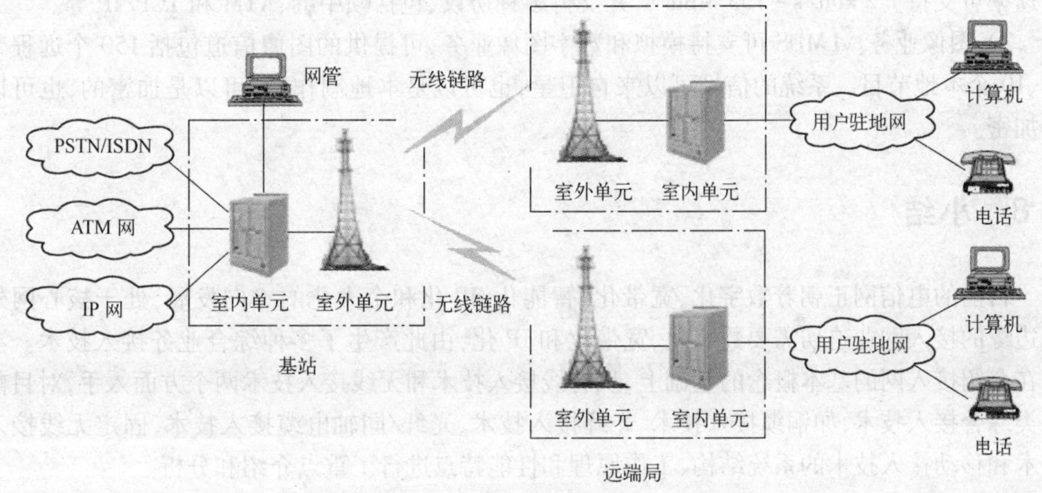

图 6-17 LMDS 系统结构

基站位于小区(Cell)中心,它覆盖的服务区一般分为多个扇区,可以对一个或多个远端站提供服务。基站 IDU 将来自各扇区不同用户的上行业务量进行汇聚复用,提交到不同的业务节点,同时将来自不同业务节点的下行业务量分送至各个扇区,具体地说,一般采用 TDMA 或 FDMA 接入方式。基站系统提供丰富的 SNI 接口类型,网络侧可连接 PSTN/ISDN 交换机、ATM 交换机、路由器等,为远端用户接入业务节点提供服务。

远端站设置在用户驻地,用户驻地网设备为用户终端提供 PSTN 电路仿真、高速 IP 等业务;远端站 IDU 可连接用户小交换机、路由器等,将来自 CPN 的业务适配汇聚,通过中频电缆传送到 ODU,然后通过无线链路传送到基站,在相反方向从下行业务流中提取本站业务分送给用户。目前商用系统中远端站一般提供 E1 接口和 10 Base-T 接口,E1 接口与用户小交换机相连,对普通语音、ISDN 业务提供支持:10 Base-T 接口用于与 HUB 或其他设备相连,提供数据业务。远端站也可以直接提供 Z 接口和 ISDN 的 U 接口。

基站和远端站的 ODU 包括射频收发器和射频天线两部分，射频收发器将来自 IDU 的中频信号进行上变频调制到射频频带，通过射频天线进行发射，同时将射频信号下变频传送到 IDU，从而在基站与远端站之间建立双向通信通道。由于 LMDS 基站将覆盖的服务区划分为若干个扇区，因此基站天线为扇区天线，现有的扇区天线波束角一般有 15°、22.5°、30°、45°、60°或 90°等，可将服务区划分为 24、16、12、8、6 或 4 个扇区，从具体实现上看，90°的扇区天线居多，远端站射频天线为定向天线，定向接收来自本扇区天线的信号，系统一般可以进行自动增益控制，在满足一定的误码率和系统可用性的前提下，自动调整射频发射功率，使扇区之间的干扰降到最小，LMDS 扇区半径一般为 2 ~4 km。

6.7.3 LMDS 提供的业务

LMDS 的宽带特性决定它几乎可以承载任何种类的业务，包括语音、数据和图像等。

1）语音业务。LMDS 系统可提供高质量的语音服务，而且没有时延。系统可提供标准接口，如 RJ-11。

2）数据业务。LMDS 的数据业务包括低速数据业务、中速数据业务和高速数据业务，数据速率可支持 1.2 kbit/s ~155 Mbit/s，并支持多种协议，包括帧中继、ATM 和 TCP/IP 等。

3）图像业务。LMDS 可支持模拟和数字图像业务，可提供的图像信道包括 150 个远程节目、10 个本地节目。系统的信号可以来自卫星，也可以是本地制作的；可以是加密的，也可以不加密。

6.8 小结

目前的电信网正朝着数字化、宽带化、智能化、IP 化和个人化的方向发展，处于核心网外围边缘的接入网业迫切需要数字化、宽带化和 IP 化，由此产生了多种综合业务接入技术。本章在介绍接入网的基本概念的基础上，从有线接入技术和无线接入技术两个方面入手，对目前各类综合接入技术，如铜缆接入技术、光纤接入技术、光纤/同轴电缆接入技术、固定无线接入技术和移动接入技术的系统结构、工作原理和性能特点进行了重点介绍和分析。

总的来说，目前的 ADSL，HFC 以及它们和光纤接入技术的融合是接入网应用的热点。从接入网的发展来看，光纤接入技术是未来接入网的主流技术。由于无线接入技术具有组网方便，使用灵活和成本较低以及是实现个人通信的关键技术的特点，无线接入技术也是目前应用和研究的热点，它和光纤接入互相补充，共同构成有线和无线共存的未来宽带接入网。

6.9 思考题

1. 接入网的定义和定界是如何规定的？
2. 简述接入网的接口类型及其主要功能。
3. 简述 V5 和 VB5 接口的主要功能。
4. V5.1 和 V5.2 接口有哪些共同点和区别？
5. 简述 xDSL 系统的分类及其性能指标。
6. ADSL 有哪些特点？适用于哪些应用环境？

7. 光纤接入网有哪些种类?
8. 光纤接入系统中 OLT 和 ONU 的含义是什么?在系统中起什么作用?
9. 简述 APON 技术的原理,如何实现 ATM 信元的无源传输?
10. 简述 HFC 系统的基本结构和各部分的主要功能。目前 HFC 系统的标准主要有哪些?
11. 与有线接入技术相比,无线接入技术有哪些有缺点?
12. 简述 LMDS 系统的结构、频谱分配和性能指标。

第7章　支　撑　网

完整的电信网除了传递各种消息信号的业务网之外,还需要能使电信业务网正常运行的起支撑作用的网络,这种网络称为支撑网。支撑网能增强网络功能,提高全网服务质量,以满足用户要求。现代电信网包括3个支撑网,即信令网、数字同步网和电信管理网。

7.1　信令网

7.1.1　信令的概念与分类

1. 信令的概念

通信网是由交换设备、传输设备、终端设备以及相应的软件系统构成。通信网用于传递用户的各种信息,这些信息包括语音、数据、图像和视频等。在信息的传递过程中,还必须要求通信网中的各种设备之间能协调工作,相互交流信息,提出要求等。这种设备之间相互交流的信息称为信令。信令在通信网中的传送还必须遵循一定的规约和规定,如信令的结构形式,在多段路由上的传送方式及控制方式等,这些规约和规定称为信令方式。

下面通过以两个电话用户通过两个交换局通话为例来理解信令及其流程。电话接续过程如图7-1所示。

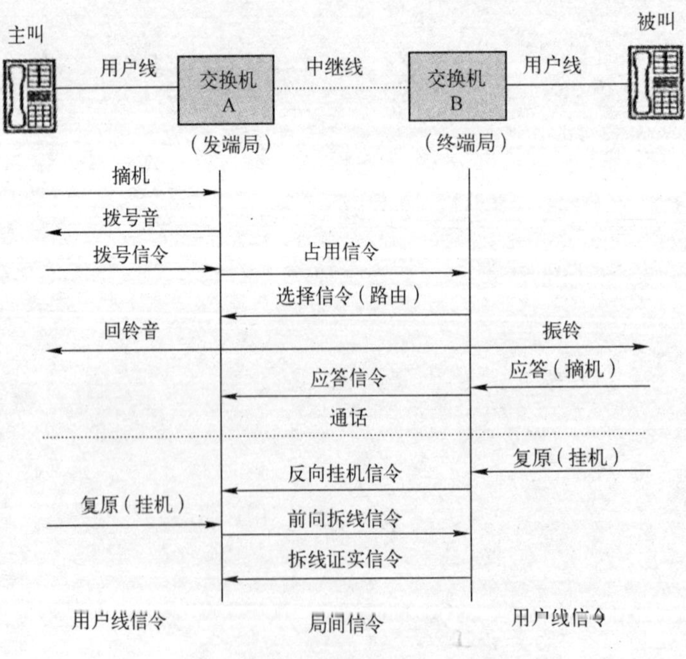

图7-1　电话接续基本信令流程

当主叫用户摘机时,摘机信令送到交换机 A,摘机信令表示用户要求通信;

交换机 A 向主叫用户送拨号音,主叫用户听到拨号音后,开始拨号,将被叫号码送给交换机 A;

交换机 A 根据被叫号码选择局向(路由)及中继线。如有路由可利用,交换机 A 向交换机 B 发送占用信令,然后把被叫用户号码发送给交换机 B;

交换机 B 根据被叫号码,将呼叫连到被叫用户,向被叫用户发送振铃信号,并向主叫用户送回铃音;

被叫用户摘机应答,交换机 B 将应答信令转发给交换机 A;

双方开始通话;

通话完毕,若被叫用户先挂机,则挂机信令由交换机 B 发送交换机 A;交换机 A 给主叫用户送忙音,通知主叫用户挂机;如果主叫用户先挂机,则交换机 A 立即拆线,并把拆线信令送给送终端交换局,通知其拆线;

终端交换局拆线后,回送拆线证实信令,设备复原。

以上是电话接续中最基本的信令流程,实际通信过程和使用的信令要复杂得多。信令除了在通信过程中用于建立、维持、解除通信关系以外,还用于网络管理,传递交换局之间的网络管理、业务管理等方面的消息。

2. 信令的分类

对于电话网中的信令,有以下三种分类方式。

(1) 按照信令的传送方向分类

可分为前向信令和后向信令两类。

① 前向信令是指主叫方向被叫方发送的信令。

② 后向信令是指由被叫方向主叫方发送的信令。

在电话通信中,主叫、被叫是由发起呼叫来决定的。

(2) 按照信令的工作范围来分类

可分为用户线信令和局间信令两类。

① 用户线信令

用户线信令是在用户和交换局之间使用的信令,在用户线上传送,图 7-1 中主叫用户到交换机 A、交换机 B 到被叫用户之间传送的信令就是用户线信令。用户线信令主要包括用户向交换机发送的监视信令和选择信令,交换机向用户发送的铃流和忙音等音频信号。其中用户向交换机发送的监视信令指的是主、被叫的摘、挂机信令。选择信令指主叫所拨的被叫号码,对于脉冲话机,选择信令是用直流脉冲表示的十进制数字;对于双音频话机,选择信令采用的是四中取一的不同音频组合表示的数字。

② 局间信令

局间信令是交换机和交换机之间传送使用的信令,在局间中继线上传送,用来控制呼叫接续和拆线。局间信令按功能又可分为两类:监视信令(线路信令)和选择信令(路由信令)。

监视信令主要是用来监视和改变线路上呼叫状态和条件,以控制接续的进行。监视信令的主要功能包括:主叫占线、被叫应答、被叫挂机(后向拆线)和主叫挂机(前向拆线)等四种情况的识别检测、并相应地把线路状态从空闲变为占用或反之。

选择信令是传送电话号码和控制接续的信令,它是和呼叫建立过程有关的,是由主叫用户发送出的被叫用户的地址信息启动和工作,该地址信息的全部或一部分需在交换机之间传送。

除了地址信息之外，这类信令还包括使交换机工作顺利进行的信令，如请求发送号码信令、号码收到信令以及证实信令等。

(3) 按照信令的传送信道来分类

可分为随路信令和公共信道信令两类。

① 随路信令(Channel Associated Signalling，CAS)

所谓 CAS 就是在所接续的话路中传递各种所需的功能信令，具体说随路信令就是在所接续的话路中传递两交换局间所需要的占线、应答、拆线等监视信令以及控制接续的选择信令和证实信令等。

随路信令又分为线路信令和记发器信令。线路信令是在去话中继器和来话中继器之间通过线路信令设备在话路中传送的。选择信令采用多频互控信令方式，也是通过去话中继器和来话中继器在话路上传送的。因为选择信令是在两个交换局的记发器之间传送的，故也叫记发器信令。信令传送完毕后就在这条话路上传送双方通话的语音信号，通话完毕又在这条话路上传送拆线控制信令，直到设备复原。随路信令系统示意图如图 7-2 所示。

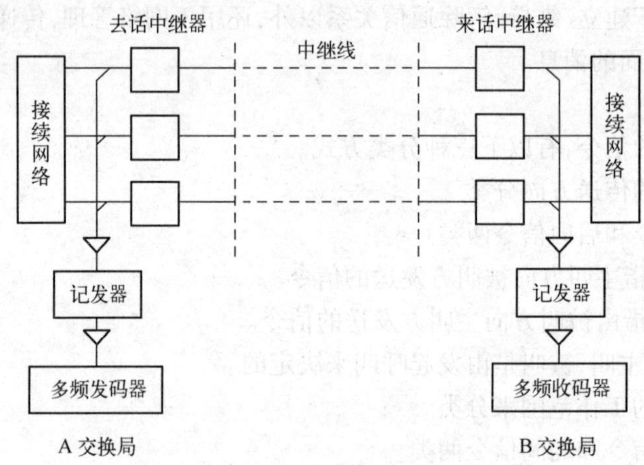

图 7-2 随路信令方式示意图

随路信令传送速度慢、信息容量有限，不适合数字程控交换机的发展。

② 公共信道信令(Common Channel Signalling，CCS)

CCS 是指信令信号和语音信号分开传送，把各话路的信令信号集中起来，通过一条与话路分开的称为信令链路的公共信道来传送，如图 7-3 所示。CCS 用于局间信令的传送。特点是信令传送速度快，信令容量大，具有改变或增加信令的灵活性，便于开发新业务，可靠性高，适应性强。因此 CCS 在通信网中广泛的使用。

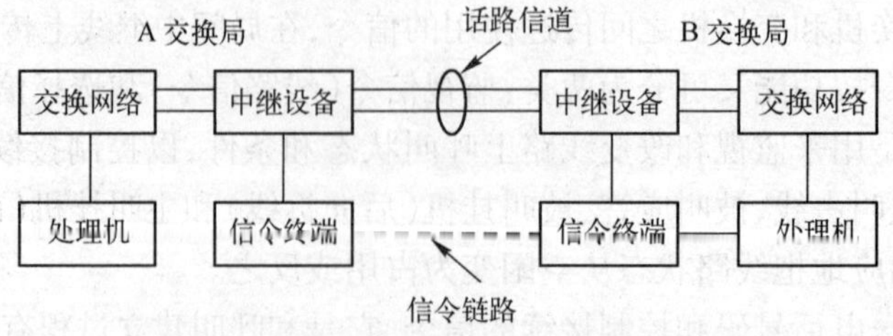

图 7-3 公共信道信令方式示意图

为了统一局间信令，CCITT（现为 ITU-T）陆续提出了 CCITT No. 1 ~ No. 7 以及 R1、R2 信令系统的建议，其中 No. 1 ~ No. 5 与 R1、R2 都属于随路信令方式，No. 6 和 No. 7 为公共信道信令方式。

7.1.2 No. 7 信令

公共信道信令有 No. 6 和 No. 7 两种方式。No. 6 信令是 CCITT 于 1968 年制定，用于模拟电话网中国际长途半自动和全自动交换。由于 No. 6 信令不能满足通信网数字化的发展需要，CCITT 于 1973 年开始研究一种新型的数字式信令方式 - No. 7 信令，于 1980 年正式提出了 No. 7 信令的建议（1980 年黄皮书）。以后经过 1984 年的红皮书，到 1988 年的蓝皮书，基本完成了电话用户部分的研究，并在 ISDN 用户部分（ISUP）、信令连接控制部分（SCCP）、事务处理能力（TC）三个领域取得重大进展。至 1994 年用于窄带电话网、数据网、ISDN 的建议和支持智能网（IN），移动应用部分（MAP）的标准已经稳定，这些标准在国际和国内电信网上得到了广泛的应用。

20 世纪 80 年代末，随着 SDH 和 ATM 等新的技术的发展，ITU-T 在窄带 ISDN（N-ISDN）的基础上提出了未来电信网的发展目标 - 宽带 ISDN（B-ISDN）。1989 年 ITU-T 开始研究 B-ISDN 信令能力集 1（SCS-1）业务系列建议，支持基本呼叫和点对点连接。在 1996 年提出了信令能力集 2（SCS-2），在 SCS-1 的基础上增加了点对多点连接，多媒体呼叫。接着又研究信令能力集 3（SCS-3），在 SCS2 的基础上增加多点到多点，多方通信和移动通信信令功能。在完成 B-ISDN 和多媒体信令建议的基础上将研究的重点引入到如何支持 Internet 上来，研究网络节点间的 No. 7 信令。

1. No. 7 信令系统的特点

No. 7 信令系统是一种国际性的标准化的通用公共信道信令系统，其基本特点有：

1）使用公共信道传送信令，利用分组交换技术，确保信号可靠传输。由于信令信道与话路分开，避免了语音干扰。在信号传输中利用分组交换技术提供可靠的差错控制手段，使信号能无差错进行传输，提高了信号传输的可靠性，适合于由数字程控交换机和数字传输设备所组成的现代综合业务数字网。

2）采用可变长信号单元，信号传输速度快，呼叫建立时间短。对于远距离长途呼叫，可以使拨号后时延缩短到 1 s 以内，不仅提高了服务质量，还提高了传输设备和交换设备的使用效率。

3）信号容量大，有利于传送各种控制信号，如网管信令、集中维护信令、集中计费信令等，并有可能发展更多的新业务。

4）采用功能模块化，使用方便，易扩展。No. 7 信令系统由一个公共的消息传递部分和各种应用部分组成，在公共的消息传递部分上叠加各种应用部分，各功能模块具有一定的联系又相互独立，在实际应用中，可以根据需要选择相应的功能模块来组成一个适当的系统。

5）应用广泛，适用于各种网络的互联。

2. No. 7 信令系统的应用

No. 7 信令系统能满足多种通信业务的要求，是通信网向综合化、智能化发展的不可缺少的基础。No. 7 信令系统在当前的主要应用有：

① 传送公用电话交换网（PSTN）的局间信令。

② 传送电路交换数据网的局间信令。

③ 传送综合业务数字网(ISDN)的局间信令。

④ 传送各种运行、管理和维护中心的有关信息。

⑤ 支持各种类型的智能业务,在业务交换点和业务控制点之间传送各种控制信息。

⑥ 传送移动通信网中与用户移动有关的各种控制信息。

⑦ 是 IP 网和下一代网络(NGN)信令协议的基础。

我国在 20 世纪 80 年代中期就开始了 No. 7 信令系统的研究、实施和应用。1985 年首先在北京、广州、天津等大城市的同一制式交换机之间采用 No. 7 信令系统,并以 ITU-T 建议为基础制定和完善了我国的 No. 7 信令规范。目前,我国已建成了三级公用 No. 7 信令网,包全国长途信令网和各地二级信令网。No. 7 信令技术已经广泛用于我国的电话网、ISDN 网、智能网和移动网中。

7.1.3 No. 7 信令系统的基本功能结构

No. 7 信令系统区别于其他任何信令系统的一个重要特点是采用了模块化的分层功能结构和消息通信的机制。

1. No. 7 信令的分层结构

No. 7 信令的分层结构如图 7-4 所示,其中右半部分是 1980 年提出的早期的 4 级结构(注:当时将层称为级),其主要功能是控制电路连接的建立和释放,只支持电路相关的消息的传送。左半部分释 1988 年提出的 7 层结构,用来传送与电路无关的数据和控制信息,以适应通信网结构的变革和通信技术、计算机技术的相互深透和融合。

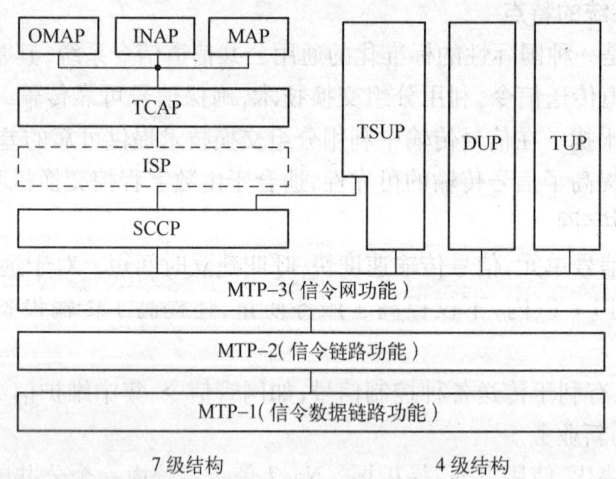

图 7-4　7 号信令的分层结构

(1) 4 级结构

第 1 级 MTP-1 称为信令数据链路功能,相当于 OSI 7 层模型中的物理层。MTP-1 为信令传输提供一条双向数据通道,定义了数据链路即传输媒体的物理、电气和功能特性以及链路接入方法。7 号信令的最佳传输速率设计为 64 kbit/s,在 PCM 基群中可以选择除 TS0 时隙外的任何时隙作为数据链路。

第2级MTP-2称为信令链路功能，相当于OSI 7层模型中的数据链路层，定义了在信令数据链路上传送信令消息的功能和程序，保证信令消息在相邻两个信令点之间点到点的可靠传输。

第3级MTP-3称为信令网功能，相当于OSI 7层模型中的网络层，包括两部分功能：

- 信令消息处理功能：负责发送消息的选路和接收消息的分配或转发；
- 信令网管理功能：在信令网发生异常的情况下，根据预定数据和网络状态信息调整消息路由和信令网设备配置，保证消息的正常传送。

第1级～第3级统称为消息传递部分(Message Transfer Part, MTP)，它们的作用是确保消息无差错地由源端发送到目的地，它们只关心消息的传递，并不处理消息本身的内容。

第4级称为用户部分(UP)，相当于OSI 7层模型中的应用层，具体定义各种业务的信令消息和信令过程。已定义的用户部分包括电话用户部分(TUP)，数据用户部分(DUP)和ISDN用户部分(ISUP)。它们都是基于电路交换的业务，定义的都是电路相关消息。

(2) 7层结构

7层结构在4级结构的基础上增加了以下几层协议：

信令连接控制部分(Signalling Connection Control Part, SCCP)：SCCP是为了增强MTP的功能，提高No. 7信令方式的应用性能而设置的功能块。其主要功能是通过No. 7信令网，在电信网中的交换局和专用中心之间传递电路相关和非电路相关的信令信息和其他类型的信息，建立面向连接的和无连接的网络业务(例如，用于管理和维护目的)。

中间业务部分(Intermediate Service Part, ISP)：相当于OSI 7层模型中第4～6层，目前ISP并未定义，只是形式上的保留，以后需要时再扩充。

事务处理能力应用部分(Transaction Capability Application, TCAP)：其主要功能是对网络节点之间的对话和操作请求进行管理，为各种应用业务信令过程提供基础服务。TCAP属于应用层协议，和具体的应用无关，它也是电信网提供智能网业务和信令网的运行管理和维护等功能的基础。

和具体业务相关的各种应用部分(AP)：已定义或部分定义的应用部分有7号信令网的操作维护应用部分(OMAP)、智能网应用部分(INAP)和移动应用部分(MAP)。

2. No. 7信令的消息格式

No. 7信令方式是通过信令消息的最小单元－信令单元(Signalling Unit, SU)的形式在信令链路上传送的。由于信令消息本身的长度不相等，如摘机、挂机等监视信令通常较短，而地址信令则较长，故采用可变长的信令单元方式进行传输。

No. 7信令消息由若干字段组成，各功能层负责组装和处理相关字段。应用层生成消息本体，经下面各层依次加上封装字段后发送，接收端各层依次检验和去除封装，最后将无差错的信息本体交给对等的应用层。

(1) 三种基本信令信号单元

组装后的信令单元的长度均为8 bit的整数倍。No. 7信令规定了三种基本的信令单元格式：消息信令单元(MSU)、链路状态信令单元(LSSU)和填充信令单元(FISU)，它们的格式如图7-5所示。

MSU用于传送各用户部分的消息、信令网管理消息及信令网测试和维护消息。消息本体包含在SIF字段中。

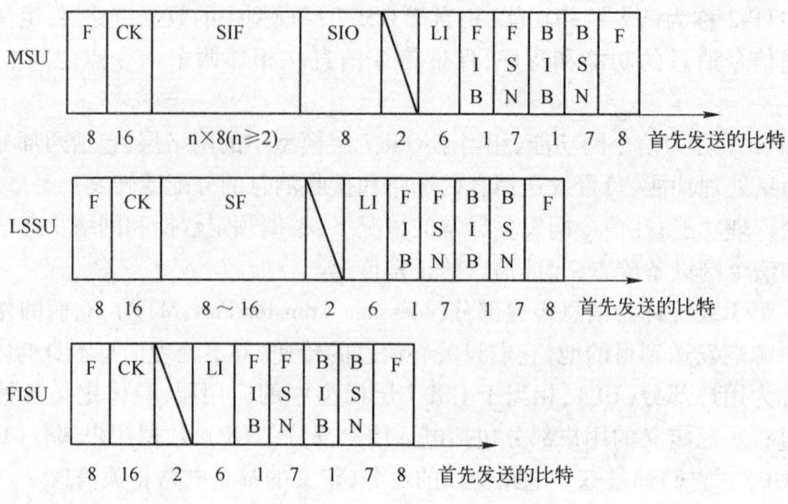

图 7-5　No. 7 信令消息格式

BIB—后向指示语比特　LI—长度指示语　BSN—后向序号　SF—状态字段

FIB—前向指示语比特　SIF—信念信息字段　FSN—前向序号　CK—校验位

F—标志符　SIO—业务信息八位位组

LSSU 用于提供链路状态信息，以便完成信令链路的接通、恢复等控制。链路状态信息由 SF 字段指示。

FISU 是当信令链路上没有消息信令或链路状态信令单元传递时发送的用以维持信令链路正常工作的、起填充作用的信令单元。同时还起到证实对方发来的消息的作用。

（2）信号单元中各个字段的含义

信号单元的定界标志 F：标志信号单元的边界，在信令单元的传输中，每一个标志符标志着上一个信令单元的结束、下一个信令单元的开始。其码型为 01111110。系统允许连续发送多个 F 字段。

检验位 CK：采用 16 位循环冗余码，用于信令单元的差错检测。

长度指示语 LI：指示位于 LI 字段之后和 CK 之前的八位位组数目。由 LI 值可以区分信号单元的类型。FISU 的 LI = 0，LSSU 的 LI = 1 或 2，MSU 的 LI > 2。

业务指示八位位组 SIO：是 MSU 特有的字段，用于指示消息的业务类别和信令网类别，MTP-3 据此分配消息。SIO 由业务指示语（SI）和子业务字段（SSF）两部分组成，各占 4 bit，格式与编码如图 7-6 所示。

信令信息字段 SIF：是应用层或网络管理功能实际要发送的消息本体，长度为 2 ~ 272 个八位位组。由于 LI 字段只有 6 bit，因此规定 SIF + SIO 的长度等于或大于 63 个 8 位位组时，LI 的值均设置为 63。

状态字段 SF：是 LSSU 中特有的字段，表示信令链路的状态。其长度可以是 8 位或 16 位。由 MTP-2 生成和处理。

FSN，FIB，BSN，BIB：信号单元序号和重发指示位，用于 MTP-2 的差错校正。

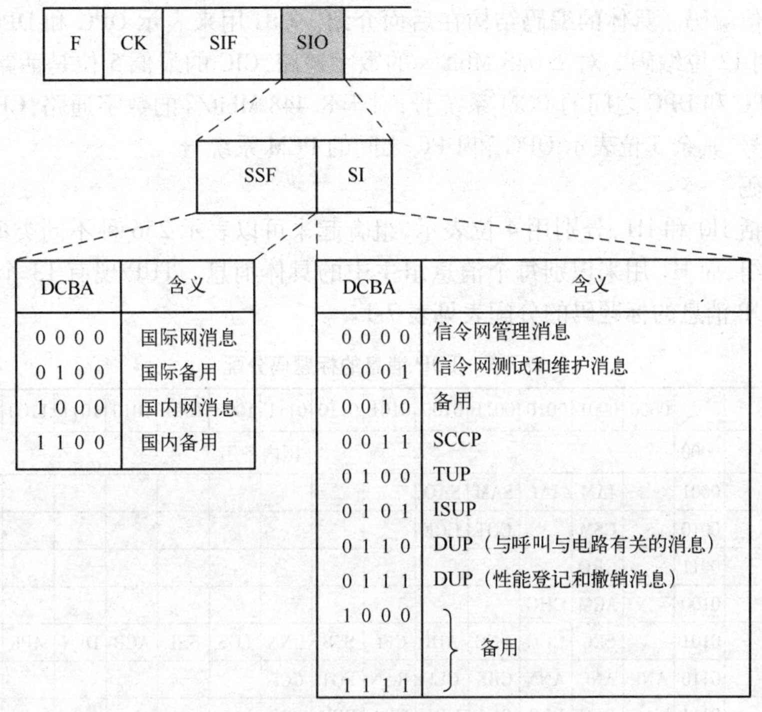

图 7-6　SIO 格式及编码

7.1.4　No.7 信令电话用户部分

电话通信网采用的 No.7 信令方式，除了 MTP 是必备的功能外，其用户部分采用电话用户部分（TUP）。TUP 的任务是提供电话呼叫的控制信令，完成电话呼叫的各种接续和控制。

1. TUP 消息格式和类型

TUP 消息属于 MSU，其中业务信息字段（SIO）的业务指示语（SI）为 0100，如图 7-6 所示，信令信息字段（SIF）是可变长的，但必须是 8 bit 的整数倍，最长可达 272 B。TUP 消息的 SIF 字段由消息标记、标题码和消息内容组成。其编码格式如图 7-7 所示。

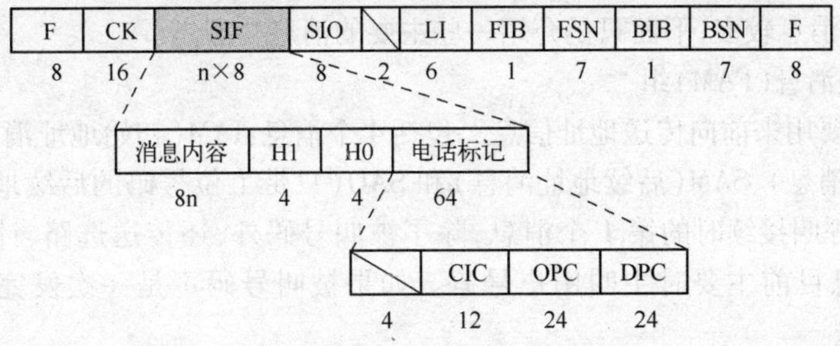

图 7-7　TUP 消息信号单元格式

(1) 电话标记

电话标记由目的信令点编码（DPC）、源信令点编码（OPC）和电路识别码（CIC）三部分组成。ITU-T Q.708 建议 DPC 和 OPC 采用 14 位，由于我国电信网的容量较大，考虑到远期的发展,均采用 24 位编码。具体的编码结构在后面介绍。CIC 用来表示 OPC 和 DPC 之间连接话路的编码,采用 12 位编码。对 2.048 Mbit/s 的数字通路,CIC 的最低 5 位是话路的时隙号,其余 7 位表示 OPC 和 DPC 之间的 PCM 系统号;对于 8.448 Mbit/s 的数字通路,CIC 的最低 7 位是话路的时隙号,其余 5 位表示 OPC 和 DPC 之间的 PCM 系统号。

(2) 标题码

标题码包括 H0 和 H1,分别用 4 位表示,组合起来可以表示 256 种不同类型的消息。H0 用来识别消息组,而 H1 用来识别每个消息组主中的具体消息。TUP 现有 13 个消息组,共计 57 个消息。TUP 消息的标题码的分配表见表 7-1。

表 7-1　TUP 消息的标题码分配

消息组		0000	0001	0010	0011	0100	0101	0110	0111	1000	1001	1010	1011	1100	1101	1110	1111
	0000	国内备用															
FAM	0001		IAM	IAI	SAM	SAO											
FSM	0010		GSM		COT	CCF											
BSM	0011		GRQ														
SBM	0100		ACM	CHG													
UBM	0101		SEC	CGC	NNC	ADI	CFL	SSB	UNN	LOS	SST	ACB	DPN	MPR			EUM
CSM	0110	ANU	ANC	ANN	CBK	CLF	RAN	FOT	CCL								
CCM	0111		RLG	BLO	BLA	UBL	UBA	CCR	RSC								
GRM	1000		MGB	MBA	MGU	MUA	HGB	HBA	HGU	HUA	GRS	GRA	SGB	SBA	SGU	SUA	
	1001					备用											
CNM	1010		ACC			国际和国内备用											
	1011																
NSB	1100			MPM													
NCB	1101		OPR			国内备用											
NUB	1110		SLB	STB													
NAM	1111		MAL														

(3) 消息类型

由于 TUP 的消息较多,下面只是介绍一些主要的消息类型。

① 前向地址消息(FAM)组

该消息组主要用来前向传送地址信息。包括 4 个消息:IAM(初始地址消息)、IAI(带附加信息的初始地址消息)、SAM(后续地址消息)和 SAO(只带 1 位号码的后续地址消息)。其中 IAM/IAI 是正常呼叫接续时的第 1 个消息,除了被叫号码外,还传送选路、计费等有关信息。IAI 中的附加信息目前主要时主叫用户号码。如果被叫号码不是一次发完,则剩余号码由 SAM 或 SAO 发送。

② 成功后向建立消息(SBM)

该消息组只有一个消息:ACM(地址全消息)。消息中一般带有"被叫空闲"的状态信息,表示呼叫已成功建立。

③ 不成功后向建立消息(UBM)组

该消息组包含 13 个消息,表示呼叫建立失败。消息按失败原因区分,包括:SEC(交换设备拥塞)消息、CGC(电路群拥塞)消息、NNC(国内网拥塞)消息、ADI(地址不全)消息、SSB(用户忙)消息、UNN(空号)消息、LOS(线路不工作)消息、SST(发送专用信号音)消息、ACB(接入拒绝)消息、DPN(不提供数字通路)消息和EUM(扩充后的后向建立不成功消息)。我国特别将被叫忙分为被叫市话忙(SLB)和被叫长话忙(STB)两种消息。不能归结为所列各项原因的失败或信令过程异常用CFL(呼叫失败)消息表示。

④ 呼叫监视消息(CSM)组

用来传送原来线路信令传递的被叫应答和通话后主被叫挂机信息,共有6个消息:ANU(应答、计费未说明)、ANC(应答、计费消息)、ANN(应答、免费消息)、CLF(前向释放消息)、CBK(后向释放消息)、CCL(主叫挂机消息)、RAN(再应答消息)和FOT(前向转移消息)。其中CLF发出后就拆线,CBK和CCL均不产生拆线操作。

⑤ 电路监视消息(CCM)组

该消息组包括两类:一类是正常呼叫结束时的RLG(电路释放监护消息),前方局只有收到后向发来的RLG,才能将此电路释放给新的呼叫使用。另一类用于电路维护的消息,如BLO(闭塞消息)、BLA(闭塞证实消息)、UBL(解除闭塞消息)、UBA(解除闭塞证实消息)、CCR(请求导通信号)、RSC(电路复原消息)。

⑥ 电路群监视消息(GRM)组

用于对一群电路进行闭塞和解除闭塞,消息根据所产生闭塞的原因分为3类:由于硬件故障、软件故障和管理原因引起的闭塞。设置这类消息的目的是便于对整个PCM系统进行维护。

⑦ 电路网管理消息(CNM)组

只有一个ACC(自动拥塞控制)消息,用于将交换机发生拥塞的消息通知邻接局,收到此消息的局应减小至拥塞局的去话话务量。

⑧ 前向建立消息(FSM)组和后向建立消息(BSM)组

BSM只有一个消息:GRQ(一般请求消息),它是和FSM中的GSM(一般建立消息)为一对消息,供后方局在呼叫建立过程中向前向局请求补充信息。这一请求机制给呼叫建立带来很大的灵活性,可以支持许多跨局的新业务。

FSM中的COT(导通检验成功消息)和CCF(导通检验失败消息)用于向后方局指示电路导通检验是否成功。由于No.7信令消息是在和话路分离的信令链路上传送的,信令畅通不一定表示话路导通,如果话路设备缺乏足够的检测告警功能,就需要在呼叫建立前首先对话路进行导通检验。检验请求在IAM/IAI消息中发出,发出请求的前方局在此话路中发送2000 Hz单频检验音,后方局收到此消息后将话路作环回连接。前方局应在规定的时限内收到质量合格的环回检验音,否则判断检验失败。如果导通检验失败,前方局重新选择一条中继话路进行呼叫建立。对失败的话路专门进行维护和导通检验,这是需要使用专门的导通检验请求消息,即CCM组中的CCR(请求导通检验信号)消息。

(4) 主要信令过程

下面以No.7信令的电话用户部分(TUP)的信令消息的传送过程为例,来理解一些典型的TUP信令过程。

① 市话呼叫信令过程

图7-8为本地网两个端局之间的直接接续的信令流程,被叫号码由初始地址消息(IAM)

一次发送到接收端局，接收端局回送地址全消息（ACM），被叫摘机应答发应答消息（ANC），双方通话。话终，如果主叫先挂机，发送拆线信号（CLF），接收端局发拆线证实（RLG）消息。如果被叫先挂机，接收端局发送后向释放消息（CBK），发送端局回送 CLF，接收端局发 RLG。平均来说，完成一个端到端市话呼叫共需双向传送 5.5 个 TUP 消息。

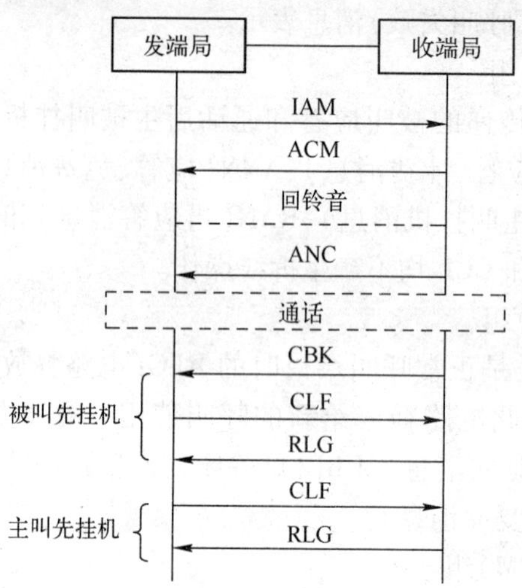

图 7-8　端局直达接续信令过程

② 长话呼叫信令过程

图 7-9 是一个长话呼叫从主叫局至被叫局的全程信令过程。从发送端市话局到长话局这段，初始地址采用 IAI，原因是要发送主叫号码，其余接续段都用 IAM。另外，从发送端局直至终端长话局各段，被叫号码都是分几次发送的，也就是一边接收主叫拨号，一边往后方局发送号码，这种方式称为重合发送方式，它要用到 SAM 或 SAO。之所以采用这种方式是因为接续段涉及长途选路，为了加快接续速度，先将地区号发往长话局，长话局根据地区号即可选定中继话路。终端长话局至被叫局的被叫号码一次发完，称为成组发码方式。由于这段已是市话接续，被叫号码不含地区号，仅为市话号码。

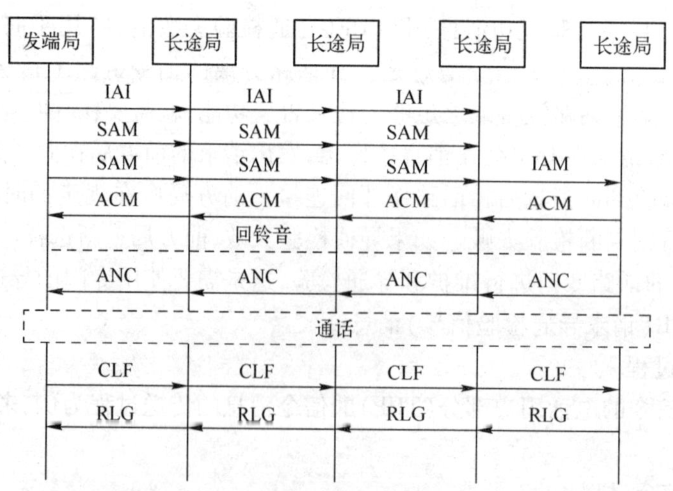

图 7-9　长途呼叫信令过程

7.1.5 No.7 信令网的组成与网络结构

通信网使用 No.7 信令后，形成了一个独立起支撑作用的 No.7 信令网。该网络除了在电话网、电路交换的数据网、ISDN 和智能网中传送与呼叫建立和释放相关的信令外，还可以在交换局和各种特种服务中心（如业务控制点、网管中心等）之间传送数据信息。因此，No.7 信令网是具有多种功能的业务支撑网，已成为现代通信三大支撑网之一。

1. No.7 信令网的组成

No.7 信令网由信令点（SP）、信令转接点（STP）和信令链路（Link）三部分组成。

（1）信令点

SP 是信令消息的源点和目的地点。如具有 No.7 信令功能的各种交换局，如电话交换局、数据交换局、ISDN 交换局、移动交换局和智能网的业务交换点（SSP），也可以是各种特服中心、如网管中心、维护中心、智能网的业务控制中心（SCP）等。在信令网中，常把产生信令消息的信令点称为源信令点，把信令消息最终到达的信令点称为目的信令点。

（2）信令转接点

STP 具有信令转接功能，它可以将信令消息从一个信令点转接到另一个信令点。在信令网中，STP 有两种，一种是专用信令转接点，只具有信令消息的转接功能，也称为独立型 STP；一种是综合型 STP，它与交换局合并在一起，是具有用户部分功能和信令点功能的转接点。

（3）信令链路

连接两个信令点（或信令转接点）的信令数据链路及其传送控制功能组成的传输工具称为信令链路。每条运行的信令链路都分配有一条信令数据链路和位于此信令数据链路两端的两个信令终端。

2. 信令的传送方式

如果两个通信节点的对等用户部分 UP 或应用部分 AP 之间有通信联系，称这两个节点间有信令关系。信令传送方式指的是信令消息的传送路径和消息所属信令关系之间的对应关系。No.7 信令有 3 种传送方式。

（1）直联方式

信令消息沿着消息源点和目的地点之间的直达信令链路传送，如图 7-10a 所示。

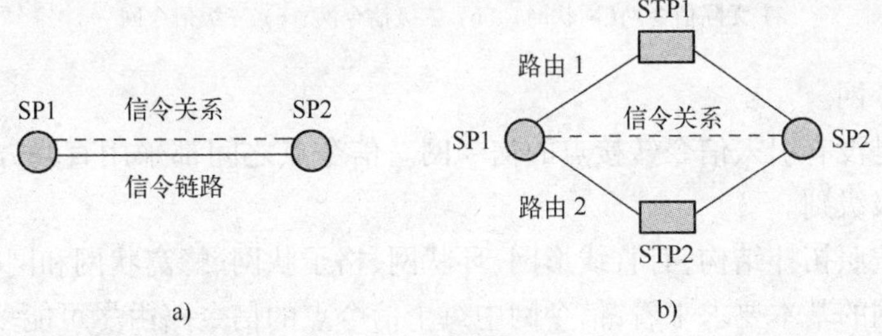

图 7-10 No.7 信令传送方式
a）直联方式 b）非直联方式

（2）非直联方式

信令消息沿着两条或多条串接的信令链路从源点发往目的地点，图 7-10b 中，SP1 到 SP2

有两条路由。一般来说，源点到目的地点有多条传送路由时，信令消息选择哪条路由来传送，可根据信令负荷和信令网的运行情况动态确定，这样的好处是可以有效利用网络资源，但是增加了路由的选择和网络管理的复杂性。

(3) 准直联方式

是非直联方式的一种特殊情况，这种方式中，信令消息的路由是预先确定的。假设图 7-10b 中的 SP1 和 SP2 是两个交换局，信令消息的传送路由可以按照它们之间的话路来确定，如奇数号话路的信令消息由路由 1 发送，偶数号话路的消息由路由 2 发送。

No. 7 信令中规定只采用直联和准直联两种传送方式。当局间话路数足够大时，采用直联方式，设置直达的信令链路。目前我国电话网是分级的，所以应以准直联为主，尽量减少直联比例。

3. 信令网的结构

信令网按网络结构的等级可分为无级信令网络和分级信令网两类，如图 7-11 所示。

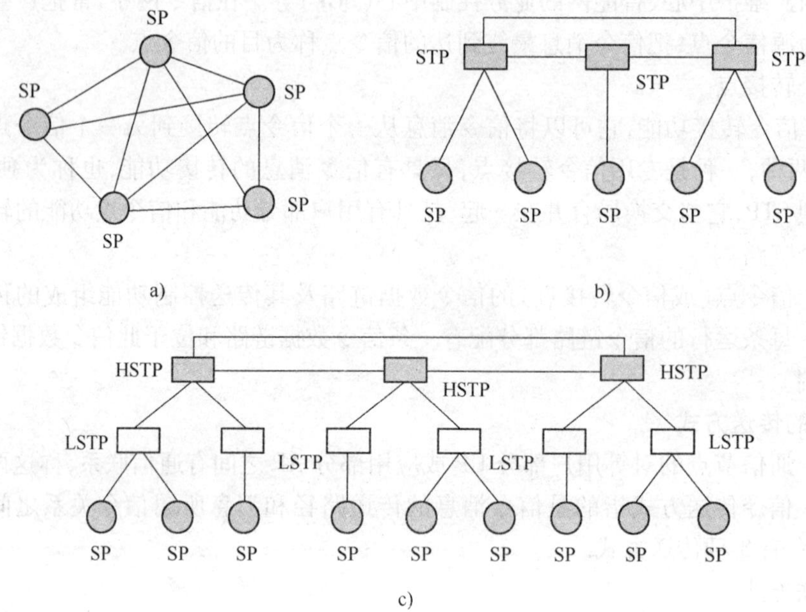

图 7-11　信令网结构示意图

a) 无际信令网(网状网)　b) 二级信令网　c) 三级信令网

(1) 无级信令网

无级信令网是没有引入信令转接点的信令网。信令点之间都采用直联方式，所有的信令点均处于同一等级级别。

无级信令网按照拓扑结构，有直线形网、环状网、格子状网、蜂窝状网和网状网等几种结构类型。从对信令网的基本要求来看，信令网中每个信令点的信令路由尽可能多，信令接续中所经过的信令点的数量尽可能少。无级信令网中的网状网(如图 7-11a 所示)，可以满足上述要求，但当信令点的数量较大时，局间连接的信令链路数量明显增加。如果有 n 个信令点，那么每增加一个信令点，就要增设 n 条信令链路。虽然网状网具有路由多，传递时间短等优点，但限于技术及经济上的原因，不适应于国际和国内信令网的要求。所以无级信令网未能得到实际的应用。

(2) 分级信令网

分级信令网是引入信令转接点的信令网，也称水平分级信令网。按等级划分又分为二级信令网和三级信令网。网络结构如图 7-11b 和 7-11c 所示。

二级信令网是采用了一级信令转接点，而三级信令网则具有二级信令转接点。三级信令网的第一级信令转接点称为高级信令转接点（HSTP）或主信令转接点，第二级为低级信令转接点（LSTP）或次信令转接点。

分级信令网中每个信令点发出的信令消息一般需要经过一级或 n 级信令转接点的转接。只有当信令点之间的信令业务量足够大时，才设置直达信令链路，以便使信令消息快速传递并减少信令转接负荷。

相比无级网的结构，分级信令网具有如下的优点：网络所容纳的信令点数多；增加信令点容易；信令路由多、信号传递时延相对较短。因此，分级信令网是国际、国内信令网常采用的形式。

(3) 影响信令网分级的因素

信令网的级数与下列因素有关：

① 信令网要容纳的信令点的数量。其中包括信令网所涉及的交换局数、各种特种服务中心的数量，也要考虑其他的专用通信网纳入进所应设置的信令点数。

② STP 可以连接的最大信令链路数及工作负荷能力（单位时间内可以处理的最大消息信令单元数量）。

③ 允许的信令转接次数。消息在网络中的传递时延主要取决于消息的转接次数。转接次数越多，时延就越长。因此，信令网的分级数必须限制在允许的转接次数及时延范围内。

④ 信令网的冗余度。所谓信令网的冗度是指信令网设备的备份程度。通常有信令链路、信令链路组、信令路由等多种备份形式。一般情况下，信令网的冗余度越大，其可靠性也就越高，但所需费用也会相应增加、控制难度也会加大。

在实际应用中，STP 所能容纳的信令链路数是由设备设计的规模限定的。这样，在考虑信令网的分级结构时，必须综合考虑信令网的冗余度的大小等因素来确定网络的规模。

(4) 我国信令网结构

我国信令网采用三级结构，如图 7-11c 所示。LSTP 至 SP 及 HSTP 至 LSTP 采用星型连接，HSTP 之间采用网状连接，这样，任何两个 SP 之间最多经过 4 次转接即可互相传递消息。其中，HSTP 对应于“主信令区”，规定按省、市、自治区划分。每个主信令区设置 1 对 HSTP，以负荷分担方式工作。LSTP 对应于“分信令区”，规定省内每个地区为一个分信令区，设置 1 对 LSTP，也是以负荷分担方式工作。

为了提高网络的安全性，采用了“四倍备份”的冗余结构：SP-LSTP、LSTP-HSTP 之间的连接至少设置两条信令链路，这种方法称为链路冗余；每个 SP 至少和两个 LSTP 相连，每个 LSTP 至少和两个 HSTP 相连，这种方式称为路由冗余。

按照上述的原则，我国三级信令网结构采用如图 7-12 所示的 A、B 平面的连接方式。A、B 平面连接是网状连接的简化形式。在信令网中，HSTP 不是采用完全的网状网结构，而是每对 HSTP 分属 A、B 两个平面，同一平面内的 HSTP 采用网状相连，不同平面之间只有配对的 HSTP 作对应连接。

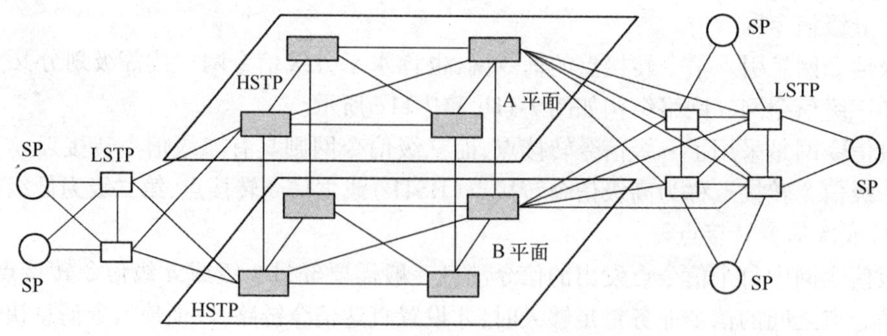

图 7-12　我国三级信令网结构示意图

大中城市的本地信令网中可设置多个 LSTP，这些 LSTP 网状相连，每个 SP 根据话务流向和某两个 STP 相连。图中每条连接线表示信令链路组，至少包含两条信令链路。

4. 信令网的路由选择

（1）信令路由

信令路由是源信令点的信令消息到达目的地所经过的各个信令点的信令消息路径。在准直联信令网中，信令消息经过的各个信令点都是预先确定的。信令路由按其特性和使用方法分为正常路由和迂回路由两类。

① 正常路由

正常路由是指没有发生故障情况下的信令消息流经的路径。假设信令网中某信令点具有多个信令路由，如果有直达信令路由，则该直达信令链路为正常路由；如果该信令点的多个信令路由都是采用准直联方式经过 STP 转接的信令路由时，信令路由中的最短路由为正常路由。

② 迂回路由

迂回路由是指因信令链路或路由故障造成正常路由不能传送信令消息而选择的路由。迂回路由都是经过 STP 转接的准直联方式的路由，它可以是一个路由，也可以是多个路由。当有多个迂回路由时，按照经过 STP 的个数，由小到大依次分为第一迂回路由和第二迂回路由。

（2）信令路由规划原则

路由规划的基本原则是按照“最短路径”准则确定至各个目的地点的路由等级。“最短路径”就是 STP 转接次数最小。因此路由规划就是确定正常路由后，依次规定第一、第二迂回路由。

（3）信令路由选择原则

信令路由选择的一般原则是：

① 信令路由首先选择正常路由，当正常路由故障不能使用时，再选择迂回路由。

② 信令路由中有多个迂回路由时，先选择优先级最高的第一迂回路由，第一迂回路由故障时，再选择第二迂回路由，依次类推。

③ 正常路由或迂回路由中，如果有多条信令链路，各个信令链路全部工作，采用负荷分担的方式传送信令消息。只有当某一等级路由包含的所有信令链路全部阻断时，才转为选择下一等级的迂回路由。

路由规划和路由选择的概念如图 7-13 所示，图中，R0，R1，R2 分别为 SP1 和 SP2 之间的正常路由(直达信令路由)、第一迂回路由和第二迂回路由。R0 故障后,选择 R1,R1 有两个信令链路组(每个信令链路组包含多条信令链路)L_{11} 和 L_{12},各自负担 50% 的信令负荷,当 L_{11} 故障后(该信令链路组中所有的信令链路全部阻断),L_{12} 负担 100% 负荷。当 L_{12} 也故障后,转为选择 R2。注意,各信令链路组中的所有信令链路也按照负荷分担的方式工作。

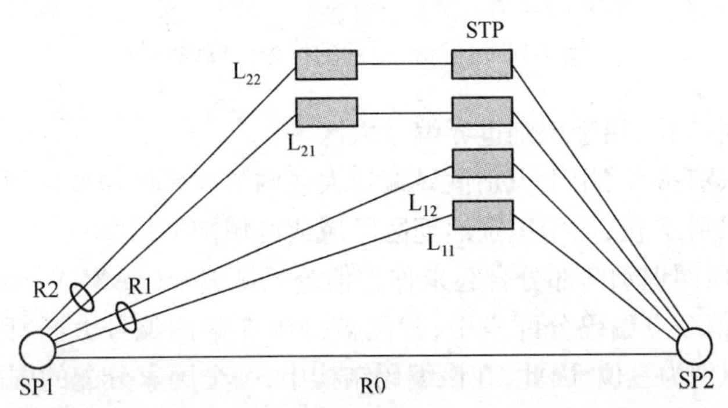

图 7-13　信令路由选择示意图

7.1.6　No.7 信令网的编号计划

在 No.7 信令网中每个信令点(包括 STP)都有一个地址,这个地址称为信令点编码(Signalling Point Code,SPC)。SPC 是为了识别信令网中各信令点(包含 STP),用于信令消息在信令网进行路由选择。STP 采用独立的编号计划,不从属于任何一个业务的编号计划。

1. 信令点编码的基本要求

信令网中的每个信令节点有且只能有一个 SPC,下列信令节点应分配一个 SPC:

—国际出入口交换系统

—国内长话交换系统(含长市合一交换系统)

—本地汇接交换系统、终端交换系统

—移动交换系统(TMSC、MSC、HLR、SGSN)

—直拨 PABX

—各种特种服务中心(业务控制点 SCP、短信中心等)

—信令转接点

—其他 No.7 信令点(如信令网关设备等)

由于信令网的 SPC 和电话网的电话号码一样,一经确定并实施后,修改起来困难很大,因此必须慎重周密地考虑和设计。依据信令网的结构及应用要求,对 SPC 实行统一编码,既要考虑相对稳定性和灵活性,又要考虑信令点的备用量,有一定的扩充性,能满足信令网发展的要求。当新的信令点和信令转接点引入信令网时,尽量使信令路由表修改最少。

2. 国际信令网信令点编码

为了便于信令网的管理,CCITT 在研究和提出 No.7 信令方式建议时,在 Q.705 建议中明确地规定了国际信令网和各国的国内信令网彼此相互独立设置,规定了国际信令点编码计划,而各国的国内信令点编码可以由各自的主管部门,依据本国的具体情况来确定。

国际信令网信令点编码由 14 位组成,采用大区(或洲)识别、区域网(国家或地区)识别、信令点识别的三级编号结构,如图 7-14 所示。

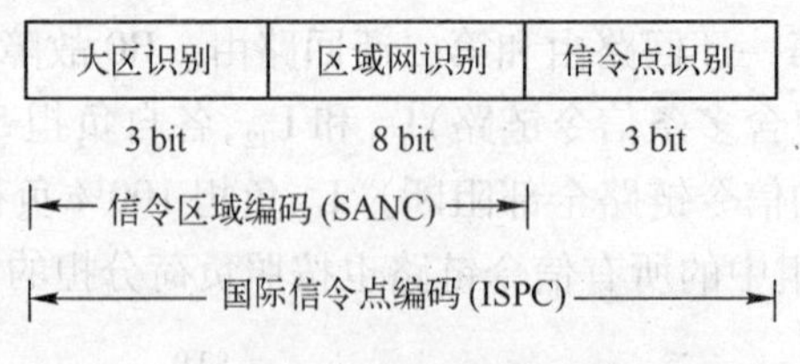

图 7-14 国际信令网的信令点编码结构

其中:大区识别:3 位,用于识别世界编号大区

区域网识别:8 位,用于识别世界编号大区内的地区区域或区域网

信令点识别:3 位,用于识别地理区区域或区域网的信令点

大区识别和区域网识别两部分合起来称为信令区域编号(SANC)。

在国际信令网信令点编码分配表中,我国被分配在第四编号大区,区域网识别的编码为 120。由于信令点识别为三位,因此,在该编码结构中,一个国家分配的国际信令点编码只有 8 个,即 000 ~ 111。如果一个国家使用的国际信令点超过八个小时,可申请备用的国际信令点编码。

3. 我国国内信令点编码

我国 No. 7 信令网的信令点采用统一的 24 位编码方案。依据我国的实际情况,将编码在结构上分为三级,即三个信令区,如图 7-15 所示。

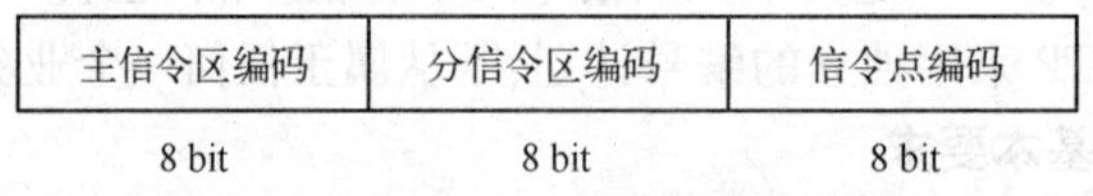

图 7-15 中国国内信令网信令点编码结构

以我国省、直辖市为单位(个别大城市也列入其内),划分成若干主信令区,每个主信令区再找分成若干分信令区,每个分信令区含有若干个信令点。因此每个信令点(包括 STP)的编码由三个部分组成:第一个八位用来识别主信令区,第二个八位用来识别分信令区;最后一个八位用来识别分信令区的各信令点。

考虑到将来的发展,我国的国内电信网的各种交换局、各种特种服务中心和信令转接点都应被分配一个信令点编码。但应当特别指出的是,国际接口局应被分配两个信令点编码,其中一个是国际网分配的国际信令点编码,另一个则是国内信令点编码。

7.2 ATM/B-ISDN 网络信令

ATM 是面向连接的技术,在通信之前必须先建立虚通道连接(VPC)或虚信道连接(VCC)。因此,信令在 ATM 网络中也占有非常重要的地位。ATM 信令的主要功能是控制网络的呼叫和连接,在用户与节点以及节点与节点之间,动态建立、保持/修改和释放各种通信连接,并为通信连接协商和分配网络资源;支持点到点、点到多点和广播方式等各种连接方式的通信;支持各种速率的可变比特率、恒定比特率业务的承载能力;支持不同流量特性;支持一次呼叫建立多个连接;支持对称和非对称通信。

7.2.1 ATM/B-ISDN 网络信令概述

1. ATM 信令分类

ATM 信令与网络密切相关,在 ATM 网络内,不同接口上有不同的信令形式。ATM 信令根据其在网络中的位置分为用户网络接口(UNI)信令和网络节点接口(NNI)信令。ATM UNI 信令用于 ATM 终端与 ATM 交换机之间的连接控制。ATM NNI 信令则用于网络节点之间的连接控制。

在 ATM 网络中有两种 UNI,专用 UNI 和公共 UNI。专用 UNI 是专用 ATM 网络和终端系统之间的接口。而公用 UNI 是公共 ATM 网络与终端系统或公共 ATM 网络与专用 ATM 网络之间的接口。这两种 UNI 很相似,但在信令标准上有一些区别。

同样的,ATM 网络中也有两种 NNI,专用 NNI 和公共 NNI。这两种接口的信令协议差别很大。

2. ATM/B-ISDN 网络信令标准

由于 B-ISDN 业务很多,所需的信令功能也不同,为了满足不同时期 B-ISDN 业务的要求,ITU-T 和 ATM 论坛先后制定了一系列的信令规范。

(1) ITU-T 信令规范

ITU-T 为 ATM 信令的发展制定了详细的计划,从 1989 年 2 月开始讨论适合 B-ISDN 要求的 ATM 网络信令方式,确定信令标准化工作分三个阶段进行,对应下面三个信令能力集:

第 1 信令能力集 SCS1(Signalling Capability Set 1)为 Q. 2931 标准,主要提供支持恒定速率或峰值速率的面向连接业务的信令协议,只有点对点的连接方式,一次呼叫只允许建立一条连接,另外具有有限的补充业务。

第 2 信令能力集 SCS2 为 Q. 297 × 标准,主要提供可变速率的面向连接业务的信令协议,可由用户指明服务等级,可根据业务流量分配带宽,因此能支持可变速率业务,支持点对多点的连接方式。允许一次呼叫建立多条连接。

第 3 信令能力集 SCS1 为 Q. 29 × × 标准,主要提供支持多媒体和分布式业务的信令协议。服务质量可在用户和网络之间进行协商,具有更大的灵活性,支持点对多点和广播方式的连接。

每个信令能力集都包含 UNI 信令协议系列和 NNI 信令协议系列两个部分。ITU-T 对 N-ISDN 和B-ISDN 的 UNI 制定了相应的协议。用于 N-ISDN 的 UNI 信令称为 1 号数字用户信令(DSS1),也称为 D 信道协议;用于 B-ISDN 的 UNI 信令称为 2 号数字用户信令(DSS2)。DSS1 信令规范参见 ITU-T Q. 850 ~ Q. 957,DSS2 信令规范参见 ITU-T Q. 2931 ~ Q. 2971。公用网的 UNI 信令主要由 ITU-T 制定和标准化,对公用网的 NNI 信令采用类似于 No. 7 信令协议结构,在宽带消息传递部分(MTP-3b)上,增加了宽带综合业务用户部分(B-ISUP),由于 ATM 采用信元来传送信令,所以与 No. 7 信令的 MTP 有很大的区别。

(2) ATM 论坛信令规范

ATM 论坛的信令标准是基于专用网中使用的连接控制协议,并将重点放在 UNI 信令协议上,其信令规范 UNI3. 1 和 UNI3. 1 为 ITU-T Q. 2931 协议的子集,与 ITU-T Q. 2931 协议互相补充,互相促进,并在关键点上保持一致。1993 年 9 月推出了 UNI3. 0 协议标准。1996 年 7 月完成了 UNI4. 0 信令标准。ATM 论坛的 NNI 信令标准称为 PNNI,即专用网节点接口协议,使用与 B-ISUP 完全不同的一套协议。在涉及到互通时，又定义了宽带互连接口（Broadband Inter-Carrier Interface，B-ICI）规范。

3. ATM/信令协议栈结构

用于 B-ISDN 的 ATM UNI 和 NNI 信令协议栈结构如图 7-16 和 7-17 所示。

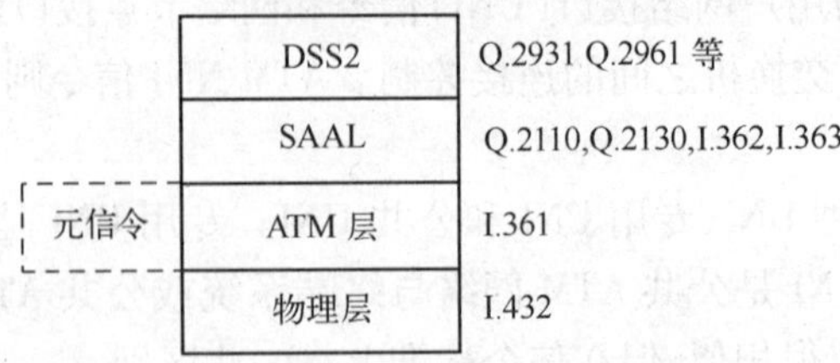

图 7-16　UNI 信令协议栈

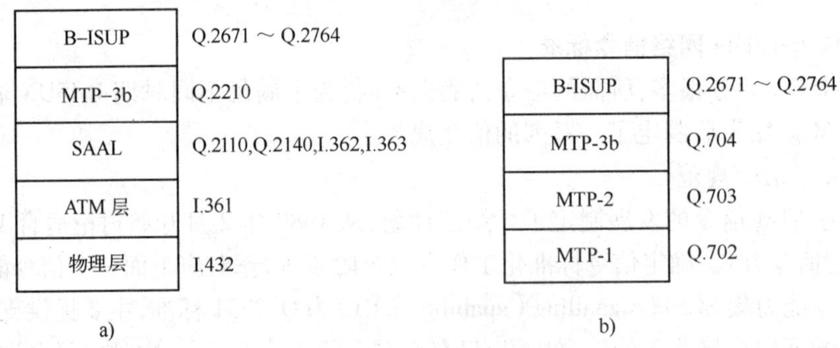

图 7-17　NNI 信令协议栈

a）用 ATM 网络传送 NNI 信令　b）用 No. 7 信令网络传送 NNI

UNI 信令实现用户和网络的交互过程，完成所有与用户通信有关的操作。UNI 信令协议规定了传送各种通信参数和通知相应结果的过程和消息格式。用户端信令 ATM 适配层（Signalling AAL，SAAL）对 ATM 层以上可变长度信令消息进行适配，将高层信令消息适配为 ATM 信元。高层信令协议为 ITU-T 的 Q. 2931，ATM 论坛的 UNI3. 0/3. 1 和 4. 0。

NNI 信令的高层协议是 B-ISDN 用户部分，称为 B-ISUP。ATM 有两种方式支持 B-ISUP：一是直接通过 ATM 网络，通过增加相应的信令适配层 SAAL 和 No. 7 信令的消息传送部分第 3 层（MTP-3b）来支持 B-ISUP，如图 7-17a 所示。另一种方式是通过现有的 No. 7 信令网（MTP-l ~ MTP-3）来支持 B-ISUP，如图 7-17b 所示。

高层的信令消息通过 ATM 网络传送时，需把信令封装在信元中传送，这种信元称为信令信元。传送信令信元的虚信道称为信令虚信道（SVC，Signalling Virtual Channel），它是通过虚信道标识符（VCI）来识别。对于点对点信令，信令信元通过 SVC 来传送。而对于点对多点信令只用于 UNI 接口，在其信令结构中，采用了 ITU-T Q. 2120 建议中定义的元信令来管理的多个通信实体，负责 SVC 的分配、更改和取消。元信令是信令的信令，每个虚路径（VP）中有一个专用的元信令虚信道（MSVC）来传送元信令。MSVC 用标准值 VCI = 1 来识别，其 VPI 缺省值为 0。元信令位于管理面的 ATM 层，由层管理控制，如图 7-16 所示。

4. 信令 ATM 适配层

信令 ATM 适配层（SAAL）将高层的信令消息，如 UNI 的 Q. 2931 消息、NNI 的 B-ISUP 消

息，适配成与业务类型无关的 ATM 信元。SAAL 负责在点对点的 ATM 连接上正确传输信令消息，减少信令链路上的数据错误、丢失和误插等。

SAAL 采用 AAL5，由公共部分(CP)和业务特定汇聚子层(SSCS)组成，分层结构如图 7-18 所示。CP 包括公共部分汇聚子层(CPCS)和分段重装子层(SAR)，即 AAL5；SSCS 包含业务特定面向连接协议(Service Specific Connection Oriented Protocol，SSCOP)和业务特定协调功能(Service Specific Coordination Function，SSCF)。

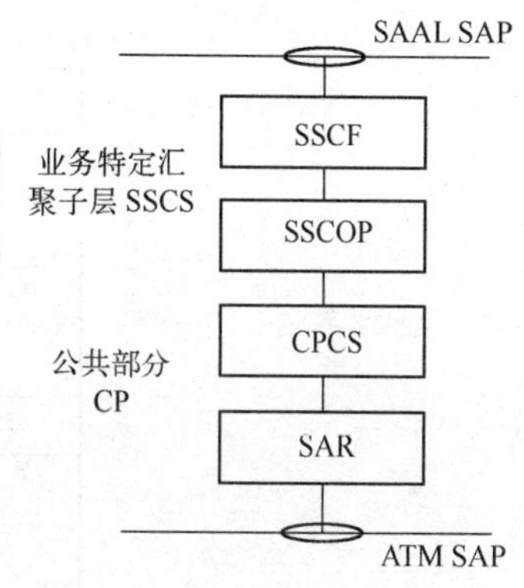

图 7-18　SAAL 分层结构

SSCF 的作用是将网络层(SAAL 的上一层)规程的特定要求映射到 SSCOP 所提供的服务，UNI 的网络层是 Q. 2931，NNI 的网络层是 MTP-3b。因此用于 UNI 和 NNI 的 SSCF 是不同的，分别由 Q. 2130 和 Q. 2140 所定义。

SSCOP 的主要作用是建立和释放 SAAL 连接，确保信令消息在此连接上的可靠传送。它可以提供基于选择性重发机制和差错校正功能、接收方可控的流量控制功能、SAAL 连接的活动性检测和状态报告功能、本地数据检索和恢复功能以及向层管理报告差错的功能等。SSCF 和 SSCOP 组合在一起提供链路层的控制功能。

5. UNI 与 NNI 信令协议关系

在 B-ISDN 网络中，UNI 与 NNI 信令关系如图 7-19 所示。在 ATM 终端与 ATM 交换机间采用 DSS2 信令进行通信，在 ATM 交换机之间采用 B-ISUP 进行通信。当两个不在同一个交换局的用户进行连接时，需要进行 UNI 和 NNI 信令的互操作，即进行 Q. 2931 和 B-ISUP 协议的转换。协议的转换工作由收发端的 ATM 交换机完成。

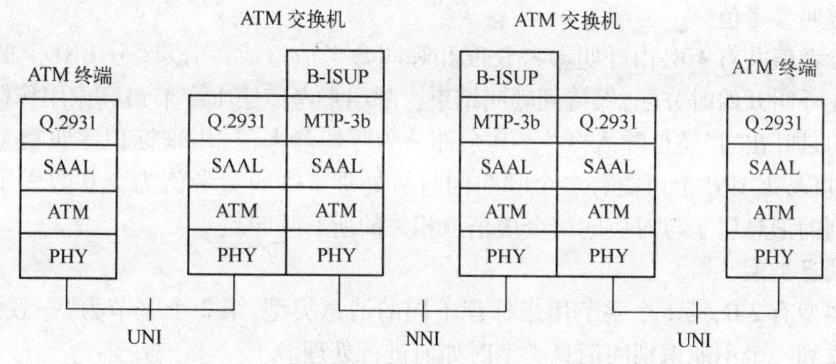

图 7-19　UNI 与 NNI 信令关系

7.2.2　B-ISDN 用户网络接口信令

Q. 2931 是 ITU-T 制定的关于用户网络接口(UNI)的网络层协议，即 B-ISDN DSS2 的第 3 层基本呼叫/连接的信令规范。Q. 2931 协议是以 N-ISDN UNI 的 DSS1 协议 Q. 931 为基础，根据 B-ISDN 业务的特点，对 Q. 931 作了修改并增加了 ATM 网络特有的内容，在 UNI 处提供用户呼叫建立、释放以及补充业务等过程的操作。业务可以是点对点的双向连接，也可以是点对多点的单向连接。

1. 消息的一般格式

Q. 2931 协议消息的一般格式如图 7-20 所示。Q. 2931 协议消息格式由协议鉴别符、呼叫参考值、消息类型、消息长度和信息元素五部分组成。其中协议鉴别符、呼叫参考值、消息类型和消息长度四部分是公共部分。而不同的消息中所包含的信息元素数量不同、种类不同。下面简要介绍各部分的功能。

图 7-20 Q. 2931 协议消息的一般格式

(1) 协议鉴别符

协议鉴别符为 1 B,用于标识 Q. 2931 的信令消息,其编码为"00001001"。

(2) 呼叫参考值

呼叫参考值共有 4 B,由呼叫参考长度和呼叫参考值组成,用以区分 UNI 上的各个呼叫。呼叫参考在呼叫开始时分配,保持到呼叫结束。呼叫参考值第 1 字节最高位用作标志位,表示呼叫的方向是呼出"1"还是呼入"0"。其余部分为呼叫参考值,用来标识呼叫类型,以便区分呼叫处理过程,因 UNI 上可能有多个呼叫同时被处理。呼叫参考值为全 0 时表示全局呼叫,表示所收到的消息属于与对应的信令虚信道相关的所有呼叫。

(3) 消息类型

消息类型有 2 B,第 1 个字节用来标识不同的消息类型,第 2 个字节为"一致性指令",用来指明当收到一个不能识别的消息类型时如何进行处理。

(4) 消息长度

消息长度也有 2 B,表示信息元素(不包含协议标识符、呼叫参考值、消息类型和消息长度本身)的长度。第 1 个字节 1 ~ 7 位表示消息长度,第 8 位用于扩展消息长度字段,"1"表示消息长度字段只占 1 字节,"0"表示消息长度字段占 2 B。

(5) 可变长信息元素

可变长度的信息元素用于传递所需的通信参数和其他说明信息。如消息传递的编码方案、AAL 层参数、ATM 信元速率、连接标识符、QoS 参数和宽带承载能力等。

2. 消息类型

Q. 2931 的消息类型有呼叫建立消息、呼叫释放消息、连接通报消息、状态消息、点对多点的消息等，在表 7-2 中只列出了用于呼叫/连接控制的消息。

表 7-2　呼叫/连接控制消息

消息名称	意　义	功　能
呼叫建立消息		
SETUP	建立	呼叫建立请求
ALERTING	提示	表示被叫用户已开始处理呼叫
CALL PROCEEDING	呼叫进行中	指示呼叫建立已经开始
CONNECT	连接	表示被叫用于已接收呼叫
CONNECT ACKNOWLEDGE	连接证实	证实呼叫已被接受
呼叫释放消息		
RELEASE	释放	释放请求
RELEASE COMPLETE	释放完成	通知释放完成
点对多点消息		
ADD PARTY	加入呼叫方	用户请求增加一方用户
ADD PARTY ACKNOWLEDGE	加入呼叫方证实	网络同意增加一方用户要求
ADD PARTY REJECT	加入呼叫方拒绝	网络拒绝增加一方用户要求
DROP PARTY	撤销呼叫方	请求释放一方用户
DROP PARTY ACKNOWLEDGE	撤销呼叫方证实	释放一方用户响应

3. Q. 2931 点对点呼叫/连接的建立和释放

Q. 2931 协议信令点对点成功的呼叫/连接的建立和释放过程如图 7-21 所示。

① 主叫用户在指配的信令虚信道上发送一个 SETUP 消息以启动呼叫的建立，其中包括所选定的呼叫参考值。在 SETUP 消息中，ATM 业务流描述、宽带承载能力和 QoS 参数是必备的信息单元，此外还包括用于呼叫建立所需的全部或部分地址信息。

② ATM 网络侧收到 SETUP 消息后，如果可以接受和处理这一呼叫，就发回 CALL PROCEEDING 消息，作为对 SETUP 消息的证实，并指示呼叫正在被处理。在 CALL PROCEEDING 消息中包含的连接标识 IE 中，指明了网络侧所分配的 VPCI/VCI 值。注意这里是 VPCI（虚通道连接标识）而非 VPI，是由于信令虚信道可以控制多个接口，VPCI 相当于接口号和 VPI。如果只控制一个接口，则用户侧的 VPCI 就等于 VPI。

③ 当向被叫用户发出提示（例如电话呼叫的振铃）后，网络向主叫用户发送 ALERTING 消息。当被叫接受这一呼叫，网络向主叫用户发送 CONNECT 消息。主叫收到 CONNECT 消息后，回送 CONNECT ACKNOWLEDGE 消息。这时，端到端的连接已建立好，两用户可以开始通信。

④ 任何一方都可以释放呼叫，图 7-21 表示主叫先发送 RELEASE 消息，网络回送 RELEASE COMPLETE 消息，并向另一方发送释放消息。

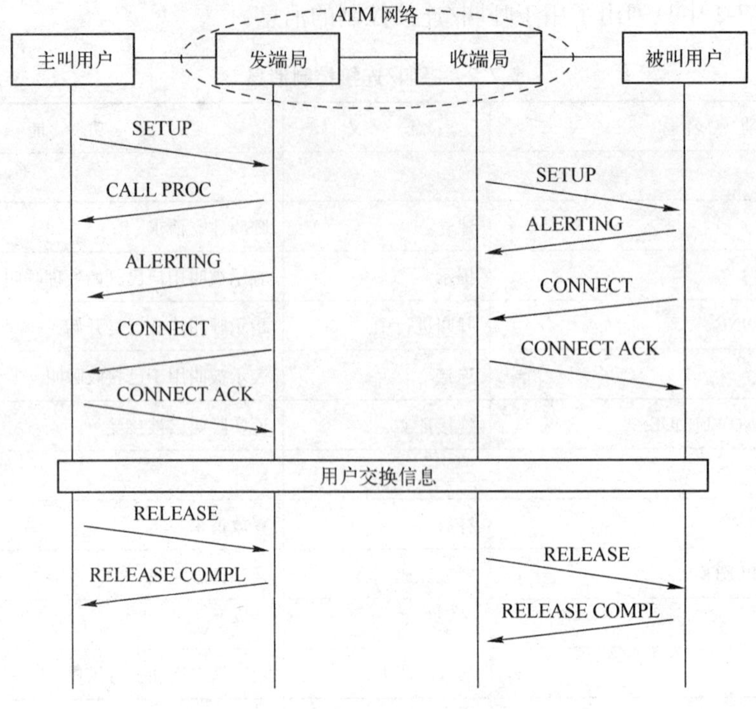

图 7-21　呼叫/连接的建立和释放过程

7.2.3　B-ISDN 网络节点接口信令

从图 7-19 中可以看到，在用户网络接口（UNI）信令上的连接由 Q. 2931 协议来负责。而在网络节点接口（NNI）信令的连接建立主要由 B-ISUP 来负责。B-ISUP 的主要功能是在网络上提供虚电路连接的建立、管理、拆除所必须的信令。B-ISUP 由 ITU-T Q. 2761 ~ Q. 2764、Q. 2722. l（点到多点）、Q. 2723. 1（补充流量参数）、Q. 2726. 1（ATM 端系统地址）和 Q. 2210（宽带消息传递部分 MTP3）的一系列建议所规范，主要用在广域网中对不同类型的网络进行互联。ATM 论坛对宽带网络互联规定了宽带互联接口（B-ICI）协议，其大部分内容与 ITU-T 的 B-ISUP 一样，但也有一些差别。本节主要介绍 B-ISUP 的一些基本概念。

UNI 接口的信令 Q. 2931 和 NNI 的信令是两个不同的信令协议，在网络上他们作用于连接的不同部分，如图 7-22 所示。在端到端的通信过程中，两种信令系统协同完成端到端用户通信连接的建立。Q. 2931 协议完成端设备与网络之间的信令操作，建立网络边界的虚信道。而 B-ISUP 执行网络内部节点间的信令操作，建立网络内部的虚信道。同时，B-ISUP 也可用于网络之间的互通接口，实现网络与网络的通信。

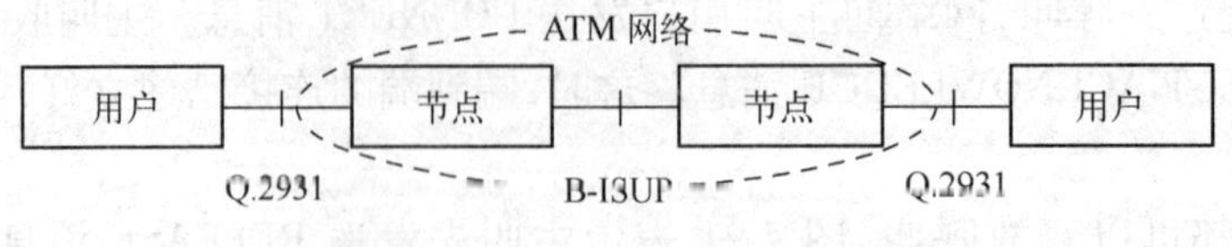

图 7-22　Q. 2931 与 B-ISUP 的关系

1. B-ISUP 消息格式及类型

(1) B-ISUP 消息格式

B-ISUP 使用的消息格式如图 7-23 所示。

(bit) 8 7 6 5 4 3 2 1	(字节)
路由标记	1 ~ 7
消息类型编码	1
消息长度	1
消息兼容性	1 ~ 2
消息内容	1 ~ N

图 7-23 B-ISUP 消息格式

① 路由标记标识消息的起点和终点,由 DPC、OPC 和 SLS 组成,属于同一呼叫的虚连接的消息的路由标记必须相同,以保持同一呼叫的 7 号信令消息的有序性。

② 消息类型编码用来区分不同的消息,在 CS-1 中定义了 28 种不同的消息。

③ 消息长度用来指示消息长度以后的消息兼容性信息和消息内容的字节数。

④ 消息兼容性指明未识别消息的处理动作,可用于不同版本信令协议的兼容。

⑤ 消息内容由若干各参数组成,B-ISUP 规定了各种参数的名称和编码,例如被叫用户号码、被叫用户子地址、主叫用户号码、主叫用户子地址、AAL 参数、ATM 信元率、宽带承载能力、原因表示语、用户至用户信息等。可由各类信息按需选用。

(2) B-ISUP 消息种类

Q. 2762 协议定义了 B-ISUP 的消息种类,包括呼叫建立、连接监视以及呼叫中变更、端到端信令协议等。下面给出与呼叫和连接控制有关的主要消息类型。

① 初始地址消息(IAM)。表示呼叫连接开始,占用呼出虚电路。

② 地址收全消息(ACM)。表示被叫用户已收到全部地址消息,并正在进行呼叫处理。

③ 应答消息(ANM)。表示被叫用户已经接受呼叫,连接已经建立。

④ IAM 响应消息(IAA)。对呼叫开始消息 IAM 的肯定回答。

⑤ IAM 拒绝消息(IAR)。对呼叫开始消息 LAM 的否定回答,表示由于资源限制不能接受呼叫。

⑥ 释放(REL)。请求释放一个连接和占用的资源。

⑦ 释放结束(RLC)。表示连接已被释放。

从这些消息中可以看出除地址消息在 UNI 接口信令协议中没有对应的消息外,其他消息和 UNI 信令消息是对应的。因为节点必须借助地址进行路由选择,当接收到一部分地址时可以开始路由选择,地址消息中不同字段如国家代码或省市代码或是用户代码或分机号可用于完成部分路由选择,当地址收全以后,则表明可以完成网内路由选择操作,所以在 NNI 信令中对地址有比较复杂的处理。当主叫向发送端局发送消息后。发送端局交换机则将此消息翻译成相应的 NNI 格式,传递到接收端局,接收端局交换机执行相反的操作通知被叫。

2. UNI 与 NNI 的互操作

图 7-24 给出了一个典型的 UNI(采用 DSS2)与 NNI(采用 B-ISUP)之间呼叫建立和释放操作过程。下面简述 UNI 与 NNI 之间连接建立的互操作过程。

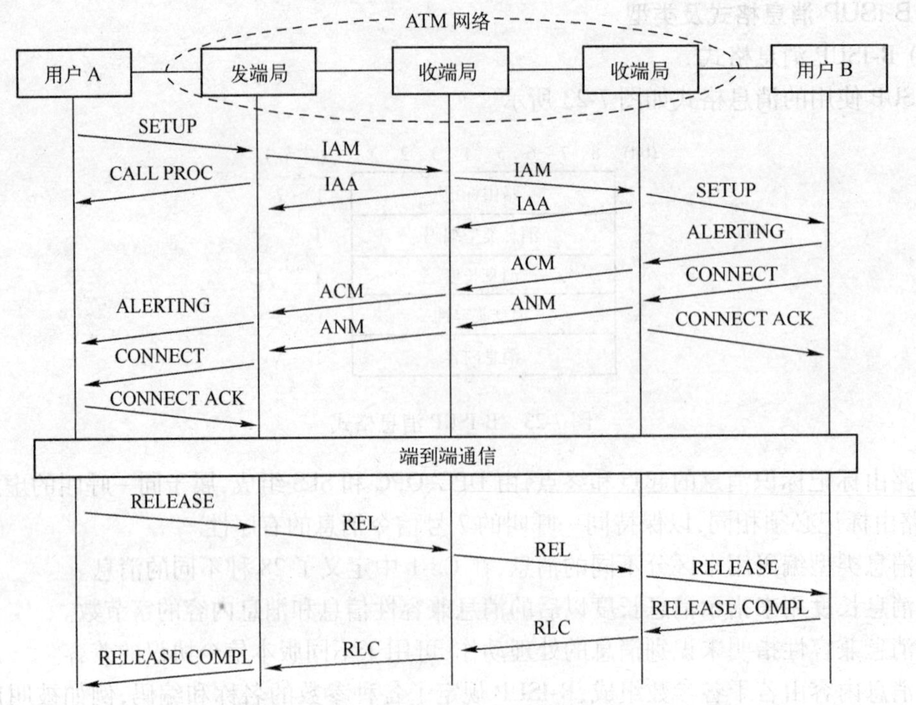

图 7-24　UNI 和 NNI 网络信令互操作

(1) 连接建立过程

① 当主叫用户 A 呼叫 C 局的用户 C 时,由主叫用户 A 向其所在的交换机 A 发送一个 SETUP 消息(Q. 2931 协议)请求建立连接。

② 当交换机 A 收到 SETUP 消息后,检查被叫用户地址,发现该呼叫为出局呼叫时,就将 SETUP 消息和它的信息元素映射到 B-ISUP 的初始地址消息 IAM 中,然后发给转接局交换机 B,同时交换机 A 向主叫用户 A 发送一个呼叫进程消息(CALL PROCCEEDING)。

③ 交换机 B 将 IAM 转发给接收局交换机 C 后,向交换机 A 返回一个初始地址证实消息 IAA。

④ 交换机 C 将 IAM 消息映射到 UNI 信令 SETUP 中,建立与用户 C 的虚电路,同时给交换机 B 返回一个初始地址证实消息 IAA。

⑤ 用户 C 先给其所在的交换机 C 发送一个 ALERTING 消息,表示可以接收该呼叫,再发送一个 CONNECT 消息同意建立连接。

⑥ 交换机 C 分别将 ALERTING 和 CONNECT 消息映射成 B-ISUP 的地址完全消息 ACM 和应答消息 ANM 经交换机 B 送回交换机 A,同时给用户 C 发送 CONNECT ACK 进行证实。

⑦ 交换机 A 分别将 ACM 和 ANM 消息映射成 ALERTING 和 CONNECT 发送给用户 A,用户 A 返回 CONNECT ACK 证实后就在不同局的用户间建立了虚连接,实现端到端的通信。

(2) 连接释放过程

连接释放过程也和连接过程类似,如图 7-24 所示,用户 A 利用 Q. 2931 信令发送一个 RELEASE 消息给交换机 A。交换机 A 接收到该消息后把它映射成 B-ISUP 信令的 REL 消息并由网络中继到用户 C 所属的交换机 C 的 UNI 处,REL 消息再被反映射成 Q. 2931 的 RELEASE 消息。网络节点开始断开连接并且释放资源,完成呼叫连接的释放。

7.3 同步网

同步是指信号的发送方与接收方在频率、相位上保持某种严格的特定关系。模拟通信网的同步,指的是多路传输系统中收、发两端间的载波频率保持同步,其频率偏差不超过 2 Hz。在数字通信网中,由于传输链路和交换节点上传送和处理的都是具有一定比特率的数字信号,要实现链路之间以及链路与交换节点之间的相互连接、协调地工作,要求数字通信网中的各种设备的时钟具有相同的频率,以相同的时标来处理比特流。也就是说,要求数字通信网中各种设备内的时钟之间保持同步。要使通信网中每个数字设备的时钟都具有相同的频率,最好的解决的办法是建立同步网。

7.3.1 同步的基本概念

同步是数字通信的基本要求,同步技术可以使通信系统的收、发两端或整个通信网以精度很高的时钟提供定时,以便系统(或网络)的数据流能同步、准确地传送信息到达接收端。数字通信网络中的同步技术有位同步、帧同步和网同步。

1. 位同步

位同步的基本含义是收发两端的时钟频率必须同频、同相。同频就是发送端发送了多少个码元,接收端必须产生同样多的判决脉冲,既不多一个,也不少一个。由于传输信道特性的不理想,矩形脉冲到达接收端会产生失真,变成钟形脉冲,在码元中心,信号电平最高。同相指的是判决脉冲应该对准码元的中心,这样对码元的正确识别最高。

实现位同步的方法很多,最常用的方法是接收端直接从接收到的信号码流中提取时钟信号,作为接收端的时钟基准,去校正或调整接收端本地产生的时钟信号,使得收发双方时钟保持同步。这种方法的前提条件传输的信号码流中必须含有时钟频率分量,或通过简单变换后可以产生时钟频率分量。因此需要对数字信号码流进行信道编码变换。

2. 帧同步

数字通信中,数字信号是按照规定的单元格式 - 帧格式进行传输的,帧格式中除了信息信号外,还设置了具有特定码型的帧同步码(或称帧标志码)。如在 PCM30/32 帧结构中,偶帧的 TS0 时隙中插入的就是帧同步码,其后面的 8 个比特是第一个话路的一个采样值的 8 位码。接收端只有识别出帧同步码后,才可以分辩出各个时隙,才能对后面的语音信号进行正确的分路。

帧同步是在节点设备中,准确识别帧同步码,正确地划分比特流的信息段的一种同步方式。帧同步是在位同步基础上进行的,如果节点设备收到的数字比特流与其内部时钟位置的偏移和错位,造成帧同步码的丢失,就会产生帧失步,产生滑码。为了防止滑码,必须使得节点设备使用某个共同的基准时钟速率。

3. 网同步

在数字通信网中,数字交换设备接收来自传输链路的数字比特流,先以流入的比特率,即发端的时钟频率写入到缓冲存储器中,再按照本交换设备的时钟频率读出缓冲器中的数据。通过这种方式进行交换后送给用户或其他交换设备。如果数字交换设备之间的时钟频率不一致，或数字比特流在传输中受到损伤，就会在数字交换系统的缓冲存储器中产生码元的丢失或重复。如果写入时钟速率大于读出时钟速率，将造成存储器溢出，使输入信息比特丢失；而写入时钟速率大于读出时钟速率，将造成某些比特被读两次，即重复读出。

码元的重复和丢失都会造成帧错位，使接收的信息流出现滑动，在数字网中一定的滑动对不同的电信业务的影响是不同的。如语音业务，对滑动的敏感度较低，而数据对滑动较敏感，会造成误码，影响通信质量，严重时会终端通信。

为了避免出现滑动，降低滑码率，必须使数据通信网中各个设备使用共同的基准时钟频率，实现网元时钟间的同步，这称为网同步。

7.3.2 同步方式

目前，通信网中交换节点时钟的同步有两种基本方式，即主从同步方式和互同步方式。

1. 主从同步方式

主从同步方式是在通信网中某一主交换局设置高精度和高稳定度的时钟源，并以其作为主基准时钟的频率，控制其他各局从时钟的频率，也就是数字网中的同步节点和数字传输设备的时钟都受控于主基准的同步信息。

主从同步方式中同步信息可以包含在传送信息业务的数字比特流中，接收端从所接收的比特流中提取同步时钟信号；也可以用指定的链路专门传送主基准时钟源的时钟信号。在从时钟节点及数字传输设备内通过锁相环电路使其时钟频率锁定在主时钟基准源的时钟频率上，从而使网络内各节点时钟都与主节点时钟同步。

主从同步网的连接方式有直接主从同步方式和等级主从同步方式两种。

(1) 直接主从同步方式

这种方式一般采用星型结构，如图 7-25a 所示。各从时钟节点的基准时钟都由同一个主时钟源节点获取。一般在一个楼内设备可用这种结构。

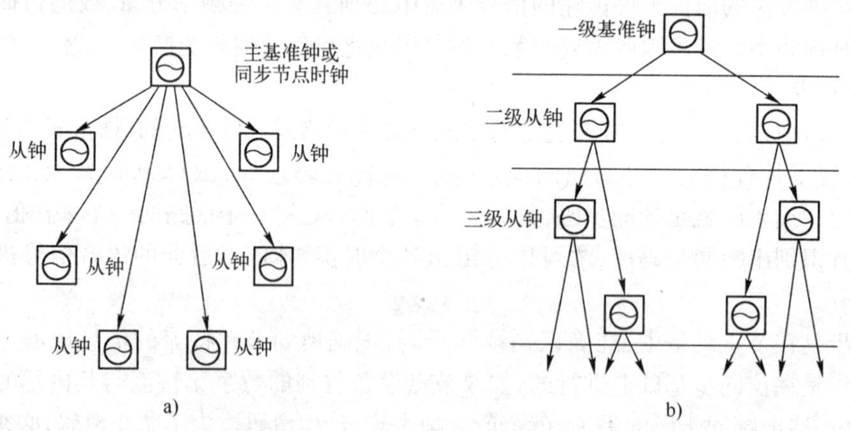

图 7-25 主从同步网连接方式示意图
a) 直接主从同步方式 b) 等级主从同步方式

(2) 等级主从同步方式

等级主从同步方式一般采用树形结构，如图 7-25b 所示。该方式使用一系列分级的时钟，每一级时钟都与其上一级时钟同步，在网中的最高一级时钟称为基准主时钟或基准时钟，这是一个高精度和高稳定度的时钟。它通过树状时钟分配网络逐级向下传输，分配给下面的各级时钟，然后通过锁相环使本地时钟的相位锁定到收到的定时基准上，从而使网内各交换节点的时钟都与基准主时钟同步，达到全网时钟统一。

等级主从同步方式的优点是：

- 各同步节点和设备的时钟都直接或间接受控于主时钟源的基准时钟，在正常情况下能保持全网的时钟统一，因而在正常情况下可以不产生滑动，稳定性好；
- 除作为基准时钟的主时钟源的性能要求较高之外，从时钟源的频率精度要求较低，控制简单，故可以降低网络的建设费用；
- 组网方式灵活，适用于树形结构和星形结构的网络。

等级主从同步方式的缺点是：

- 在传送基准时钟信号的链路和设备中，如有任何故障或干扰，都将影响同步信号的传送，而且产生的扰动会沿着传输途径逐段积累，产生时钟偏差；
- 对于环形或网形网，要避免形成时钟传送的环路，使同步网的设计变得复杂。

2. 互同步方式

互同步方式的网络中没有主时钟节点和从时钟节点之分，网内节点的时钟源相互控制，最后都调整到一个稳定的、统一的系统频率上，实现全网的时钟同步。

这种方式对同步分配链路和其他节点时钟的故障不甚敏感，适用于网孔型网络结构。对节点的时钟频率稳定度要求不高，设备较便宜。这种方式的缺点是网络中各时钟锁相环连接在一起，容易引起自激。网络的稳定性不如主从同步方式。

同步方式的选择取决于网络结构和规模，网络可靠性和经济性等多种因素。主从同步方式对公用网比较适合并可以与互同步方式结合使用。

7.3.3 同步网的组网方式及等级结构

考虑到等级主从同步网的优点，根据我国国标 GB12048-89《数字网内时钟和同步设备的进网要求》，我国数字同步网采用四级主从同步网结构，其等级主从同步方式示意图如图 7-26 所示。

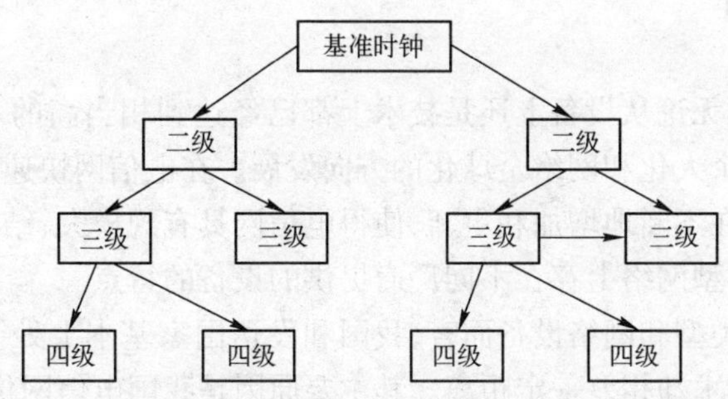

图 7-26 我国等级主从同步方式示意图

同步网的基本功能是应能准确地将同步信息从基准时钟向同步网内的各下级或同级节点传递，通过主从同步方式使各从节点的时钟与基准时钟同步。我国同步时钟等级如表 7-3 所示。

表 7-3　同步时钟等级确定数字同步网中时钟等级的基本原则是:该时钟所属的通信局(站)

<table>
<tr><th>类　型</th><th colspan="2">第　一　级</th><th colspan="2">基 准 时 钟</th></tr>
<tr><td rowspan="2">长途网</td><td rowspan="2">第二级</td><td>A 类</td><td>一级和三级长途交换中心,国际局的局内综合定时供给设备时钟和交换设备时钟</td><td rowspan="2">在大城市内有多个长途交换中心时,应按它们在国内的等级相应地设置时钟</td></tr>
<tr><td>B 类</td><td>三级和四级长途交换中心的局内综合定时共给设备时钟和交换设备时钟</td></tr>
<tr><td rowspan="2">本地网</td><td colspan="2">第三级</td><td colspan="2">汇接局时钟和端局的局内综合定时供给设备时钟和交换设备时钟</td></tr>
<tr><td colspan="2">第四级</td><td colspan="2">远端模块,数字用户交换设备,数字终端设备时钟</td></tr>
</table>

第一级:基准时钟,是数字同步网中唯一的主控时钟,采用高稳定度和高精度的铯原子钟组。

第二级:具有保持功能的高稳定度时钟,可以是受控铷钟或高稳定度晶体钟。分为 A 类和 B 类。一级(C1)和二级(C2)长途交换中心采用二级 A 类时钟,通过同步链路直接与基准时钟相连并与之同步。三级(C3)和四级(C4)长途交换中心采用二级 B 类时钟。通过同步链路受二级 A 类时钟的控制。

第三级:具有保持功能的高稳定度晶体时钟,设置在本地网中的汇接局(Tm)和端局(C5)中。通过同步链路受二级时钟控制并与之同步。

第四级:一般晶体时钟,设置在远端模块局和用户交换机(PABX)。通过同步链路受控于三级时钟。

为了加强管理,我国的同步网划分为若干个同步区,同步区是同步网的子网。同步区是以省和自治区来划分的。各省和自治区中心设二级基准时钟源作为省内和自治区的基准时钟源,组成省内和自治区的数字同步网。各省和自治区中心的二级基准时钟源除了与第一级的基准时钟同步外,不同的同步区之间,按同步时钟等级也可以设置同步链路,用来传递同步基准信息作为备用。因此我国的数字同步网是一个"多基准钟、分区等级主从同步"的网络。

7.4　电信管理网

我国目前的电信网无论从设备上还是技术上都已经达到相当高的水平,电信网正在向综合化、宽带化、智能化、个人化和网络全球化的方向发展。在电信网快速发展过程中,网络的类型,网络提供的业务也在不断地增加和更新,使得电信网具有规模大、结构复杂、提供新业务的网络发展迅速和同一类型网络上存在不同厂商提供的设备的特点。

从网络规模、网络类型和网络设备而言,我国和发达国家基本上处于同一水平,但从与电信网配套的网络管理技术却相差一定距离。其主要原因是我国电信网传统的管理方法是在原有交换局和传输设备的基础建立网管中心,根据业务网或通信系统的不同建立各自的网管系统;在同一业务网中还存在由于设备制式的不同建有不同的管理系统。这样形成了管理系统多,目标不统一,系统之间没有信息交流,相互分裂的局面。随着网络规模的扩大,业务网的增多,维护工作越来越复杂,传统的网络管理方式已不能适应网络发展的要求了。

针对上述问题,国际电信联盟(ITU)提出一个解决方法,在电信网上再构建一个统一的电信管理网(TMN),把所有的电信网的管理系统都纳入到这个网络之中,形成一个紧密联系的实体。各个管理系统之间能够互相交换网络管理信息,全面协调有效管理整个电信网络,从而提高网络的运行效率和服务质量。

7.4.1 电信管理网的基本概念

电信管理网是一个综合的、智能的、标准化的电信管理系统。TMN 制定了一系列标准和规范,提供了一个有组织的网络结构,使得不同类型的操作系统之间,操作系统与电信设备之间相互连接。一方面,TMN 能对某一类网络进行综合管理,如数据采集、性能监视、数据分析、故障定位和报告、网络控制和保护等。另一方面 TMN 能对各类电信网实施综合管理,首先对各种类型的网络建立专门的网络管理,然后通过综合管理系统对各专门的网络管理系统进行管理。TMN 对各类型电信网的管理,如图 7-27 所示。TMN 是一个完整的独立的管理网络,有各种不同应用的管理系统,按照 TMN 的标准接口互连而成。通过接口与电信网互通,控制电信网的运行。

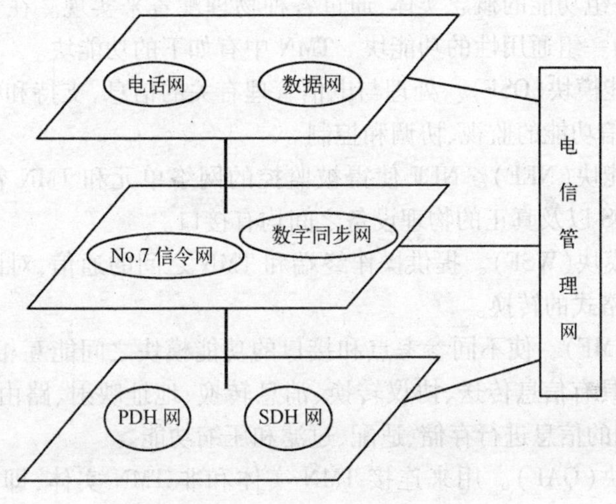

图 7-27 TMN 对各类型电信网

TMN 由操作系统、工作站、数据通信网和网络单元(简称网元)组成,其组成结构如图 7-28 所示。操作系统由一组计算机组成,除负责处理电信网的网管信息和发送控制指令外,还具备应用程序支持、用户终端支持、数据库和数据分析支持、数据的格式化和报表形成等功能。操作员通过操作系统实现各种网管操作;工作站是网管中心的操作终端;网元指的是网络中的设备,可以是交换设备、传输设备、交叉连接设备和信令设备。而数据通信网是用来传输网管数据的,它可以独立于电信网,也可以利用电信网的一部分来构成数据通信网的物理连接。

TMN 的通信协议栈是以 OSI 的 7 层参考模型为基础,采用了面向对象的设计方法,通过对对象的管理来实现对通信资源的管理。

7.4.2 电信管理网的体系结构

ITU-T 定义了 TMN 的功能体系结构、信息体系结构和物理体系机构,并通过对管理要求的分析,提出了 TMN 的逻辑分层体系结构。

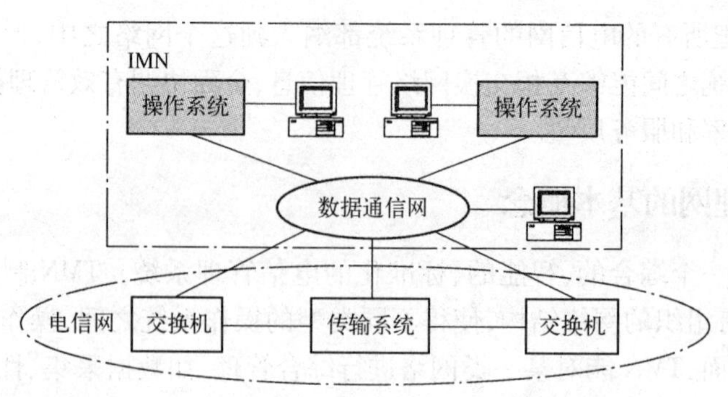

图 7-28　电信管理网的组成

1. TMN 的功能体系结构

功能体系结构从逻辑上描述了内部功能的分配,由功能块和参考点组成。

(1) TMN 的功能模块

功能块是实现一组功能的概念实体,通过各种物理配置来实现。在管理体系中需要的各种功能已经被定义为一组通用性的功能块。TMN 中有如下的功能块。

① 操作系统功能模块(OSF)。处理与电信管理有关的信息,支持和控制电信网络管理功能的实现,完成对电信功能的监视、协调和控制。

② 网络单元功能块(NEF)。NEF 使得被监控的网络单元和 TMN 管理系统之间进行通信。它与操作系统 OS 以及真正的物理设备之间均有接口。

③ 工作站功能模块(WSF)。提供操作终端和 TMN 之间的通信,对网络管理信息提供解释,并进行接口信息格式的转换。

④ 协调功能块(MF)。使不同参考点和接口的功能模块之间能互相沟通,提供一种网关和中继功能。MF 除具有信息传送、协议转换、消息转换、地址映射、路由选择等功能外,还具有信息处理及对收到的信息进行存储、适配、过滤和压缩功能。

⑤ 适配器功能块(QAF)。用来连接 TMN 实体和非 TMN 实体,即在 TMN 参考点和非 TMN 参考点之间提供转换功能,即提供和非 TMN 功能的接口。

⑥ 数据通信功能模块(DCF)。主要功能是通过信息传送来实现 OS/OS、OS/NE、NE/NE、WS/OS 和 WS/NE 之间的通信。DCF 可以由点对点的链路、局域网、广域网、嵌入式运行通道等承载通道来支持。

(2) TMN 的参考点

参考点是功能块之间的信息交换点和业务分界点。TMN 有 Q、F、X 三种类型的参考点。

① Q 参考点

Q 参考点连接 OSF、MF、NEF 和 QAF。连接可以是直接的连接,也可以是通过 DCF 来实现连接。Q 参考点又分为 Q3 和 Qx 参考点,Q3 参考点连接 NEF 到 OSF,MF 到 OSF,QAF 到 OSF 以及 OSF 到 OSF;Qx 参考点连接 MF 到 MF,MF 到 NEF 和 ME 到 QAF。

② F 参考点

F 参考点连接 OSF 和 MF 功能块到 WSF 功能模块。

③ X 参考点

X 参考点连接不同的 TMN 中的 OSF 功能模块,连接 TMN 的 OSF 到非 TMN 环境下的等效

OSF。

另外在 TMN 之外属于非 TMN 参考点还有 G 参考点和 M 参考点。

2. TMN 的信息体系结构

信息体系结构主要用来描述功能块之间交换的不同类型管理信息的特征，在信息结构的描述中，TMN 采用了 OSI 的管理技术，引入了面向对象以及管理者/代理的概念等。

(1) 面向对象的管理

面向对象的管理是 TMN 的核心，TMN 信息结构的主要特点就反映在面向对象的信息建模上，它的基本思想就是通过网络资源和管理方法的抽象，采用面向对象的技术，按照 OSI 的管理方法实现对网络实体的管理。

面向对象的基本思想就是把要构造的系统表示为若干对象的集合。对象实质上就是将一组数据和对该数据的操作封装在一起的实体。

① 网络管理信息模型

为了解决电信网络管理中不同厂家设备间互通以及对电信网进行有效地管理，引入了信息建模的概念。利用所建立的信息模型可以描述和规划网络管理中所需要交换和处理的信息及其行为。信息模型规定了管理系统所涉及资源的特性及其表示方法。模型一旦建立，从管理系统的角度看，一个资源就可以用参数完全确定了。所以从某种意义上讲，信息模型是一种信息的组织形式。在实际构建 TMN 系统结构中，通常把信息模型组织为信息平台。

② 管理对象的抽象

管理对象是网络管理信息模型的核心，是对网络管理活动中所涉及到的资源和信息的抽象。管理对象所描述的资源可以是物理的（如终端设备和交换设备），也可以是逻辑的（如通信协议和应用程序等）。可以用一个管理对象描述一个和多个物理资源，也可以用多个管理对象描述一个物理资源，其中每个管理对象只是从某一角度对该网络资源的藐视，所以一种资源可以与一个或多个管理对象有关，也可以与管理对象无关。

(2) 管理者/代理

电信环境的管理是一个信息处理的应用过程，由于被管理的环境是分布的，因此网络管理也是一个分布式的应用过程。在 TMN 中，管理目标的实现是按照管理者/代理的模型来组织的。

在一个特定的管理体系中，管理过程将担任两个可能的角色之一，即管理者或代理者。管理者是对管理对象进行管理的应用部分。换言之，是分布式应用程序中发出管理命令，接收上报事件的部分。代理者直接执行管理者的管理命令，对管理者的命令做出反应，向管理者提供管理对象的情况，以及向管理者上报对应于这些对象行为的事件。

(3) 管理信息模型

在 OSI 信息建模过程中，将网络资源抽象为管理对象，用管理对象来表示所管理的网络资源和它们的相关的属性、操作、通信和行为，再用一套规范的抽象语法记法（ASN.1）将这些管理对象及其属性表述出来，这样就构成了 OSI 管理体统的信息模型。

在信息模型的基础上，网络管理活动中对某一物理实体部分的操作就演化为对信息模型中相关对象实例的操作。TMN 采用管理者/代理的管理方式，对于一个具体的网元系统来说，可以为多个管理系统扮演代理角色，因此可以提供不同的信息模型。另外，它还可以充当许多系统的管理者的角色，同样也能看到许多不同的信息模型。

3. TMN 的物理体系结构

TMN 功能能够通过物理配置来实现,TMN 的物理结构提供传送和处理网管信息的功能和过程,它描述功能块的物理分布。TMN 的物理结构由物理构造模块和接口组成,在 TMN 中构造模块式不同类型的物理节点,而接口规定了在构造模块之间交换信息的类型和格式。这些物理构造模块在一般情况下和功能模块之间表现为一一对应的关系,但也不排除在实际的执行过程中,一个物理模块包含多个功能块,或一个功能模块的功能分散在多个物理模块中,图 7-29 表示了通过物理构造模块和接口。物理结构由如下的构造模块所组成:操作系统 OS,数据通信网 DCN,中介装置 MD,工作站 WS、网络单元 NE,Q 适配器 QA。

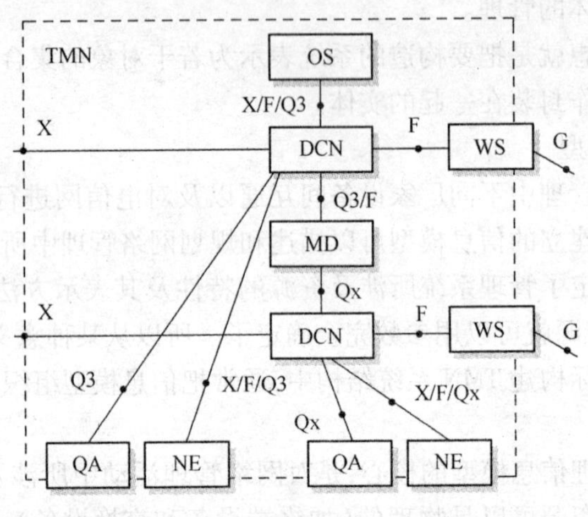

图 7-29 TMN 的物理结构

在 TMN 中,NE,OS,WS,QA 和 MD 通过 DCN 的互连是由标准接口来统一的,这些接口保证了互连系统的互操作性,从而完成给定的 TMN 管理功能,这就要求有同一的协议。

TMN 中主要有 Q,X,F,G 接口。

(1) Q3 接口

是 TMN 中用户/网络接口,这里的用户指的是网元设备,网络指的是 OS 系统,通过这个接口,NE 向 OS 传送相关的信息,而 OS 对 NE 进行管理和控制,因此,它也就是管理者和代理者之间的接口。

(2) Qx 接口

该接口支持操作和维护功能的一个子集,它连接较简单的网元设备以及利用较简单的协议栈。

(3) X 接口

该接口支持一组 TMN 和其他 TMN 之间 OS 到 OS 的连接功能,也支持 TMN 和其他类型管理网络之间 OS 到 OS 的连接功能。

(4) F 接口

该接口支持一组工作站和实现 OS 功能,中介功能的物理模块的连接功能。

(5) G 接口

它是 TMN 中工作站和用户之间的接口,支持图形界面、多窗口显示、菜单生成等技术。

7.4.3 TMN的逻辑层次模型与管理功能

1. TMN管理功能的逻辑层次模型

为了便于对复杂的电信网进行管理,TMN将管理功能分为不同的逻辑层次结构。从上至下分成不同的层次。

(1) 事务管理层

事物管理层是TMN的最高功能管理层,这一层的管理通常是由最高管理人员介人。主要的管理功能包括业务的预测、规划;网络的规划、设计;资源的控制;功能是满足和协调用户的资产的核算等。这一层一般是完成对目标的设定,而不是目标的实现

(2) 业务管理层

业务管理层的主要需求,按照用户的需求来提供业务,对用户的意见进行处理,对服务质量进行跟踪并提供报告以及进行与业务相关的计费处理等。

(3) 网络管理层

网络管理层的功能是对各网元互联组成的网络进行管理,包括网络连接的建立、维持和拆除,网络级性能的监视,网络级故障的发现和定位,通过对网络的控制来实现对网络的调度和保护。

(4) 网元管理层

同元管理层负责对各网元进行管理,包括对网元的控制及对网元的数据管理,如收集和预测处理网元的相关数据等。

(5) 网元层

网元层是管理对象的接口(与物理资源的接口)。

2. TMN的管理功能

TMN有5个方面的管理功能,这些功能主要指业务管理层、网络层和网元层的管理。

(1) 性能管理

对网络的运行状态进行管理,包括性能监测、性能分析、性能控制。

性能监测是指通过对网络中的设备进行测试,获取关于网络运行状态的各种性能参数值。性能分析是在对通信设备采集关于性能参数统计的基础上,创建性能统计日志,并进行性能分析,如存在性能异常则产生性能告警,并对当前性能和以前的性能进行分析比较,以预测未来的趋势。性能控制是设置性能参数门限值,当实际的性能参数超过门限值进入异常情况时采取措施加以控制。

(2) 故障管理

故障管理可以分为故障检测、故障诊断和定位、故障恢复。

故障检测是指在对网络运行状态进行监测的过程中检测出故障信息,或者接收从其他管理功能域发来的故障通报,在检测到故障以后,发出告警信息,并通知故障诊断、故障修复部分进行处理。故障诊断和定位的功能是:首先启用一备用的设备去代替出故障的设备,然后再启动故障诊断系统对发生故障的部分进行测试和分析,以便能够确定故障的位置和故障的程度,启动故障恢复部分排除故障。

故障恢复是在确定故障位置和性质后,启用预先定义的控制命令序列来排除故障,这种修复过程适用于对软件故障的处理。对于硬件故障,需要维修人员去更换指定设备中的硬件。

(3) 配置管理

配置管理对网络中通信设备和设施的变化进行管理,例如通过软件设定来改变电路群的数量和连接。从网管信息模型的角度上讲,就是对网络管理对象的创建、修改和删除。

在其他几个管理的功能域中,对网络中的设备和设施进行控制时,需要利用配置管理功能来实现,例如在性能管理中要启动一些电路群来疏散过负荷部分的业务量;在故障管理中需要启用备份设备来代替已损坏的通信设备。

(4) 计费管理

计费管理部分首先采集用户使用网络资源的信息(例如通话次数、通话时间、通话距离等),然后,把这些信息存入用户帐目日志以便用户查询,同时把这些信息传送到资费管理模块,以使资费管理部分根据预先确定的用户费率计算出费用。

(5) 安全管理

安全管理的功能是保护网络资源,使网络资源处于安全运行状态,安全是多方面的,例如有进网安全保护、应用软件访问的安全保护、网络传输信息的安全保护等。

7.5 小结

支撑网是能使电信业务网正常运行的起支撑作用的网络,它能增强网络功能,提高全网服务质量,以满足用户要求。现代电信网包括三个支撑网,即信令网、数字同步网和电信管理网。

信令网是是通信网的神经系统,No. 7 信令网是采用公共信道信令方式的独立的分组交换数据网。No. 7 信令系统不仅用于电话网,也用于电路交换数据网、智能网、综合业务数字网和移动网,也是 IP 网和下一代网络(NGN)信令协议的基础。

同步网能使数字通信网中各种设备内的时钟之间保持同步,保证每个数字设备的时钟都具有相同的频率。同步包括位同步、帧同步和网同步。通信网中时钟同步有主从同步方式和互同步方式两种基本方式。我国数字同步网采用四级主从同步网结构。

电信管理网是一个综合的、智能的、标准化的电信管理系统。通过制定一系列的标准和规范,提供了一个有组织的网络结构,使得不同类型的操作系统之间,操作系统与电信设备之间相互连接。电信管理网能对某一类网络进行综合管理,如数据采集、性能监视、数据分析、故障定位和报告和对网络的控制和保护等,也能对各类电信网实施综合管理。

7.6 思考题

1. 简述信令的分类,随路信令和公共信道信令各有什么特点?
2. No. 7 信令系统的主要特点有哪些?简述 No. 7 信令系统的基本功能结构的划分。
3. No. 7 信令有几种信令单元?根据信令单元中的哪个字段可以区分不同的类型?
4. No. 7 信令方式为什么必须设置话路导通检验功能?
5. No. 7 信令网主要由哪几部分构成?各部分的功能是什么?
6. 信令有哪几种传送方式?各有什么特点?
7. 什么是信令路由?分哪几类?怎样进行路由选择?
8. ATM 网络信令有哪几种?各有什么特点?

9. DSS1 和 DSS2 的含义是什么？各有什么用途？二者有什么区别？

10. 什么是 UNI 信令和 NNI 信令？各用在什么地方？二者有什么区别？

11. UNI 和 NNI 信令有何关系？它们为什么要进行互操作？

12. 什么是 B-ISUP？其主要作用是什么？B-ISUP 信令信息格式由哪基本组成？各部分的功能是什么？

13. 什么是 SAAL？作用是什么？分为哪几部分？

14. 什么是数字网的网同步？为什么需要网同步？

15. 在数字通信网中滑动是如何产生的？对通信有什么影响？

16. 等级主从同步方式的优缺点是什么？

17. 电信管理网 TMN 与目前电信网上运行的各种业务网的网络管理系统是否相同？

18. 在 TMN 体系结构中，功能体系结构、信息体系结构和物理体系结构各有什么功能？

19. TMN 有哪些管理功能？

第8章 基于软交换的下一代网络

8.1 智能网

智能网(Intelligent Network)的概念最早是由美国于1984年提出的,目的是为了提高现代通信网开发业务的能力。它的出现引起了世界各国电信部门的关注,国际电联(ITU)在1988年开始将其列为研究课题。1992年ITU-T正式定义了智能网,制订了一个能快速、方便、灵活、经济、有效地生成和实现各种新业务的体系。

智能网的定义中并没有我们通常理解的“智能”的含义,它仅仅是一种“业务网”。智能网是在原有通信网络的基础上,为提供新的电信业务而设置的附加网络结构。智能网的核心是如何高效地向用户提供各种新的业务,新业务的开发周期较之传统业务短,这将意味着可以大幅度缩减开发投资;业务提前向用户开放,又会及早地收回大量资金,提高网络的利用率,增强网络的智能性,由此将带给用户巨大的经济利益和方便,这也是智能网能够迅速发展的源动力。

8.1.1 智能网的特点

智能网的基本思想是把对业务的控制从交换机中分离出来,把智能化和交换功能分离开,由附加的智能网络层完成对业务的集中控制,这也是智能网的显著特点之一。

智能网的网络体系结构可以支持快速的生成业务。与传统的使用某种程序设计语言编制新业务控制软件的方法不同,智能网技术由业务的需求出发,归纳并且定义一些基本的网络功能,比如运算功能,比较功能,转移功能等等,这些基本功能与具体的业务无关,换言之,各种业务都可以随意使用这些基本功能去控制业务的执行过程。

智能网是一个新型网络结构,由于网络体系中各个功能实体(比如SCP、SSP、IP等)之间需要通过消息流的交互来协调各自的动作,所以智能网使用标准化的通信接口,并且具有开放的通信接口的能力。国际电联ITU-T根据智能网业务的发展,相继推出了现阶段的智能网应用协议(INAP),专门用于智能网各个功能实体之间的通信以及网络上与其他智能网设备的互相通信。

8.1.2 智能网提供的新业务

智能网是一个业务网络,业务建设是智能网建设的关键。评价一个智能网的优劣主要是看其能否将智能业务开展起来,能否容易地引入新业务。我国在智能网开放哪些智能网业务,主要看是否有智能业务和市场发展前景。智能网的应用包括:

1)固定智能网业务如被叫集中付费业务、自动记帐卡业务、大众呼叫业务以及广告电话业务等。

2)移动智能网业务(主要指GSM与CDMA移动智能网)如预付费业务、移动虚拟专用网业务与分时分区业务等。

3)综合智能网业务。综合智能网系统能同时支持INAP、CAMEL和WIN规范,提供的智能业务可以覆盖固定电话网,GSM网和CDMA网,使得三种网络中的用户犹如在同一个网络中使用智能业务。

目前中国电信已标准化的智能业务主要有以下七种：

1. 自动电话计账卡业务(ACCS,300)

自动电话计账卡业务(Automatlc Calling Card Service,ACCS)是一种具有巨大用户吸引力的智能业务,它允许用户持卡在任何一部电话机(包括长途有权和长途无权的话机)上拨打长途电话和国际电话,而将电话费用计在自己的卡上,与所使用的话机无关。它非常适合经常外出的用户使用,有了电话卡打电话可以不用宾馆或饭店过高价格的电话。真正实现“一卡在手,方便外游”。

2. 被叫集中付费(AFP,800)

被叫集中付费业务(Advanced Free Phone Service,AFP)是一种出现较早的智能业务,比较适合商家使用。其优势在于计费性能,业务用户可对主叫用户通过一个免费电话。由于是被叫付费可以吸引用户使用,对于商业用户的业务推销和业务联络非常有用。AFP 业务对于商家的另一吸引力在于可以享受资费折扣优惠。它对于电信运行部门、商家和使用者都有好处,被称为是一种很有发展前景的智能业务。

3. 虚拟专用网业务(VPN,600)

虚拟专用网业务(Virtual Private Network,VPN)是一种利用公用电信网的资源,通过程控网络节点中的软件控制向大型企业的用户提供非永久的专用网络业务,它可以避免重复投资和网络的维护工作,同时用户可以管理自己的网络。用户可以通过 VPN 得到快速的业务应用,而运行部门通过虚拟专用网业务可以充分利用已建的网络资源。它在我国也有一定的市场。

4. 通用个人通信(UPT,700)

通用个人通信(Universal Personal Telecommunication,UPT)让用户使用一个唯一的个人通信号码,可以接入任何一个网络并能够跨越多个网络进行通信。该业务实际上是一种移动业务,它允许用户有移动的能力,用户可通过唯一的、独立于网络的个人号码接收任意呼叫、并可跨越多重网络,在任意的网络使用用户接口接入。该业务为流动人员的通信带来了通信方便,它是未来通信发展的主要业务之一。

5. 广域集中用户交换机(WAC)

广域集中用户交换机(Wide Area Centrex,WAC)是把分布在不同交换局的“集中用户交换机”和单机用户组成一个虚拟的专用网络,即广域集中用户交换机。通过广域集中用户交换机,使资源在专用和公用网络之间自由分配,集团用户可以从设备维护中解放出来,设备直接连接到公共电话网的终端。该业务比较适合地理位置分散的业务用户。

6. 电子投票(VOT,181)

电子投票(Televoting,VOT)是向社会提供一种征询意见或民意测验的服务,即用户拨打一个号码表示意见,系统将登记和记录此电话;同时,用户收到一个确认的录音通知。网络对每个投票号码的呼叫次数和用户意见信息进行统计,业务用户可随时通过终端和双音多频话机查询自己业务的统计信息。这些特殊的投票号码可以重新再分配,而且对这些号码的呼叫可以进行不同的费率来进行计费。

7. 大众呼叫(MAS)

大众呼叫(Mass Calling,MAS)是一种类似热线的业务,它最主要的特征是具有有效的防止在瞬时大话务量时出现的网络阻塞现象。通过向电信部门申请一个热线电话号码,听众用户在拨此号码时,系统会将呼叫者接到节目支持人热线电话,也可以设置一段录音通知,呼叫者根据录音通知进行选择,系统能自动对此进行统计并可供听众查询。它是一种适合于广播、电视等新闻界对听众、观众开放的一种业务。

8.1.3 智能网的结构及功能

由于智能网所服务的网络不同,所提供业务的复杂程度也不尽相同,而且随着通信技术的不断发展会有新的技术及网络出现。为便于智能网提供、生成和管理业务,ITU-T 的第 11 研究组计划将智能网分阶段进行研究,就是在不同阶段的提出不同的要求,即对智能网概念模型的各个平面及不同实体间的接口规程做出相应的规定,并提出相应的建议。

ITU-T 定义了分层的智能网概念模型,用来设计和描述智能网的体系结构。智能网概念模型本身并非一个系统,它只是设计和描述智能网络体系的一个框架。从业务上的定义、业务逻辑的生成、业务的不同功能实体/物理实体的实现以及功能实体/物理实体之间的通信等方面来考虑,将智能网分为四个平面:业务平面、整体功能平面、分布功能平面和物理平面。智能网各个阶段一般是根据提供的业务来进行划分的,即根据业务平面所定义的业务及业务特征来确定其他平面要实现和支持这些业务应具有的能力。智能网概念模型如图所示:

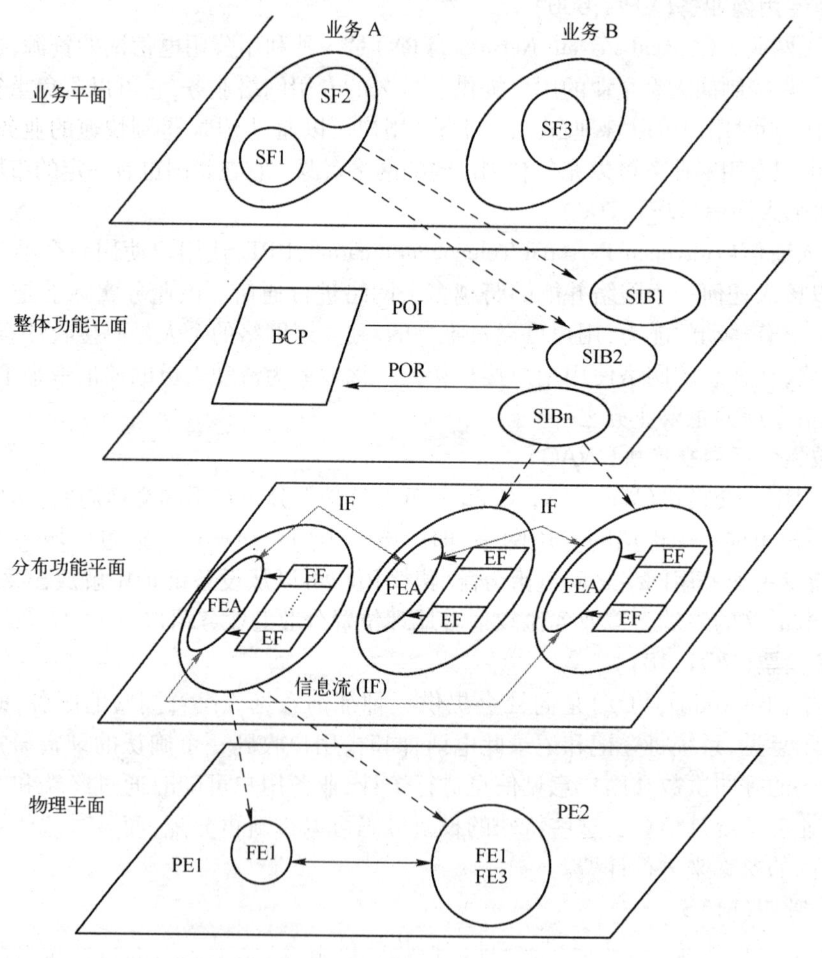

图 8-1 智能网的概念模型

SF-业务属性 BCP-基本呼叫处理 SIB-业务无关构筑块 FE-功能实体 FEA-功能实体动作
PE-物理实体 POI-起始点 POR-返回点 IF-信息流

标准化的智能网主要解决传统电话系统提供新业务的问题,是一种快速、方便、经济、灵活、有效生成和实现各种新业务的体系结构。我国的智能网也是采用基于业务交换点的标准化智能网体系。智能网的系统结构如下图所示:

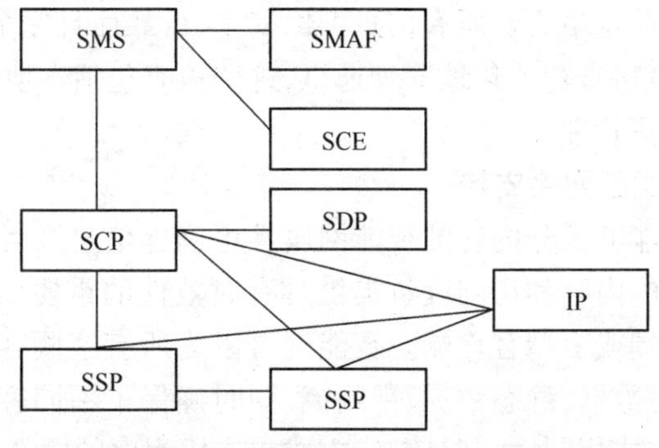

图 8-2 智能网的体系结构

其中,业务交换点(Service Switch Point,SSP):业务交换功能,负责呼叫基本交换功能,负责智能业务的识别,并通过标准的智能网应用部分(INAP)与业务控制点(SCP)中的业务逻辑交互操作。

业务控制点(Service Control Point,SCP):负责业务逻辑的执行,业务数据库的操作。

业务数据点(Service Data Point,SDP):存放业务逻辑数据。

业务管理系统(Service Manage System,SMS):业务管理功能,负责业务逻辑、业务数据、用户数据以及网络方面的管理。

业务生成环境(Service Create Environment,SCE):负责业务的创建、验证、和测试。

业务管理接入设备(Service Manage Access Function,SMAF):智能网网管维护终端,实现和 SMP 的人机命令操作。

智能外设(Intelligent Peripheral,IP):媒体资源中心,可实现录音通知管理、语音合成、会议桥接等功能。

智能网的基本思想是把对业务的控制从交换机中分离出来,把智能化和交换功能分离开。交换机除了负责基本的呼叫接续控制,还要支持与业务控制点(SSP)交互所需要的必要规程,具有这些能力的交换机成为业务交换点(SSP)。在业务控制点中,保存有控制业务执行的软件,称为业务逻辑,并且设置有专用数据库,存放各种业务数据和用户数据。也就是说,业务控制点中具有多少种业务逻辑及数据,智能网就可以向用户提供多少种新业务。因此,不论是增加新业务,还是从网上撤消一个业务,只需要增加或撤消 SCP 中的业务逻辑和数据而完全不必修改交换机的软件。

智能网是一种工具,可通过提供信息和可靠的连接推动企业高效运营。智能网优化了网络性能并确保在动态环境中为客户提供信息,同时降低了管理成本和服务成本。智能网的主要功能可以概述为以下:

1. 以服务为中心进行联网

智能网主要基于业务和成本模式、以所需的任意组合为用户提供多种服务。这种网络使用某些工具或管理方案来按照用户规定的“服务质量协议”提供服务。此外,这种网络无需重新配置或升级硬件,即可根据业务要求的变化提供新的服务。这种网络中加入了以服务为中心的智能,可以根据需要快速启用和停止服务。

2. 可区分应用程序和内容

智能网可以区分应用程序和内容,能够根据重要时效信息的供应策略提供信息,从而提高效率、客户服务水平和企业竞争力。所有信息都以安全、可靠而且完全冗余的方式提供。智能网可使各公司采用高级策略来智能化地管理通讯,这些策略包括本地和全局服务器负载平衡、访问控制、服务质量和带宽管理。

3. 提供多种客户端类型网络支持

以服务为中心、而且能够区分内容的智能网属性可确保信息在各种类型的客户端之间无缝流动,并按照用户选择的内容和访问设备提供具有时效性的重要信息。这些客户端的类型可以是胖客户端、瘦客户端或中型客户端。智能网可以为所有这些客户端类型提供多个数据流,包括时效性数据/实时数据、静态数据、视频流,同时确保了不同客户端的用户使用这些应用程序时的外观和使用方式相同,尤其是响应方式或应用程序的刷新方式相同。

4. 通过基础设施管理实现运营效率

智能网的管理功能主要集中在管理内容的提供方式以及为越来越多的客户端类型和网络位置提供各种通讯服务。这种管理提供了强大的显示和细化功能,允许通讯经理解决和隔离网络问题。此外,智能网的管理工具会监视网络的运行状况、快速检测问题并在这些问题导致网络中断之前将它们解决。

8.1.4 下一代智能网

新技术总是在不断地孕育、发展、演进和成熟,从 1992 年国际电联 ITU-T 颁布智能网 INCS-1 规范至今,经过十年的研究,智能网(IN)技术已经日臻成熟,并且广泛地应用于各种通信网络之中,为运营商带来丰厚的利润。未来智能网如何发展,如何制造新的业务增长点和新的业务运营模式,已成为业界新的关注焦点之一。

智能网未来的发展演进主要有以下几个方向:智能网与位置服务系统的结合,智能网(IN)-Internet 互通,下一代网络(NGN)中的智能网,第三代移动通信中的智能网以及下一代智能网。

所谓下一代智能网是一种新业务体系结构,主要包括底层通信网络、高层的应用服务器以及它们之间的开放接口。下一代智能网可以解决传统智能网的不足,继承了智能网的思想精髓,高度抽象了底层网络的能力,采用基于文本的简单协议(SIP),甚至是更加方便的 API 编程接口(PARLAY/OSA),向第三方业务开发商开放,彻底屏蔽了底层网络的复杂性。目前对于下一代智能网所采用的标准接口还存在争议,国际上有两大流派,以北美厂商为代表的一派支持以 IETF 的 SIP 协议作为标准接口,而以欧洲厂商为代表的一派则支持 PARLAY/OSAAPI。从标准化程度和应用情况来看,后一派似乎更有优势。PARLAY/OSAAPI 已经被 3GPP 作为核心技术接受,并得到 ET-SI、JAIN、OMG 等国际组织的承认。

8.2 软交换技术

智能网的设计思想是通过采用分离的方法将呼叫连接控制与业务的提供分离开,从而使提供业务的能力得到了极大的提高,并且缩短了提供业务的时间。随着网络技术的不断发展,为满足用户不断增长的对新业务的需求,需要引入新的技术对呼叫控制和承载连接进行进一步分离,这就是软交换技术引入的目的。软交换技术也是下一代网络的核心关键技术。

8.2.1 软交换技术的概念

软交换(Soft Switch)又被称为呼叫代理或呼叫服务器,是提供呼叫控制的软件实体。软交换技术作为业务与传送接入控制分离思想的体现,其核心思想是硬件软件化,即通过服务器上的软件来实现原来交换机上的连接控制(建立会话,结束会话)、管理控制、呼叫选路和业务处理等基本呼叫控制功能,各实体之间通过标准的协议进行连接和通信,以便在下一代网络体系中更快地实现各类复杂的协议以及更方便的提供各种业务。这种分离解决方案的引入为交换和软件可编程功能建立了分离的平台,使业务提供者可以自由地将传输业务与控制协议结合起来,实现业务转移。同时,这一分离也意味着呼叫控制和媒体网关之间的开放和标准化,为网络走向开放和可编程创造了条件和基础。

我国信息产业部对软交换的解释为:软交换是网络演进以及下一代分组网络的核心设备之一,它独立于传送网络,主要完成呼叫控制、资源分配、协议处理、路由、认证、计费等主要功能,同时可以向用户提供现有电路交换机所能提供的所有业务,并向第三方提供可编程能力。软交换是下一代网络(NGN)的核心,是电路交换网与IP网的协调中心,通过对各种媒体网关的控制实现不同网络之间的业务层融合。

8.2.2 软交换的网络体系结构

目前网络发展的现状是多种异构网络并存,多种网络融合是网络发展的大势所趋。基于软交换的主要设计思想,软交换可处理包括语音、视频和多媒体等实时性业务,可被应用于IP网、ATM网等数据通信网,也可用于电路交换网络。因为IP网的呼叫控制与承载连接是分开的,所以从应用来说,软交换主要是应用在IP网上。

随着IP网的迅速发展,软交换将以IP网为骨干,在各种网络相互融合的基础上,以一种统一的方式灵活地提供各种新业务。软交换的网络体系结构可概述为:软交换控制器是软交换体系中的控制核心,它独立于底层承载协议,主要完成呼叫控制、媒体网关接入控制、资源分配、协议处理、路由、认证、计费等主要功能,可以向用户提供现有网络能够提供的业务,并向业务支撑环境提供底层网络能力的访问接口。应用服务器则是软交换体系中业务支撑环境的主体,也是业务提供、开发和管理的核心。软交换的网络体系结构如图8-3所示。

从图示可以看出,软交换网络体系从功能上又可以划分为业务平面(业务层)、控制平面(控制层)、传输平面(传输层)和接入平面(接入层)。

- 接入平面:提供各种网络和设备接入到核心骨干网的方式和手段,主要包括信令网关、媒体网关、接入网关等多种接入设备。
- 传输平面:负责提供各种信令和媒体流传输的通道,网络的核心传输网将是IP分组网络。
- 控制平面:主要提供呼叫控制、连接控制、协议处理等能力,并为业务平面提供访问底层各种网络资源的开放接口。该平面的主要组成部分是软交换设备。
- 应用平面:利用底层的各种网络资源为用户提供丰富多样的网络业务。主要包括应用服务器(Application Server)、策略/管理服务器(Policy Server)、AAA服务器(Authority

Authentication and Accounting Server)等。其中最主要的功能实体是应用服务器,它是软交换网络体系中业务的执行环境。

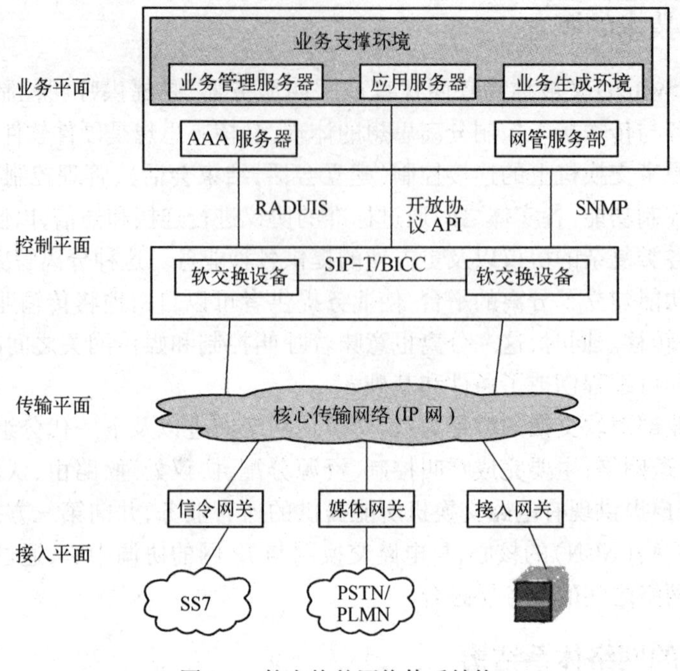

图 8-3　软交换的网络体系结构

8.2.3　软交换的接口协议

目前,关于软交换网络体系中各实体之间的接口还没有最终确定,但已初步达成若干共识,国家信息产业部对此也已有了相关的标准草案。由于软交换网络体系是一个开放的实体,所以与外部的接口必须采用标准的、开放的协议。各种接口及其使用的协议概述如下:

1) 软交换与中继网关间的控制协议 H. 248(又称 MEGACO 协议)。

2) 媒体网关和软交换间的接口。用于传递软交换和媒体网关间的信令信息。此接口可使用信令控制传输协议(SCTP)或其他类似的协议。

3) 软交换间的接口。实现不同软交换间的交互。此接口可以使用 SIP-T 协议(会话发起协议)或 BICC 协议(承载无关的呼叫控制协议)。

4) 软交换与应用/业务之间的接口协议必须要求能满足访问各种数据库、三方应用平台、各种功能服务器等的接口,实现对增值业务、管理业务和第三方应用的支持,具体如:

① 软交换与应用服务器间的接口,可以使用 SIP 或 API(如 Parlay 协议等),提供对第三方应用和各种增值业务的支持功能。

② 软交换与策略服务器间的接口,可使用 COPS 协议,实现对网络设备的工作进行动态干预。

③ 软交换与网管中心间的接口,可使用简单网络管理协议(SNMP),实现网络管理。

④ 软交换与现有智能网 SCP 间的接口,可使用 INAP、CAP 及 MAP,以实现对现有智能网业务的支持。

8.2.4 软交换设备的功能特点

软交换网络系统主要由以下设备模块构成：

1）软交换控制设备（Soft-switch Control Device）。这是网络中的核心控制设备（也就是我们通常所说的软交换）。它完成呼叫处理控制功能、接入协议适配功能、业务接口提供功能、互连互通功能、应用支持系统功能等。

2）业务平台（Service Platform）。完成新业务生成和提供功能，主要包括 SCP 和应用服务器。

3）信令网关（Signaling Gateway）。目前主要指七号信令网关设备。传统的七号信令系统是基于电路交换的，所有应用部分都是由 MTP 承载的，在软交换体系中则需要由 IP 来承载。

4）媒体网关（Media Gateway）。完成媒体流的转换处理功能。按照其所在位置和所处理媒体流的不同可分为：中继网关（Trunking Gateway）、接入网关（Access Gateway）、多媒体接入网关（Multimedia Service Access Gateway）、无线接入网关（Wireless Access Gateway）等。

5）IP 终端（IP Terminal）目前主要指 H. 323 终端和 SIP 终端两种，如 IP、PBX、IP Phone、PC 等。

6）其他支撑设备。如 AAA 服务器、大容量分布式数据库、策略服务器（Policy Server）等，它们为软交换系统的运行提供必要的支持。

8.2.5 软交换的优缺点

通过对软交换技术的研究，我们可以总结出：软交换是面向网络融合的新一代多媒体业务的全面解决方案，软交换通过优化网络体系结构，便于不同网络之间的融合和快速生成业务，并具有较强的 QoS（Quality of Service）管理。从技术上来分析，软交换是具备呼叫控制功能的软件实体，采用标准化的协议和应用编程接口的开放体系结构，便于第三方参与应用开发，而且对新业务的开展也非常有利。从业务的角度来说，软交换是为新业务大量涌现而提出的解决方案，其优势在于能减少运营商提供新业务的资本和运营支出，同时增加收入。与现有的交换业务相比，软交换还有另一个突出的优点，即用户可以通过软交换系统自主控制并更方便地使用所有通信业务，换言之，就是个性化服务能力更强，这在竞争日趋激烈的电信市场环境中，是极其重要的。

尽管如此，软交换的应用还需要很长的时间来完善。目前，软交换存在的主要问题概述如下：

1. 国际上尚无大型网络的组网和运营经验

传统电信网经过长期的运营积累，在网络组织方面已经具有相当成熟的经验；而基于软交换的网络组织目前国内外尚无成熟的经验，是采用基于软交换的全平面结构，还是分区域选路结构等在技术和实践方面都有待进一步的探索。

2. 协议尚未做到兼容性，标准还在发展之中

不同厂家的软交换在技术标准的选用及协议的兼容性方面还难以做到相互兼容。BICC 协议、SIP－T 协议和 H. 248 协议也在发展之中，协议的选项需要运营商根据业务的需求来进行进一步的明确。

3. API 没有成熟的产品

基于开放的业务平台、采用标准的 API 接口,为网络运营商提供新业务开创了美好的前景,但是相应的产品仍在探索和研发之中。

4. 网络 QoS 和网络安全问题没有较好的解决方案

受技术问题的制约,目前情况下很难做到整网的 QoS 保证。

5. 对多媒体业务的支持尚需进一步开发

目前软交换系统实现了一定数量的多媒体业务,但业务流程还处于发展之中,尚不成熟。

6. 运维难度大

软交换网络涉及范围较广、涉及协议及技术较多,对运维人员技术水平要求较高,且随着用户智能化终端的大量布放,运维难度也将逐渐加大。

7. 终端管理

一定规模的本地网用户数可达数十万,终端数量也会达到十万数量级,如何管理数量巨大的终端同样是个难题。由于软交换网络系统中的终端不再像传统语音网络那样,仅包括一些物理和电气特性。相比传统电话网络的终端,还具有很多"智能"特性,对它们的管理有更多的要求,比如终端的软件升级管理和配置管理等。

8. 其他问题

软交换网络对移动网络的支持还较差,软交换应用的商业模型有待研究等。

综上所述,软交换的解决方案需要不断的研究和试验,但不可否认的是以上问题的存在并不会阻碍新技术的应用,随着技术的不断进步和经验的积累,所有的问题都会得到很好的解决。

8.3 下一代网络

8.3.1 下一代网络的概念

近年来,随着电信网络的迅速发展,电信网络的综合通信能力明显增强。但是,网络融合是网络未来发展的大趋势,电话网、计算机网、有线电视网趋于融合,而用户的业务需求也随之趋于多样化,网络面临的压力和和负荷将越来越大。目前电信业务网络如 PSTN、PLMN 网络显然难以满足提供日益增长的新型的多样性业务的要求,另一方面,如何控制因网络规模不断扩大和网络结构复杂而导致的运营管理成本比例的不断升高也成为急需解决的问题。在这一发展背景下,基于软交换技术的下一代网络(Next Generation Network,NGN)应运而生。NGN 是电信发展史上的一块里程碑,标志着新一代电信网络时代的到来。NGN 属于一种综合、开放的网络构架,可提供语音、数据和多媒体等业务。

欧洲电信标准化组织(ETSI)对 NGN 的定义为:NGN 是一种规范和部署网络的概念,通过使用分层、分面和开放接口的方式,给业务提供者和运营商提供一个平台,借助这一平台逐步演进以生成、部署和管理新的业务。在国际电联的 NGN 会议上,经过激烈的讨论, NGN 的定义终于有了明确的结论:NGN 是分组的网络,能够提供电信业务;利用多种宽带能力和有 QoS 保证的传送技术;其业务相关功能与传送技术相独立。NGN 支持通用移动性,用户可自由接入到不同的业务提供商。

8.3.2 下一代网络的特点

分组化的,分层的,开放的结构是下一代网络的显著特征。从发展的角度来看,NGN 是在传统的以电路交换为主的 PSTN 网络中逐渐演进发展为以分组交换为主的网络体系,它承载了原有 PSTN 网络的所有业务,同时把大量的数据传输卸载到 IP 网络中以减轻 PSTN 网络的重荷,又以 IP 技术的新特性增加和增强了许多新老业务。从这个意义上讲,NGN 是基于 TDM 的 PSTN 语音网络和基于 IP/ATM 的分组网络融合的产物,它使得在新一代网络上实现语音、视频、数据等信号的传输和管理,提供多种综合业务和应用成为了可能。所以,NGN 的特点可以主要归结为以下几个方面:

1) 开放性。NGN 可以根据所处网络的不同,所提供功能的不同划分为几个模块,每个模块能独立发展,互不干涉,又能有机组合成一个整体,实现了开放分布式网络结构,使业务独立于网络。通过开放式协议和接口,可灵活、快速地提供业务,个人用户可自己定义业务特征,而不必关心承载业务的网络形式和终端类型;同时这种开放性也表现在各运营商可根据自己的需求来选择市场上的优势产品,而不必担心不同设备间的互连互通上。

2) 高效性。因为 NGN 网络能实现业务与呼叫控制的分离,为业务真正地从网络中独立出来,有效地缩短新业务的开发周期提供了良好的条件;而且随着多网互通的实现,许多新兴业务也应运而生。

3) 网络互通和网络设备网关化。通过接入媒体网关、中继媒体网关和信令网关等,可实现与 PSTN、PLMN、IN、Internet 等网络的互通,有效地继承原有网络的业务。

4) 多用户性。NGN 综合了固定电话网,移动电话网和 IP 网络的优势,使得模拟用户、数字用户、移动用户、ADSL 用户、ISDN 用户、IP 窄带网络用户、IP 宽带网络用户甚至是通过卫星接入的用户都能作为下一代网络中的一员相互通信。

5) 多样化的接入方式。普通用户可通过智能分组话音终端、多媒体终端接入,通过接入媒体网关、综合接入设备(IAD)来满足用户的语音、数据和视频业务的共存需求。

6) 多媒体。语音、视频以及其他多媒体流在下一代网络中的实时传输成为了 NGN 的又一亮点。

7) 资源共享。国际互联网的丰富信息资源一直是电信运营商想要利用的重要资源,由于采用了 IP 技术,NGN 的出现使得在呼叫过程中获取国际互联网的资源变得不再是难事。

8) 低成本。采用了相对廉价的 IP 等网络作为中间传输的载体,因而 NGN 的通信费用将大大降低,这种优势尤其体现在长途、越洋电话上。

8.3.3 下一代网络的分层结构

NGN 是一个综合性的网络结构,结合了现有的各种网络环境和周边的接入设备以及终端产品。NGN 网络也是采用一种分层结构的网络体系,通常来说,NGN 从功能的角度上可以划分成四层:网络业务层、控制层、传输层和媒体接入层。

各层的功能可以概述为以下:

1) 网络业务层。在呼叫连接建立的基础上提供各种新的业务,是一个开放的、综合的业务接入平台。在电信网络环境中,智能地接入各种业务,提供各种增值服务,而在多媒体网络环境中,也需要相应的业务生成和维护环境。在 NGN 中,业务层由一系列的业务应用服务器组成,提供各种各样的业务控制逻辑,完成增值业务处理。同时提供开放的第三方接口,易于引入新型业务。

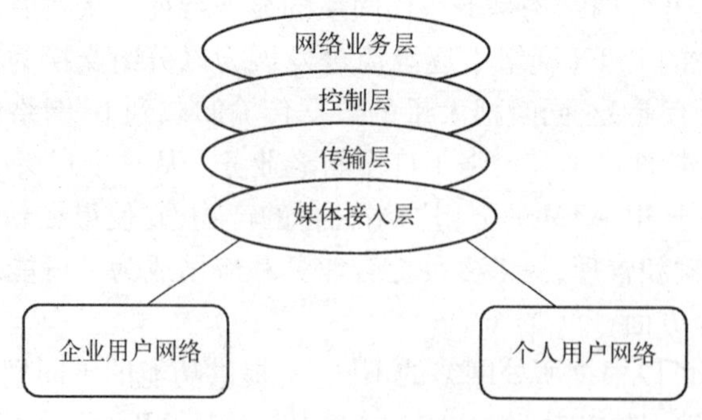

图 8-4　下一代网络的分层结构

2）控制层。主要指网络为完成端到端的数据传输进行的路由判决和数据转发的功能,决定用户收到的业务,并能控制低层网络元素对业务流的处理。它是网络的交换核心,目的是在传输层基础上构建端到端的通信过程,

3）传输层。将用户连接至网络,集中用户业务并将它们传递至目的地。传输层是独立于业务控制,并可提供 QoS 保证的分组化大容量骨干传送平台。

4）媒体接入层。在用户端支持多种业务的接入,提供各种宽/窄带、移动或固定用户接入。接入设备应能向上连接高速传输线路,向下支持多种业务的接口。媒体接入层可将信息格式转换成为能够在网络上传递的信息格式。例如:将语音信号分割成 ATM 信元或 IP 包。此外,该层还具备将信息选路至目的地的功能。

8.3.4　软交换在下一代网络中的功能

在前面的章节中,我们已经明确指出软交换是下一代网络的核心技术。作为下一代网络核心的软交换,结合了传统电话网络可靠性和 IP 技术灵活性、有效性的优点,是传统的电路交换网向分组化网络过渡的重要网络概念。

软交换是下一代网络体系中的功能控制实体,为下一代网络提供具有实时性要求的业务的呼叫控制和连接控制功能,具体负责完成各种呼叫控制和相应业务处理信息的传送。可以说,软交换是下一代网络的"神经",定位于下一代网络分层结构中的控制层,通过对各种媒体网关的控制,实现不同网络之间的业务融合。

8.4　小结

智能网是一个能够快速灵活地提供、生成和管理新业务的新型网络体系。智能网的基本思想是在网络中把交换和智能分离开,实行集中业务控制,通过设置一些网络的功能部件来实现这一要求。

软交换定位于下一代网络的控制层,是下一代网络的核心技术,是面向网络融合的新一代多媒体业务的整体解决方案。软交换通过软件实现连接控制、翻译和选路、网关管理、呼叫控制、带宽管理、信令、安全性和生成呼叫详细记录等功能,把控制和业务提供分开。

下一代网络(NGN)是一个建立在IP技术基础上的新型公共电信网络,能够容纳各种形式的信息,在统一的管理平台下,实现音频、视频、数据信号的传输和管理,提供各种宽带应用和传统电信业务。分组化、开放、分层的网络架构体系是下一代网络的显著特征。业界基本上按业务层、控制层、传送层(媒体层)、接入层将NGN划分为四层结构,各层之间通过标准的开放接口互连。

8.5 思考题

1. 什么是智能网？智能网的特点是什么？
2. 什么是软交换？软交换技术的优点是什么？
3. 什么是下一代网络？下一代网络的分层结构是怎样的？
4. NGN的组网应考虑哪些要求？

参考文献

[1] 刘少亭,卢建军,等. 现代通信网概论[M]. 北京:人民邮电出版社,2005.

[2] 纪越峰,等. 现代通信技术[M]. 北京:北京邮电大学出版社,2003.

[3] 李世鹤. TD-SCDMA 第三代移动通信系统标准[M]. 北京:人民邮电出版社,2003.

[4] 杨武军,等. 现代通信网概论[M]. 西安:西安电子科技大学出版社,2004.

[5] 常永宏. 第三代移动通信技术与技术[M]. 北京:人民邮电出版社,2002.

[6] 秦国. 现代通信网[M]. 北京:北京邮电大学出版社,2004.

[7] 章坚武. 移动通信[M]. 西安:西安电子科技大学出版社,2003.

[8] 毛京丽,等. 现代通信网[M]. 北京:北京邮电大学出版社,2003.

[9] 张继荣,屈军锁,等. 现代交换技术[M]. 西安:西安科技大学出版社,2004.

[10] 鲜继清,张德民,等. 现代通信系统与信息网[M]. 北京:高等教育出版社,2005.

[11] 汤庭龙. 数字程控电话交换新技术新业务[M]. 北京:人民邮电出版社,1996.

[12] 陈锡生,糜正琨. 现代电信交换[M]. 北京:北京邮电大学出版社,1999.

[13] 叶敏. 程控数字交换与通信网[M]. 北京:人民邮电出版社,1998.

[14] 严晓华. 现代通信技术基础[M]. 北京:清华大学出版社,2006.

[15] 张彬. 现代电信业务[M]. 北京:北京邮电大学出版社,2000.

[16] 全首易. ATM 宽带技术及应用[M]. 北京:北京邮电大学出版社,1999.

[17] 孙海荣. ATM 技术[M]. 成都:电子科技大学出版社,1998.

[18] 张继荣,屈军锁,等. 现代交换技术[M]. 西安:西安科技大学出版社,2004.

[19] 鲜继清,张德民,等. 现代通信系统与信息网[M]. 北京:高等教育出版社,2005.

[20] 越继峰. 现代通信技术[M]. 北京:北京邮电大学出版社,2002.

[21] 陈锡生,糜正琨. 现代电信交换[M]. 北京:北京邮电大学出版社,1999.

[22] Uyless Black. 现代通信最新技术[M]. 贺苏宁,译. 北京:清华大学出版社,2000.

[23] 叶敏. 接入网[M]. 北京:北京邮电学院出版社,2001.

[24] 张中荃,等. 接入网技术[M]. 北京:人民邮电出版社,2003.

[25] 王达. 网络工程师必读——接入网与交换网[M]. 北京:电子工业出版社,2006.

[26] 王延尧. 用户接入网技术与工程[M]. 北京:人民邮电出版社,2007.

[27] 孙强,周虚. 光接入网技术及其应用[M]. 北京:北京交通大学出版社,2005 .

[28] 李转年. 接入网技术与系统[M]. 北京:北京邮电大学出版社,2003.

[29] 王秉钧,王少毅. 接入网技术[M]. 北京:机械工业出版社,2005.

[30] 薛永毅. 接入网技术[M]. 北京:机械工业出版社,2005.

[31] 糜正琨,陈锡生. 7 号共路信令系统[M]. 北京:人民邮电出版社,1994.

[32] 张继荣,屈军锁,等. 现代交换技术[M]. 西安:西安科技大学出版社,2004.

[33] 越继峰. 现代通信技术[M]. 北京:北京邮电大学出版社,2002.

[34] 全首易. ATM 宽带技术及应用[M]. 北京:北京邮电大学出版社,1999.

[35] 李文海. 现代通信网[M]. 2 版. 北京:北京邮电大学出版社,2007.

[36] 李伟章. 现代通信网络概论[M]. 北京:人民邮电出版社,2003.

[37] 谢希仁. 计算机网络[M]. 北京:人民邮电出版社,2004.

[38] 邓亚平. 计算机网络[M]. 北京:电子工业出版社,2005.